谭晓生

权威 IT 高管，北京赛博英杰科技有限公司董事长、CEO，曾担任 360 集团技术总裁、MySpace 中国 CTO，国内顶级安全专家，中国计算机协会（CCF）常务理事、副秘书长，公安部网络安全专家。因培养了众多技术专家，广泛分布于百度、腾讯、阿里、新浪等互联网公司，故在互联网圈内有“谭校长”的称号。

打开这本《遨游数字时代——全球 IT 高管网络安全秘籍》，仿佛在与 50 多位网络安全顶级专家对谈，过瘾！

“务实”是这本书的最大特点，从物联网、人工智能、云计算所带来的网络安全问题，到如何获得董事会的支持，从分析“坏人”们如何发动网络攻击，到如何做安全事故的响应，我想从事 CISO 工作的人看到这本书大概会有“如获至宝”的感觉！网络安全没有一招制敌的武器，在本书中，专家、CISO、高级安全顾问纷纷现身说法，从未来的安全威胁与风险、现今世界的安全教训、网络安全实操经验三个角度分享他们的安全知识，包括如何处理与业务部门的关系、如何获得足够的支持、如何构建自己的安全防线，如何化解一场场惊心动魄的安全危机等。中国的政府组织和企业其实也正在面对同样的问题，把本书当作网络安全行动指南也并不为过。

“未来 20 年我们遇到的问题，会比过去 300 年还多”，网络安全领域一定会这样，遨游在危机四伏的数字海洋，您需要这本书。

——谭晓生

陈小兵

知名安全专家，软件工程硕士，高级安全工程师，拥有丰富的信息系统项目经验以及 15 年以上网络安全经验。现主要从事网络安全及数据库技术研究工作。曾出版的图书有《SQL Server2000 培训教程》《黑客攻防及实战案例解析》《Web 渗透及实战案例解析》《安全之路——Web 渗透及实战案例解析第二版》《黑客攻防实战加密与解密》。在国内核心期刊及普通学术期刊发表论文 20 余篇，曾在《黑客防线》《黑客 X 档案》《网管员世界》《开放系统及世界》《视窗世界》等杂志发表文章 100 余篇。

《遨游数字时代——全球 IT 高管网络安全秘籍》是一本很有深度和思考力的书，每一篇文章都是精挑细选，几十位企业高管从不同行业、不同角度分享其对数字时代网络安全建设方面的建议、意见和看法，并围绕策略、人、过程和技术展开讨论。数字时代的网络安全存在风险，但也蕴含巨大的机遇并影响未来。必须理解合作，积极行动，站在政策和道德层面进行法律的约束，用负责任的态度积极定义未来网络安全的行为和角色。

在本书中我看到了高管们对未来网络安全技术架构的深入思考、对未来安全技术的挑战之洞见，针对黑客利用先进技术对网络进行攻击的应对策略以及一些经过实践检验的有关安全建设和管理方面的优秀经验。在本书中有很多先进的理念值得学习和借鉴，如美国阿波罗探月计划——明确的目标和实现时间，网络安全的免疫系统，网络安全中的 DNA 等。要在产品设计之初就引入安全概念，避免在发生安全问题时再进行弥补，此时花费的代价更大！

在本书中虽然没有具体的网络安全技术，但这些技术架构设计的思想，解决问题的方法思路值得我们借鉴和学习。敢于设想，敢于创新，推荐从业 3 年以上的技术和管理人员多看看这本书。

——高级安全工程师　陈小兵

李晨光

知名网络安全与运维专家。独著了《Linux 企业应用案例精解 》《Linux 企业应用案例精解 第 2 版》《UNIX/Linux 网络日志分析与流量监控》《开源安全运维平台 OSSIM 最佳实践》等畅销书。这些书都被国内 985、211 高校图书馆收藏，并实现版权出口。在国内众多 IT 杂志媒体公开发表专业论文 60 篇，精彩博文 200 多篇，原创技术文章访问量超过 500 万人次。

作为全球网络安全行业的领导厂商，Palo Alto Networks 始终致力于维护数字时代的信任基础。帮助全世界不同的企业安全使用所有应用、防御网络入侵。

在我们尽情拥抱数字时代的同时，必须对网络安全做到未雨绸缪，网络安全人人有责。本书由 Palo Alto Networks 凭借自身在网络安全领域的影响力和号召力，汇集了来自全球和中国的商业、科学、技术、政府及学术等领域共 50 多位专家，有来自管理层的首席执行官或副总裁，也有来自技术部的主管或网络安全顾问的几十篇文章，分别在“威胁与风险的未来”“从当今世界吸取的教训”以及“确保您当前得到安全保护”三个主题中，针对大数据环境下的网络安全风险评估，网络欺骗、网络钓鱼攻击、僵尸网络的预防以及个人隐私泄露等方面的典型案例进行了深入剖析。

这些文章主要面对复杂的安全环境，提出了自己在应对网络威胁及安全防护方面的观点，以及如何制定有效的网络安全策略，创建良好的网络安全氛围。书中回避了复杂的技术细节，没有繁琐的命令和复杂的流程图，取而代之的是用通俗易懂的语言讲述复杂的技术难题，深刻诠释了网络安全的本质意义。该书遇到的问题和处理方法都是从大量实践中提炼而来，适合首席信息安全官（CISO）或者具有一定工作经验的网络从业者阅读，相信一定会令你获益匪浅。

——李晨光

遨游数字时代——全球 IT 高管网络安全秘籍

[美] Palo Alto Networks　编

· 北京 ·

内 容 提 要

数字技术已全面渗入我们生活的各个方面，但我们在数字时代的生活方式面临着方方面面的挑战，尤其网络安全方面最为直接和突出。因此，致力于网络安全技术及相关事业的 Palo Alto Networks 公司组织编写了本书。

本书汇集了全球商业、科学、技术、政府、学术、网络安全和执法领域 50 多位具有重大影响力的领导者和预言家的观点，其中的很多观点对一般企业的网络安全建设极具参考价值。

本书适合企业的高管尤其是负责网络安全的高管借鉴参考，同时也适合对网络安全有兴趣的人阅读参考。

图书在版编目（CIP）数据

遨游数字时代 ： 全球IT高管网络安全秘籍 / 美国派拓网络编. -- 北京 ： 中国水利水电出版社, 2019.6（2020.3 重印）
ISBN 978-7-5170-7706-0

Ⅰ. ①遨… Ⅱ. ①美… Ⅲ. ①计算机网络－网络安全 Ⅳ. ①TP393.08

中国版本图书馆CIP数据核字(2019)第093044号

责任编辑：周春元　　加工编辑：王开云　　封面设计：李　佳

书　　名	遨游数字时代——全球 IT 高管网络安全秘籍 AOYOU SHUZI SHIDAI——QUANQIU IT GAOGUAN WANGLUO ANQUAN MIJI
作　　者	[美] Palo Alto Networks　编
出版发行	中国水利水电出版社 （北京市海淀区玉渊潭南路 1 号 D 座　100038） 网址：www.waterpub.com.cn E-mail：mchannel@263.net（万水） sales@waterpub.com.cn 电话：（010）68367658（营销中心）、82562819（万水）
经　　售	全国各地新华书店和相关出版物销售网点
排　　版	北京万水电子信息有限公司
印　　刷	三河市鑫金马印装有限公司
规　　格	184mm×240mm　16 开本　16 印张　370 千字
版　　次	2019 年 6 月第 1 版　2020 年 3 月第 2 次印刷
印　　数	2001—3500 册
定　　价	88.00 元

前　　言

欢迎阅读全新的《遨游数字时代——全球 IT 高管网络安全秘籍》。之所以强调“全新”，是因为本版没有任何内容与我们之前的版本的内容有重复。前一版是在三年前出版的，三年对于数字时代，如同一千年。

本书汇集了商业、科学、技术、政府、学术、网络安全和执法领域近 50 位领导者和预言家的观点。每人撰写一个章节，旨在让我们深入思考我们正在创造的这个数字世界的影响。

本书的一个焦点是，在数字时代开展业务，尤其需要在技术与非技术高管之间就围绕网络安全存在的问题培育共识。

本书分为三个部分：第一部分着重介绍未来的威胁与风险；第二部分强调从当今世界吸取的教训；第三部分旨在帮助你确保自己在目前得到安全保护。每个部分都有反映其目标和目的的特点。第一部分偏向未来，第二部分偏重经验，第三部分更为实用，您会发现每个部分都发人深省且极具价值。

在编辑这些章节时，我们发现的一个惊喜是作者始终都能把网络安全的业务和技术挑战与整个世界所面临的更广泛问题无缝、完美地联系起来。

但是，回想起来，或许我们不应惊讶。毕竟，使本书如此必要和如此引人关注的原因，是数字技术已全面渗入我们生活的各个方面这一事实。正如您会在后面发现的一样，我们目前仍然仅仅处在遨游数字时代这一旅程的开端。

除非另有说明，否则所有金额均以美元为单位。

目　　录

第三部分　确保你现在得到安全保护

语言

策略

技术

结论

第一部分

威胁与风险的未来

1

序

Tom Farley——纽约证券交易所前总裁

“如今，没有任何其他问题在公司高管和董事会中引起的担忧超过网络安全风险。”

我就是这样介绍上一版《遨游数字时代》的，三年后的今天，这种情绪甚至更深刻、更紧迫。当时，我们就已经看到对网络数字技术的严重依赖以及我们为防止网络安全攻击而必须保持的警醒程度。

我们见证了数据隐私与基础架构攻击、选举干扰、勒索软件的出现，以及网络攻击对全球企业的潜在连锁效应。我们通过痛苦的经历了解到，随着我们继续加快数字时代的创新节奏，网络安全现状并未提供我们所希望感受到的信任和信心。

我们可以做许多工作来解决网络安全挑战，而且还有更多工作必须完成。这就是本书的切入点。本版以“网络安全登月”概念开篇，然后是近 50 位专家撰写的文章，意在努力让读者更好地了解我们在“遨游数字时代”中所面临的挑战，以及现在和将来保护与赋能数字生活方式所必须采取的措施。

你会看到有几个主题在以下篇幅中反复引起共鸣：

- 网络数字技术是我们生活方方面面的根基，不仅包括我们的业务基础架构，也包括我们的电网、供水、空中交通系统、选举系统和国家安全机构，这里不再一一列举。
- 我们仍然处在数字时代旅程的早期阶段。未来几年，物联网、人工智能和其他“指数性”技术的扩展将会极大地推动创新，同时扩大我们的受攻击面和风险。
- 由于我们处于这种数据与技术快速扩展的前沿，因此必须快速、全面进步，以抢先解决网络安全挑战，避免局面失控。许多作者的高度紧迫感通过时间得到了检验，并且再次出现在后面的章节中。
- 有效的网络安全集人、流程和技术于一体。我们的业务和技术领导者必须意见一致，发出相同的声音，并坚持最佳监管实践。我们必须利用先进的自动化技术来创造与对手的公平竞争环境，以机器对抗机器。

- 我们能够采取网络安全措施。这需要协调、集中的行动，需要跨行业和政府的合作，需要培训、教育、试验、创新和发明，而且还需要更多措施，但这是可以完成的。

作为商业、技术、网络安全、政府和学术领域的领导者，我们的职责就是在可能的情况下，确保更多任务得以完成。有几位作者指出网络安全是我们这个时代最重要的问题，确实如此。如果我们在网络安全方面失败了，那么我们所有的数字时代梦想和志向都将面临风险。

如果能够从这些文章中所分享的集体智慧中汲取一个结论的话，那就是：说到网络安全，我们只能成功。我们必须成功，而且必须集体成功，因为不管怎样，最终我们都会在数字时代连成一体。

在纽约证券交易所，我们致力于完成手边的任务。我们大力鼓励上市客户尽其所能解决企业内的网络安全挑战，并参与本书讨论的一些更广泛计划。由于我们都愈加互相关联，因此越来越依赖我们的外部关系，包括合伙伙伴、供应商、监管机构等。网络安全是我们的集体责任，不仅对我们的雇员和股东，对整个社会也是如此。我们越能协作行动，就越能有效地降低我们所有人的风险。整个世界不仅在拭目以待，而且正期待我们竭尽全力。

2

要保护我们在数字时代的生活方式，就必须实现网络安全登月

Mark McLaughlin——Palo Alto Networks 副董事长

数字时代为我们所有人提供了站在可能提升和塑造全球未来几代人生活的前沿的特权。无论是来自商业、工业、学术还是政府部门，作为肩负重托的领导者，我们都有既定的责任在这个日益依赖网络数字技术的世界保护我们的生活方式。

如果我们做好自己的工作，就能帮助解决这个时代的一些最大的问题：气候变化、饥饿、贫穷、人口大爆炸和疾病。我们能够以数以千计的方式（无论大小）让个人的生活变得更好——改善他们的医疗、沟通方式、学习方式、所做的工作方式、生活方式、娱乐方式以及实现梦想的方式。

但是与我们的特权相伴的是责任。为了看到我们自己的希望和梦想成真，为了确保我们的工作在切实改善生活而非相反，我们必须克服有可能迟滞或阻止这一进展的一个巨大障碍，这个障碍就是网络安全。未来依赖于做好网络安全。

历史将会如何评判我们？

我们时代的挑战：网络安全登月

我认为，如果要得到有利的评判，我们就必须登月。之所以有意使用“登月”这个术语，是因为它不仅是我们手边任务的一个象征，而且在某些方面也是模式和使命声明的体现。在我们一生中，甚至在我们许多人出生之前，人类已经进行了登月尝试，并且取得了成功。而且登月改变了世界。

1962 年 9 月 12 日，美国总统约翰 • 肯尼迪在莱斯大学的一次演说中许诺要在未来 10 年内把一个人送上月球。他承认这是一个可能会在国内外受到怀疑的大胆目标。但他也知道这是一次值得且必要的努力，而且他相信这是可以做到的。他也非常有远见地知道协力完成一个清楚阐明的目标将会带来有形、巨大和持久的好处。正如他在其标志性演说中所述：“这个目标将有助于组织和衡量我们的最佳精力和技能。”

现在，我们的处境类似。数字时代的网络安全给这一承诺带来的现实威胁要求我们现在支持、宣传和采取努力：围绕解决世界网络安全挑战的愿景组织和衡量我们的努力和技能。

我们的目标必须远大、简单和直接。实际登月有着清楚和明确的目标，例如肯尼迪总统的目标是把一个人送上月球并安全带回。我认为我们的“网络安全登月”应当拥有同样简单而强大的目标：在10年内确保互联网的安全。

我知道这有些大胆。我也知道将会有反对者、怀疑者和吹毛求疵的人：“这太大胆了。”“‘安全’意味着什么？”“我们如何跨全球网络安全生态系统展开合作？”

这些问题的提出在许多方面体现了申明这一目标的目的。这些问题为我们呈现了需要解决和克服的一些最艰巨的障碍。我们相信，回答这些问题和克服这些障碍是我们一生的最大挑战之一，尤其是对有责任践行变革的我们而言。

了解紧迫性

在说出如何组织和凝聚我们的努力与技能来实现网络安全登月的具体想法之前，我们都应当明确了解手边任务的紧迫性。网络安全不仅关乎我们的未来，也关乎我们的现在。如今，安全和经济的基本支撑依赖于数字网络技术：电网，金融市场，军事系统，水、食物、通信基础设施，以及我们生活所需的所有其他东西。

虽然数字网络技术使得我们能够打破障碍和实现最初被认为不可能的目标，但如今的现实是它们也在受到攻击——持续、复杂、坚定和无情的攻击。如今，黑客、罪犯和国家能够并且的确在攻击医院、阻止业务运营和制造全球政治动荡。

商业互联网已有20多年的历史，事实是我们从未采取根本性措施来确保其基本的长期的安全性。作为全球社区，作为各个国家，作为各个行业（包括网络安全行业），作为科学家、教育工作者、政府官员、企业领导者或活动家，我们还未完成这件事。你可以说打破系统，但是从一开始就打破某个从未真正存在的东西很难。

这不是因为缺乏努力或兴趣。我们绝望地希望互联网是安全的，但庆幸和遗憾的是，技术很久以来一直以闪电般的速度前进，很难跟上。就本质而言，政府和私营行业针对连锁攻击通常采取的紧急措施是短期、弥补和不够的。甚至我们目前认为最先进的一些安全技术也可能会在下一年过时。

坦率地说，我们处于悬崖边上。发生灾难性事件或一连串事件的可能性很高。目前我们事后解决网络安全威胁的零碎方法根本不可持续。如果听任不管，网络攻击越来越具破坏性的特点将会削弱我们的数字生活方式根基，威胁新技术已帮助我们实现的社会和经济增长。如果我们不在10年内实现目标，就将太晚了。哪怕仅从宏观思考我们就能取得显著和持久的成果。

了解挑战

拟议的网络安全登月有两个要素。第一个是：确保互联网的安全性。其核心是安全和信任，人们在上网时必须感觉安全，不担忧他们正在参与对他们具有任何实际个人危险的活动——无论是如临大敌还是心里总在惦记。

我们不应一开始就过于陷入对“确保互联网的安全性”这个定义的纠结。相反，我们应当让流程来定义它，发挥我们的最佳精力和技能来确定使人们在使用互联网时感到安全所需的特征。我几乎可以保证，当我们做到时，我们就会知道。

网络安全登月的第二个要素是：在10年内实现。为什么要为我们的努力设一个时限呢？首先是我们前面讨论的紧迫性。我们无力承受对解决数字时代网络安全挑战持满足态度的代价。使世界变得更美好的潜力太重要，且风险太大。没有安全互联网的每一天都可能发生导致损害的事件。而且每次发生此类事件时，都会给我们的信心、心灵和愿望造成更大伤害。

10年时限的第二个原因来自我们从最初登月吸取的经验。当时肯尼迪总统曾说目标是把一个人送上月球，他说得非常清楚、非常具体："10 年内完成"。这就是曾使登月使命如此大胆和引发怀疑的原因："10年？这怎么可能？"

但这个时限成为了动力。它使美国得以把空前的资源、智囊、激情和献身精神集结在这个目标下。为了实现这个10年时限，美国必须团结和激发各部门的最佳精力和技能，包括政府、教育、技术、科学和私营行业。

而且此举凑效了。不仅美国把一个人送上月球并带回地球，而且此举背后的精力和努力也创造了一波改变世界的创新。因最初登月而出现的创新包括太阳能电池板、心脏监护仪和起搏器、防火材料、无线仪器和数十种其他创新。这些创新改善了我们日常生活的方方面面，从医疗和安全到替代能源和娱乐。

我们现在可以采取的行动

就像我们不应排斥今天用"确保互联网的安全性"来表达我们的用意一样，我们不应排斥能够借以实现网络安全登月的各种模式。最初的登月模式证明这可以通过由国家提供领导、愿景和资源来完成。这可能是一个成功的网络安全登月模式，或许我们将会发现其他模式。

不过，虽然我们不希望预先确定一个具体的网络安全登月模式，但我们的确知道这需要横跨多方的、集中、协作和协调的行动来实现，包括整个过程中的许多"关注者"。政府、私营行业和学术机构都有发挥作用的机会。作为领域的领导者，我们能够提供愿景、激情、领导和献身精神。我们有这个机会，就像肯尼迪总统所说："组织和衡量我们的最佳精力和技能。"

我们每个人无论身处私营行业、政府还是学术领域都能立即采取行动。而且我们可以放心，我们所采取的每个措施都将使我们逐步接近最终目标。我们必须开始把它当成一个共同旅程，发挥我们自己的专长，探索现在和将来我们所能给予的帮助。我们应当关注的领域是什么？我们能够设定什么类型的目标？以下是对网络安全登月的成功至关重要的五个关键学科：

1. **技术**：让我们面对它。我们目前的网络安全消费模式根本就是支离破碎的。我们必须开发一种保护数字资产和互动的新模式。我们必须从愈加利用人来对抗机器的传统模式演进。我们必须推广和宣传基于预防导向方法的渐进替代模式，这种方法可使我们在数字世界保持信任。这个新模式的关键要素包括：

   - **自动化与调合**：我们需要软件来对抗软件。面对机器，人类几乎无工具可用。
   - **共享情报**：共享信息对我们的共同未来至关重要。我们可以通过一个自动化的全球信息共享生态系统来实现这一点。
   - **灵活的安全模式**：我们需要选择最

佳解决方案和在需要时使用它们的能力，从而利用易于部署且经济实惠的云计算和其他模式。

2. **隐私**：隐私性与安全性相互强化。说到信任——让用户放心互联网是安全的，隐私性必须放在首位考虑。如果人们认为其财务或医疗记录面临曝光风险或者被人以可能给他们造成损害的方式使用，用户就会拒绝使用技术。同时，也可能存在能够通过信息的战略共享来实现更大好处的环境，而不会曝光个人的私人记录。我们能够阻止恐怖攻击或防止将会影响数百万人生活的重大安全漏洞吗？在便利、安全和隐私问题之间达到正确的平衡是保护数字时代生活方式的一个基本要素。

3. **教育**：教育不只是指塑造下一代网络安全专家，虽然这实际上就是一个基本要素。教育也涉及建立一个对 21 世纪数字技术使用的挑战、机遇和风险更加警醒的社会。我们的孩子开始在更小的年龄使用技术，这提供了一个在他们幼小时教育他们的机会。我们需要颠覆性思考孩子的教育方式，把所有层次的技术和网络安全整合起来。我们也必须更好地把 STEM 教育（科学、技术、工程和数学）整合到我们的课程中。我们也必须确保学校能够使用现代技术，包括宽带。而且我们必须认识到教育不只面向青少年。我们必须确保政府和企业领导者具有更高的网络感知能力，而且必须建立和培养一支更具网络感知能力的工作者队伍。

4. **国家安全**：网络攻击是一种威胁，目标并不总是可见的，而且并不总是可识别的。它们的目标不只是政府。针对金融系统、医疗和能源系统的攻击能够对任何国家的安全造成灾难性影响。把国家安全严格视为政府的权限范围大大扩大了风险。政府并不完全负责或完全能够确保互联网的安全性。事实上，很难证明政府处在任何技术领域的前沿。因此，网络安全要求私营和公共部门采取协调、合作和联合行动，来解决所有国家的安全问题。

5. **外交**：数字时代的基本事实是我们都能通过所使用的任何技术联系起来，而无论我们身处何地。网络世界的内在力量是惊人的，但也是可怕的。并非每个国家都有相同的利益。如何解决这些挑战？如何确保通信协议的全球标准化？如何在这个勇敢的新世界指导国家在某种层面的规则？正如我前面所说，这并不容易，但应对艰难挑战正是我们必须登月的原因。

迈出下一步

庆幸的是，这些不只是无聊的想法。它们反映了企业、政府、机构和个人目前已经采取的旨在解决数字时代网络安全挑战的行动。

从全球层面看，参加诸如世界经济论坛之类的活动是我们回应在这个破碎的世界加强合作的呼吁所能采取的一个关键和重要的措施。从国家层面看，各国政府都在前进。在美国，我被特许共同主持总统国家安全通讯咨询委员会下的一个分委员会，任务是进一步定义网络安全登月愿景，为政府、学术部门和私营行业联合操作此事推荐一个战略框架。NSTAC 工作是一个关键里程碑；它也是实现更广泛国家对话和协作的一个催化剂，我们知道这种围绕一个共同组织原则建立的协作势在必行。

从行业层面看，诸如网络威胁联盟的组织机构正在把供应商联合起来，通过实现接近实时的高质量网络威胁信息共享来改进全球数字生态系统的网络安全。从个人和公司层面看，我们所有人每天都能尽力提高协作和创新，助力网络安全登月的实现。我们可以确保自身及时得到信息，以行动为导向。我们可以咨询团队中的网络安全专家，了解可以采取什么措施来提高数字互动的安全性。我们可以教育和鼓励与我们合作的人注意如今挑战性时代的机遇和风险。我们可以成为变革和进步的倡导者。

正如我开头所说，发挥我们的领导力、愿景、才干和知识来帮助实现数字时代的承诺，这是我们每个人的一项特权。正如肯尼迪总统所说，我们必须发挥“最佳精力和技能”。但是与这一特权相伴的是解决网络安全挑战的责任。这不会创造奇迹，但会创造领导者。

抓住机遇，了解挑战

3

为什么我们的数字 DNA 必须快速演进

Salim Ismail——ExO Foundation 创始人；XPRIZE 董事会成员

我们的世界即将从不到 10 亿个网络传感器迈向 200 亿乃至超过 10000 亿，而且都将在一个似乎眨眼就到的时限内实现。在许多方面，我们的前进速度超过了跟上变革的能力。因此，我们能做的事和希望做的事之间出现了脱节。

举两个很小但能够说明问题的例子：接近三分之二的高管表示董事会可以在数字转型中发挥关键作用，但仅有 27% 的高管表示其董事会是当前战略的支持者[1]。同时，70%的首席执行官表示云和数字化转型速度超越了他们了解和定义风险的能力。[2]

我们面前的机遇太重要。整个人类目前处于指数变革时代的门槛，技术将把人类的各个方面转型到数字环境，直至我们的 DNA 和大脑皮层。此外，随着数据继续呈指数增长，这些数据将在云中实现互连，从而构成数据网格。

我们的免疫系统正导致脱节

我们遇到这些脱节的基本原因是，我们的系统在设计上并非用于消化这种量级的剧烈和快速变化。我们都依赖保护措施来适应变化和缓解风险，无论是我们身体里的生物系统还是我们植入企业的文化和流程都是如此。我把这些保护措施称作免疫系统，而且它们如同植入身体一样植入了我们的业务和组织实践。

在业务方面，这些免疫系统包括我们所部署的治理程序，人、流程或技术使用方式上的限制，或企业内新想法的呈现规则。无论是什么，它们的目的都是减慢和监管公司的新陈代谢。在许多方面，它们都在为我们发挥作用，直至失灵。

在今天的环境下，这些免疫系统与我们快速行动和跟上技术创新的需求相悖，尤其是随着我们采用呈指数加速发展的技术，例如人工智能和量子计算。如果我们要践行数字时代的承诺，就必须克服组织免疫系统造成的限制。

要修复网络安全，就必须扫除创新障碍

我们必须解决这种新世界秩序的严峻网络

安全挑战，确保我们的免疫系统不会减慢或阻止我们进行必要的变革。我们必须清除网络安全创新的拦路虎。

例如，许多企业仍有大量没有彼此联网或不能针对现代攻击方法提供足够安全保护的单点产品。企业可能在实际存在差距时认为已得到保护。依靠旧的技术和不淘汰失灵的解决方案是一个创新障碍。网格呈指数发展；网络安全必须跟上。

为什么？事实如下：随着我们扩展数据网格，随着我们转向一个拥有超过一万亿传感器的世界，我们正把自己暴露于以前从未见过的潜在网络攻击面。我们已经在竭力处理这个世界现有的攻击面。如果不弄清不断扩展的数据网格的网络安全挑战，我们就可能成为这些进步的受害者，而非受益者。

如何前进？如何采用创新？如何创造免疫系统不会拒绝的新数字 DNA。或许最重要的是，如何在一个我们身体可能受到网络攻击的世界中确保数字互动和活动的安全性。

为指数性干扰做好准备

数据已成为我们最有价值的货币，并且仍将是企业在数字时代繁荣发展或消亡的决定性因素。我们几乎见证了各行各业（交通、媒体、广告、医疗、音乐、摄影、金融、娱乐、零售）都受到网络数字技术的影响。这个清单还在继续扩大，数字技术的影响仍处于开始阶段。

随着我们从不到 10 亿个传感器转至 200 亿乃至 10000 亿以上，在数字化从读阶段向写阶段转变的助推下，动态干扰的可能性呈指数增长。下一阶段，我们将探讨把代码写入身体、大脑和基因组的功能。从生物技术的角度看，我们或许处于更广泛部署的两年。从神经科学的角度看，我们或许已经走过五六年了。

实际例子，实际风险

我们已经看到数字时代的这种下一步发展影响我们生活、健康、休闲和工作的例子。不妨思考一下在每个人拇指与食指间的饱满区域植入微型传感器的时代，医疗是什么样子：医生可以通过这个传感器轻易地访问身份数据、治疗信息和急诊信息，或者在出现动脉堵塞或白血病细胞进入血液的第一迹象时，警报系统自动给医生发送消息。

看看 Neil Harbisson 完成的任务，他的大脑植入了一个“生化人天线”来帮助他处理极端情况的色盲。这个天线能让他像脑袋里的音频振动一样感受和聆听色彩。[3] 还有通过存储在大脑皮层某个地方的巨量数据来延长人类记忆的功能。

遗憾的是，我们也看到了这个新世界的一些风险。2017 年，美国食品药品管理局召回了近 100 万个起搏器，原因是存在容易受到网络攻击的安全缺陷。[4] 目前已有多国正在采集政府领导人的 DNA，以便对可能的基于网络的针对性生物攻击做到未雨绸缪。[5] 在看到路上出现自动驾驶汽车之前，我们需要认可这种汽车具有可接受的安全水平。如果这些汽车受控于敌对分子，我们只能想象一群无人驾驶的汽车可能引发的潜在的混乱和伤害。

是时候宏观思考了

但是，要前进，我们就要进步。我们正在创造呈指数增长的数据，而且似乎是瞬息之间。如果我们只是埋头做事，不做任何改变，就势必走向灾难。本章，Palo Alto Networks 的 Mark McLaughlin 将探讨“网络安全登月”的需求。

正如 Mark 建议，如果要解决大问题，就需要宏观思考。我们公司研究了世界发展最快的初创公司的共同特点，发现所有这些公司都能说明一个宏大变革目标。这被定义为企业的更高志向。

如果是一种资源，就像石油，那么我们就需要开始以这种方式思考它。我们有宏大变革目标吗？它会是什么？有一点是清楚的：谈到网络安全，我们目前的框架、心态和免疫系统妨碍了我们，需要解决。

我们能否打破免疫系统从而安全地推动创新？

免疫系统针对根本性变革为我们提供保护。它们为我们提供时间来进行调整和弄清合适的结果。治理旨在遵守流程和规则，因为我们知道这是必要的。但是一个环境下行得通的东西在另一个环境下未必如此。免疫系统有时会成为创新的拦路虎。

要推动数字时代的网络安全向前发展，就需要打破我们目前的免疫系统，因此我们正在鼓励、采用和推动快速的变革与创新。

使我们的免疫系统快速做出响应肯定是可能的。医生在进行肾移植时，会使用一种免疫抑制药物，让新肾有时间生效。我们能否在企业创造类似的结果，从而借以抑制对现状的正常攻击和让新想法有时间找到立足点？

我们能否创建一个流程来解决免疫系统问题？

答案很简单：“能”。因为我们公司创造并实施了一种成功的模式：

- 集中整个企业的高管，展示新的技术、威胁和机遇——非常惊人——以说明颠覆性威胁即将出现，必须采取措施。这将为变革创造一个燃烧的平台。
- 集中 25 位青年领导者/未来领导者来做 10 周的实际工作。把他们分成两组：
  - 第一组分析可能使业务增长 10 倍以上的毗连行业的新观点。
  - 第二组分析现有企业并选择改善现状的机制。

10 周结束后，两组各自拿出自己的观点。高管支持他们的想法物有所值。我们已经确切看到管理、领导力和文化能够在这 10 周期间向前跨越三年。

在分析这种方法可行的原因时，我们发现开放式研讨就像一种免疫抑制药物，与医生进行肾移植手术类似。通过让未来领导者创造新想法（通过辅导支持），他们会捍卫和拥有这些想法，从而增加未来的采用机会。过去，颠覆性想法在 10%～15% 的时间获得了支持；而现在，当我们打破免疫系统后，发现超过 90%的新想法获得了全额资金支持。

我们能否把这一流程应用到网络安全？

绝对可以。有许多途径来接触和实施这一流程。各个企业可以采用一种方法，监管机构可以采用另一种方法，不同行业的企业可以实施基于自身挑战的模式。监管严格的行业（例如金融服务和医疗）的挑战不同于监管宽松的行业。虽然适用相同的基本流程和原则，但根据企业及其目标的不同，每个企业的具体情况可能会有变化。

我们在公共部门采用的方法提供了一种可以应用于网络安全的说明性模式。我们设定一个渐进性目标：把现有问题的成本降低 10 倍。或许这没有在 10 年内确保互联网安全性那么大胆，但却是一个值得且不易实现的目标。我们组建了团队通过四个阶段来解析问题，例如交通、医疗或经济适用房：

1. **技术层**：目标是分析将会推动未来的突破，从而观察新事物以及创客空间、生物黑客实验室和微观装配实验室。

探索的领域包括传感器、3D 打印、机器人、人工智能、合成生物学和环保技术，例如绿色建筑和低碳能源。

2. **设计层**：目标是勾勒、想象、设计和描述技术解决方案。我们与艺术家、科幻作家、设计师和媒体专家合作来构思和描绘一个注入了技术的未来。然后，设计专家利用以人为本的设计方法把这种构想整合到可能的产品与服务中。
3. **创业层**：目标是确保经济可持续性。我们分析了开发融资机制来帮助企业家募集资金；创建了确保潜在解决方案可持续性的模式（通过业务或税收）；设计了业务模式以通过设计与技术的组合来解决重大问题。
4. **社会层**：目标是确保解决方案能够实施到社会中。我们与社会学家、人类学家、监管专家和法律思想家进行了合作。我们探索了公私合伙，进行了试验，并融合了代表不同社会群体、阶层和利益的社会领导者。

在迈阿密市，我们创建了四个组件来解决交通拥堵的具体问题。或许最重要的是，已有可用于立即启动开发和招聘的融资。

我们是否准备好转变我们的网络 DNA？

我们知道这种模式可行，并且它能在网络安全领域发挥作用。首先，我们需要变革的动力，阅读本章和本书的任何读者都应当非常清楚这一点。

正如 Mark McLaughlin 在他的章节中所述，网络安全是遨游数字时代的一个存在性威胁。如果不纠正并且不现在纠正的话，我们就会使自己暴露在必须不惜代价来避免的指数性风险之下。Mark 提出把“网络安全登月”作为一个宏大变革目标：在 10 年内确保互联网的安全性。这肯定是一个切实可行的起点。

使这个时代具有指数性的一个特征是超连接性。由于我们都实现了数字连接，因此想法和创新能够快速传播。它可以用于实现更大的好处，而且正如我们已经看到的一样，也可以用于恶毒目的。随着我们部署转变免疫系统的模式，超连接性可以用作一个杠杆作用点。例如，它给我们提供了在边缘工作的机会，而在边缘，免疫系统不太可能造成无法逾越的障碍。

另一个要点是我们不必一次、同时、齐力解决所有问题。虽然网络安全挑战迫在眉睫，但我们可以在特定企业采用我们所开发的原则，然后在更广泛的领域共享。例如，我们从迈阿密项目吸取的经验可以应用到其他城市，从而通过提供想法、灵感和经过检验的实施方法来加快变革。

最后，我们必须承认，说到网络安全，我们都有一个集体目标，而无论是我们把它定义为宏大变革目标，还是我们集体和个人创造的通向更安全未来的渐进途径——在这个未来，我们可以全面拥抱数字时代，而不必担心网格诱骗我们，相反，数字时代将会赋予我们力量。

结论

在某些方面，摆在我们面前的旅程十分清楚。毫无疑问，我们将以不可阻挡的步伐向指数性数字化进军：从 10 亿个传感器发展到超过 1 万亿个；利用人工智能和其他指数性技术；使大脑和身体数字化；把人类的各个方面都转变到数字环境。作为一个物种，我们只会前进，始终寻求拥抱创新和进步。

但同时，在如今的数字时代，变革的数量、速度和节奏前无古人。我们正以如果不采取适当保护措施就可能压倒我们的速度前进。要践行数字时代的承诺，就必须克服为保护自己而建立的免疫系统的限制。特别是，我们必须转变数字 DNA，从而创造性和创新地前进来解决我们面前的网络安全挑战。现在正是时候。

---

[1] “The Board of Directors You Need for a Digital Transformation,” Harvard Business Review, July 13, 2017

[2] “Cybersecurity and the cloud,”Vanson Bourne 2018

[3] “Neil Harbisson: the world’s first cyborg artist,” The Guardian, May 6, 2014

[4] “Three reasons why pacemakers are vulnerable to hacking,” The Conversation, Sept. 4, 2017

[5] “Hacking the President’s DNA,” The Atlantic, November 2012

4

令人振奋、激动又不容乐观的物联网世界：想象机遇，认识风险

Jennifer Steffens——IOActive 首席执行官

很少有其他技术像物联网一样影响我们工作、生活、娱乐、购物和互动的方式。不妨想象一下，我们能够使用传感器、嵌入式芯片、进程输入和其他方法使一切东西智能化，从我们的汽车和健康到实体社区，无所不包。

同时，让我们正视激动人心的联网物品。智慧城市、智能血液透析机和自备零售货架都是使用物联网（IoT）来增强我们生活（包括在单位和家里）的例子。支持 IoT 的梳子不是。

捕捉、分析和利用在数量和类别上都似乎无限的数据令人兴奋，这可以催生更多增强生活的 IoT 产品创新。而且，如果不采取措施来解决攻击者以及智能设备与流程的其他威胁，这也能给高管和消费者造成有据可查的威胁。

庆幸的是，目前开始出现解决这些 IoT 问题的最佳实践，即便这些技术仍处于初期。那些能够率先发现机会的企业将会取得成功。他们需要打开思路找到阻止威胁和为消费者建立安全数字环境的创新方法。

你能想到吗？想象令人兴奋的东西

无需复述华而不实的统计数据，关于 IoT 市场开支、网络设备数量的爆炸性增长和注入 IoT 的市场生态系统的经济影响，存在海量的统计数据。忘记诸如“冰山一角”的陈词滥调。我们正在关注 IoT 市场发展的马里亚纳海沟：深度高于珠穆朗玛峰。许多人无法想象 IoT 市场将会有多大，因为就像马里亚纳海沟一样，我们实际上看不见它。诸如计算机化汽车排放控制、无现金收费系统和零售防损包装的东西已成为我们日常生活的一部分，我们甚至并未想到它们是 IoT 应用。

对于像我这样的人，令人兴奋的是设法弄清将来 IoT 会把我们带到哪里以及它对社会的影响：更好还是更坏。

显然，存在大量 IoT 仅仅触及皮毛的 B2B 应用，例如零售与批发中的库存控制、制造车间工作流、第三方物流中的 RFID 和智能电网。

消费者应用甚至更丰富多彩，因为它们影响我们的生活，包括传感器控制的交通管理、智能医疗设备、智能住宅和网络汽车。这些及类似的应用正在快速普及，我们的孩子将很难想象无法从互联网把音乐下载到 GoPro 相机和无法站在自动平衡滑雪板上从山上滑下的时代。

然后，还有古怪、彻头彻尾的怪异东西（对于一些想象力并不总是延伸这么远的人来说），比如“牛管理”（AKA、智能农业）、联网玩具，甚至智能梳子。

但是，尽情发挥你的想象力，你会开始考虑使事物更有效、更经济和更有趣的无尽可能性。对于不怎么关心这些解决方案背后的技术而主要关心所带来的财务机会的企业高管和董事会成员来说，如今正是激动人心的时代。

直接想象一下：

- 具有机器学习功能的远程医疗（把它想做类固醇上的数字家庭电话），医生能在患者甚至没有感受到任何问题之前收到其心脏状况的实时更新信息，并且能够使用智能手机远程纠正问题。
- 商店管理者通过匹配雇员的数字 ID 和被从货架拿走但并未计入销售的商品，发现有组织的零售盗窃阴谋。
- 消费者了解其信用卡号被人在 1000 英里之外使用——在银行欺诈部门通知和取消其信用卡之前。
- 城市官员查明恐怖分子使用火口手机上下载的恶意软件从世界任何地方对城市水源下毒的尝试。

毫无疑问，如果听任想象力自由驰骋，阅读本章的企业高管和董事会成员能够想到不计其数的其他应用和使用案例。

当然，这些及其他即将出现的 IoT 应用存在显著的影响。监管、法律、隐私和文化问题令每个人的心里承受重压，而且理应如此。决策者不要让担忧、不确定性和怀疑扼杀创新和机遇，这一点仍然十分重要。

这就是为什么高管和董事会要记住其领导责任的原因：确保企业在 IoT 产品创新和发展的所有阶段始终领先于快速出现的威胁。

IoT 威胁与风险：三思而后行

以下是企业高管、政府领导人和董事会成员需要考虑的关于 IoT 的一个两部分前提：

第 1 部分：让我们同意不能只是因为某个东西可以联网就意味着应当联网。

第 2 部分：如果某个东西因为有可能改进我们的工作或个人生活，或为我们的企业创造收入而被联网，我们需要明白这总是存在风险。

在第 1 部分，我的观点是我们现在能够把技术嵌入、附加或整合到一切事物，从工业设备和城市最重要的服务到家庭设备和孩子们的玩具，无所不包。我们的电子设备更小、功能更多，我们的算法更加智能和灵活，我们的包装更不起眼，实际上更具吸引力。但是企业及其领导人需要切实反复思考智能食物或机器人办公室植物（虽然在技术上可行）是否都是我们需要的东西。我们都知道，尤其是消费者喜爱发光的新东西。但是“有了梧桐树，不愁金凤凰”哲学从未证明是一个合理和有利的企业策略。

但是，我们需要把精力、才能和想象力切实放在第 2 部分。只要把某个东西连接到另一个装置：计算机网络或互联网，就是在为入侵和数据泄露开启潜在的新途径。作为企业领导者，我们自然担忧黑客攻击 IoT 系统的财务、运营和法律影响。

但其他类型的个人风险呢？孩子们的智能玩具被坏人攻击用于跟踪其位置时的风险呢？

《纽约时报》的一篇文章大篇幅分析了最近假期的智能玩具，指出基于芯片和传感器的玩具存在安全漏洞的众多实例；其中一些甚至被欧洲各国政府监管机构禁止。[1]

甚至存在可能传播更广、更隐蔽和更具灾难性的风险。如果黑客要通过基于 Wi-Fi 的控制器访问城市的水净化系统该怎么办？如果某个人的电子起搏器被人通过具有 RFID 功能的手表毁坏该怎么办？如果外国势力通过从智能手机把恶意软件下载到电子投票站来操纵一国的国家投票系统该怎么办？如果汽车和卡车上的计算机化刹车系统因互联网攻击而失灵该怎么办？

这些并不是假想情形。我们公司长期参与测试 IoT 系统的安全漏洞，我们的专家认定所有这些以及更多情形不仅是可能的，而且在许多情况下已经实际发生。

我们的研究人员一再演示过可以在驾驶过程中使汽车失灵，可以利用联网玩具的漏洞，可以对起搏器进行恶意黑客攻击。至于智慧城市，我们的研究人员认定这些城市并非像他们想的那样“智能”或“数字上安全”。

因此，必须记住几个有关 IoT 风险的不可否认的事实：

- 我们连接到网络和互联网的“事物”越多，所创建的安全漏洞越多。就我们的技术同行称为“无管理端点”的东西而言，情况尤其如此，这些端点通常缺少传统计算机端点现已必备的强健和自动化安全性。
- 坏人正在携手合作，共享信息、技巧和捷径。他们甚至在暗网上通过众筹联合行动。
- 相比之下，好人通常独自单干。世界各地的企业和政府极少能够舒心地进行安全协作，因为协作会把他们的风险暴露给别人，从而削弱他们视为竞争优势的东西。
- 越来越多的风险可能将与网络设备、系统和业务流程的急剧增长成正比扩大。

简而言之，什么都不做不是一个合理的企业策略。我确信监管机构也会赞同这个观点。

解决 IoT 问题与发挥其潜力

请允许我明确一下我不是说：我不赞成企业和公共机构对 IoT 解决方案的开发和部署踩刹车。我根本不是这个意思。我对 IoT 可能增强我们的生活、企业、机构和社会的潜力激动万分，我希望看到研究、开发、制造和营销尽可能快地发展，以满足消费者和企业需求。

为此，本章和整本书的读者应当记住有关 IoT 风险管理、修复和安全最佳实践的几个原则。企业和公共部门领导者也必须考虑 IoT 未来走向的更广泛影响，因为这关乎社会和文化趋势。

这些建议是针对整个 IoT 生态系统提出的，包括技术创建者、把 IoT 整合到产品与服务中的企业以及政府、监管机构和“修复者”。

- **安全性应当从一开始就设计到 IoT 解决方案中，而不是发生数据泄露之后。**我知道，这听起来容易，但是在沉浸于发现能够实现万物互联的欣喜时，我们绝不能忘记企业、政府机构和公民可能面临的更大风险。事后修复安全泄露不仅十分昂贵，而且效率低下。事实上，分析监管机构惩罚安全违规企业的方式可见，无论每个人可能多么善意，IoT 系统的安全性作为一个基本特性都是至关重要的，这就像网络设备的功能一样重要。有些人可能会因感知成本和对入市时间的潜在影响而回避把早期阶段安全性整合到廉价设备的想法。但我可以保证，如果出现数据泄露，成本和入市时间将会更糟。要从初始设计阶段就完成这件事。

- **不要针对你的 IoT 创新抛出一个广泛的、无所不能的安全方案。**作为 IoT 安全和漏洞防御框架的倡导者，我非常关注平衡安全要求和提供出色客户体验的产品功能的需求。好消息是这两端并不相互排斥——你可以并且应当在所有网络设备上拥有坚如磐石的安全性，不用让企业、消费者或公民为了利用这些激动人心的技术而经受磨炼。
- **协作有利于每个人。**行业参与者、政府、监管机构、消费者群体、标准机构：IoT 生态系统的所有这些组成部分都应携手探索激动人心的新机会，在这些机会与已知和潜在新安全框架之间实现平衡以保护每个人。技术公司通常围绕他们的潜在竞争力寻找制定技术路线图和解决方案的方法，进而增加市场机会，为客户提供可行、高效的解决方案。此外，我们已经知道那些坏人已经开始联手设法制造混乱。不要因为我们太过骄傲或固执无法合作，而让他们占了上风。
- **为了使用 IoT 获得娱乐和利益，客户愿意就类似隐私的东西作出妥协，不要让他们走得太远。**就在不久前，Facebook 会员还拒绝在他们的墙上披露太多个人信息。而现在，为了享受社交媒体的完整体验，他们却在宣传其生活的方方面面（有时对他们不利）。这意味着你的公司需要小心，不要让客户因对采用“下一个新事物”的疯狂热情使他们自己或你的公司受到损害。要确保你的客户和消费者了解最佳实践和智能 IoT 卫生学以保持安全，同时仍然充分利用整合到日常工作和家居生活中的技术。

业务领导者和董事会成员展开想象力的几种方法

无论是全球金融机构的 CISO、非营利教育基金会的董事会成员还是致力于连接全球网络中每个节点的技术公司首席执行官，我建议现在都要做五件事，为等待我们的欢乐时光做好准备。

1. 董事会应当引入一名安全专家——作为董事会成员或顾问，这样，讨论和筹划新的 IoT 开发项目时，就能清楚地听到安全方面的声音。
2. 企业的安全决策太多时候由太低级别的人作出，例如安全技术人员、IT 人员或其他“一线人员”。安全是一项战略计划，需要得到非技术高管和业务领导者的重视。
3. 不要向对公司范围的数据泄露和轰动性新闻的恐惧心理屈服，不要因此扼杀创新。胆怯不会让你在职业生涯中达到这种成就。大胆一点，但要明智。平衡风险和回报正是读者要做的事。
4. 如果有任何人在你部署 IoT 解决方案时用“我们总是这样做的”来回答你的安全问题，告诉他们门在哪里（请出去）。
5. 每天都有企业在实施“智能安全”方法，例如微软、梅奥医学中心和通用汽车，这里不再一一列举。要努力把你的公司加入这个显赫且不断扩大的名单中。

结论

IoT 并不是即将改变我们的社会，而是已经在改变。每天都有越来越多的应用出现，这些应用使日常设备变得超乎想象的智能、实用。

把我们带回核心主题之一的是：想象。

近 50 年前，John Lennon 唱过一首关于另类世界的歌，这个世界对我们所有人都有无限的可能性。我确信他并未特别预见到传感器、自动驾驶汽车和智能家居用品在改变我们生活、工作和娱乐方式中所发挥的作用。但他的确鼓励我们展开想象：

“你可能会说我是一个梦想家
但我不是唯一一个。”

与 Lennon 不同，我是一名热爱寻找技术、客户、雇员、工作和娱乐之间交叉点的企业高管。但就像著名的披头士乐队一样，我是一名梦想家。我能想象到 IoT 及其最终衍生技术将在我们社会中扮演的强大变革性角色。

不要问我为什么我们的梳子中需要一个智能芯片。

---

[1] “Don’t Give Kids Holiday Gifts That Can Spy on Them,” The New York Times, December 8, 2017

5

数据网格如何推动经济和影响我们的未来

Rama Vedashree——印度数据安全委员会首席执行官

自21世纪开始以来，在不到20年的时间里，数字数据改变了一切。

这始于海量数据，而大量数据格式和媒体形式又令这些数据倍增。互联网和云使数字数据得以连接到全球数据网格，进而使我们能够洞察彼此以及这个世界的工作、娱乐、互动和管理方式。这在本地、地区和全球层面重塑了我们社群的性质：丰富了我们的经济，实现了跨整个世界的协作，允许我们在单位和家里享受更高效的生活。

进而，对这种联网和可联网数据网格的访问能力提高了网络风险与“数字泛滥”的可能性。这给赋能者生态系统造成了一种重要的紧迫感，政府、企业、教育机构和利益团体应当携手实现使数字世界更加安全的共同目标。

两年前就任印度数据安全委员会首席执行官一职时，我对利害相关者确保数字经济和数字生活安全性的承诺持乐观态度。但是，众多因素正合力给我们带来隐忧。全球快节奏的数字化势头、快速增长的经济（比如印度和中国经济）以及最近世界经济论坛的“2018全球风险报告”（把网络风险和数据盗窃/欺诈视为全球风险）一起呼吁在全球、地区和国家层面采取行动。

两年后，我甚至对我们利用这些海量数据造福于全球社会的能力更为乐观。当然，我也认识到，要建立和受益于“万物数字化”，就需要智能的网络风险识别和缓解实践。

建立和受益于数据网格的这种能力的核心是五个关键概念：

1. 开发一个全球数据网格来塑造和助推全球经济。
2. 把数据用作目前尤其是未来的新货币。
3. 在塑造未来的企业和消费者时权衡大数据的影响。
4. 平衡创新生态系统和数据垄断现实。
5. 让网络安全和隐私责任能在数据驱动的世界并存。

未来的走向取决于一系列因素，其中许多尚未出现，难以确切预测。但我们肯定知道：数字数据将以第一代计算发明以来前所未有的剧烈方式改变着世界。

数据网格：推动全球经济

网格（适用于广泛行业与应用的相互交织的网状系统和流程）的概念众所周知。电力、金融系统、航空及其他诸多应用和部门都存在网格并且运行平稳。

现在，出现了一种新网格：全球数据网格，它把巨量数据与其他网格中的所有网点合并起来。这创造了就在几年前还没有的激动人心的强大业务模式。例如，数据跨实物和数字店面的自由流动开创了没有地理边界的多渠道零售时代。

针对用户生成内容的惊人增长，也存在相应的全球数据网格，这些内容从社交媒体平台、维客、博客站点和个人电子日记，到家谱与爱好到开源软件社区，包罗万象。

在全球数据网格中，扇区网格之间将越来越多地实现数据共享，从而推动利用共享信息或从以前未看到的数据创造新见解的协作。这将迅速演进为全球实时数据网格，企业、政府机构和消费者将协作创建和访问数据。

想想以数据为中心的合规指令所提供的承诺，例如美国医疗保险可移植性与责任法案（HIPAA）允许患者随身携带个人医疗信息，而无论他们使用的是哪个医生、诊所、保险公司或医疗服务。现在，这种潜力跨行业和全球呈指数倍增。我们看到诸多领域正在组建类似的全球数据网格，例如高等教育（正在把实物和虚拟学习中心结合起来）以及大学赞助的研究实验室、公共政策智库和社区发展计划。例如，知名大学的足迹日益遍布全球，比如哈佛、斯坦福、牛津和索邦大学，这些都是我们已经建立的大学，并且正在利用其自己的全球数据网格。

这就是我们未来的走向。

数据即未来的货币

就在上一代，有关“石油即新货币”的议论还很热烈。但如今，越来越多的证据表明数据事实上正成为我们的新货币，并且这一趋势正在加速。不妨看看以下行业调查数据：

- 到 2020 年，欧盟数据经济的价值预计将达到 7390 亿欧元，占欧盟国内生产总值（GDP）的 4%，超过了五年前其 GDP 比例的两倍。[1]
- 到 2030 年，“数字行业”——以数据为中心的全球细分市场的年利润每年可能增长 1.4 万亿美元以上。[2]
- 在人工智能、物联网、大数据和其他数据驱动型计划的大力推动下，到 2021 年，数字转型将为亚太地区的 GDP 贡献超过 1 万亿美元。[3]

当然，尝试掌握数字数据的财务贡献并不新鲜。事实上，早在 2013 年，全球咨询巨头麦肯锡针对这个问题就有论述，当时，麦肯锡提出了把数字资本的经济影响与有形技术资产（例如硬件、软件和 IT 赋能的服务）的经济影响分离的概念。

但是，显然，不久后我们将不再会撰写标题为“数据是新货币”的文章，这有一个非常实际的原因：数据正在迅速把自己确立全球所有行业的货币。事实上，它正成为“新的石油”。在医疗、金融服务、制造供应链、零售、公用事业、政府服务以及所有其他细分市场，数据正在大量的应用中被货币化。而且我们仅触及了皮毛。

或许数据对市场、各行业和经济的典型影响正如银行业顾问 Chris Skinner 最近的一个博客帖子所说：

“如果我们习惯做的所有事情（在银

行业）不再创造利润，未来从哪里赚钱？答案是：数据。”

大数据的大影响甚至会更大

数字信息的大规模增长令人惊讶。争论激烈的大数据运动现已成为主流，而且随着企业学会把这些不断增长的数据用于广泛的用途，大数据得到极大的普及。

但是数据量的增长并不是问题。为了真正改变我们工作、娱乐和互动的方式，企业需要寻找新的方法，以有效地从全球数据网格的正确地点访问正确的数据。如果没有驾驭所有这些数据的战略计划和正确工具，企业将会像尝试“从消防水管喝水”一样被淹死。

大数据（得益于相关的数据生成趋势，例如移动性、可穿戴物品、虚拟化基础设施、电子商务、IoT、分布式工作人员、协作平台、企业内容管理等）仅开始触及其功能的皮毛。这有许多原因，例如数据挖掘工具处于成型阶段，把原始数据转变为可操作信息的强大安全算法处于早期开发阶段。就像其本身一样引人注目，大数据的发展也一直受制于企业尽可能控制资本支出的意愿，这不利于需要更大计算能力、更多存储容量、更高网络带宽和更多数据中心的大数据使用情形。

但是随着 IT 基础设施的价格继续下降，随着云服务提供商成为各类企业的新数据中心，大数据将会加速提升其捕捉、存储、管理、分析和共享更广泛来源数据的能力。

以医疗为例。显而易见，医疗领域的数据正呈爆炸性增长。最近的一项研究指出医疗数据的增长速度高于以往：每年增长近 50%。[4] 这有多种原因，包括监管要求、医疗业务流程与工作流的数字化、远程医疗等应用的出现以及医疗从业者坚持使用自有设备来创建和分享患者与治疗信息。

医疗只是存在巨大改进机会的一个典型例子，同时涉及患者利益（改进医疗效果和改善长期健康）及医院、从业者和保险公司的商业成功。例如，公共卫生是一个严重依赖医疗数据网格数据的快速发展的专业，就像其他激动人心的使用情形一样，例如全球远程医疗实践和传染病控制。而且医疗成像应用（例如 PACS 和 DICOM）处于商业机会和巨大改进的早期阶段。管理全球医疗网格中的放射学影像和其他非结构化数据是一项挽救生命的进步，有助于实现全民卫生保健的愿景。

无论是医疗数据、银行交易信息、最新的交通拥堵提要还是普通家用电器的实时健康信息，大数据都将重塑各行各业机构开展业务及服务于企业和消费者客户的方式。例如：

- 分析引擎将会更强大、更经济、更易用，通常与社交媒体提要和其他消费者平台的分析引擎整合。
- 消费者将根据独立但联网的分析引擎提供的多个数据提要实时做出决定。这将使他们能够利用比以前更多的新产品、服务、供应商和关系，而且他们根本不必花自己的钱来利用这些分析引擎。
- 为企业和消费客户提供服务将比以前更快、更个性化，进而改善用户体验，提高客户满意度，甚至带来更多消费。

与未来 5～10 年的大数据趋势相比，毕竟目前的大数据趋势似乎并不这么大。

它会多大？不妨想想，2018 年全球有 75 亿人口。我们每个人每天使用的多少“东西”可能有我们访问或共享的重要信息？10？50？还是更多？

数据垄断和创新相互排斥吗?

鉴于如此多的注意力和精力源于诸如互联网、社交媒体和云计算等的重要进步,“数据垄断”的出现应当不足为奇:太高比例的数据由少数创新、有雄心、强大的企业持有和管理。

Facebook、Google、Twitter、Amazon Web Services、Alibaba、Tencent 和其他行业巨头的商业成功是明智决策、致力于创新与研究、大胆押注新技术和一点好运合力作用的突出例子。按照定义,这些和相对少量的其他企业收集、持有和利用大量数据这一事实并不令人恐惧。当然,需要承认这个事实,我们必须了解其影响。

毕竟,个人数据的广泛收集无疑会引发对隐私权和保密性的担忧。这是欧盟出台通用数据保护条例(GDPR)的一个重要原因,该条例可能影响和塑造世界其他地区的数据隐私条例。

如果数据是新的全球货币,那么有些人对“谁控制数据谁就拥有权力”提出担忧就没什么奇怪了。但是在保护个人数据隐私与允许企业和政府以负责创新的方式使用数据来更好地服务于公民之间需要达到一个重要的平衡。

这不是一个黑白问题。它非常微妙,需要精细的平衡来确保数据保护不会遏制创新,或确保利用数据来开发新的商品与服务不会危及我们的个人身份和权利。

企业、政府、监管机构和消费者之间的矛盾不可避免,每个群体都试图提高其自己的利益。但我们需要记住这不需要成为“零和”博弈。

我们也需要了解政府在保护个人权利和避免数据垄断不良影响中的适当角色。政府机构和监管机构应当避免走重罚与过度监管数据访问和使用的道路,而应选择让各利害关系方协作,在商业创新与个人数据隐私之间达到微妙的平衡。

事实上,我相信行业参与者会愈加联合起来协作制定更明智、更有效的合规协议,并与政府机构、监管机构、隐私拥护者和标准机构合作这么做。虽然这可能似乎像一个怪异的联盟,但我认为这是确保采用负责的合规措施而不扼杀创新的一种更有效方式。

针对数字威胁保护我们的世界和我们的数据

就像对使用所有这些数据造福于全社会的可能性十分激动一样,我对网络威胁不断增长的足迹也持现实态度。网络攻击的发生率、影响和创新每年都在增长,没有理由认为未来几年网络攻击将会减少。

数据和适当的数据访问又一次是确保应用、服务和整个经济安全性的关键。如果这听起来像“保护数据的数据”,那就对啦。为了保护最重要的数据——可识别个人身份的信息、财务记录、医疗记录、知识资产等,我们需要开发新的工具和服务来发现和纠正数据漏洞。

是的,威胁情报和其他基于订阅的服务有助于识别威胁和促进联合解决问题。但是我们需要做更多工作。太多时候,事件提要的影响或宣传修复的能力有限,因为它们无法访问有关威胁源、攻击点、网络边缘薄弱点、攻击迹象等的关键数据。

平衡安全需求和隐私预期的概念再次适用于这里。但它甚至走得更远。毕竟,没有任何东西阻碍我们把一切锁得越来越紧:服务器、移动设备、应用、云服务等。但是,在数据驱动的商品和服务中,这样做会严重降低用户体验,扼杀创新。

数据必须继续可靠安全地流经日益全球化和日益受到黑客攻击的网络。把数据流量限制于遏制点将在本地、地区和全球层面影响我们的数据经济。这就是欧盟正在制定条例来解锁欧洲机构所持有的数据和美国联邦政府拥有开放数据计划的原因。

数据市场或数据超市的出现明显体现了这个概念，数据市场能使新企业建立提供公共数据的市场。在这些情形下，特定用户能够轻易地把数据与其他免费数据集结合起来，从而获得改进的信息，发现新的商机和社会价值。

确保这种跨界数据流将需要商业、政府、监管机构和消费者加大协作力度。事实上，为了促进网络安全最佳实践以及保护个人、企业和政府，我们必须促进数据共享和协作。以恐怖主义为例，对抗实际和数字恐怖主义需要世界各地的机构和数据源庞大网络之间的合作。我们必须继续推动各国政府的合作，尤其是在执法和国防领域。

我们也应努力围绕国际法和法制在网络领域的应用加强研究，建立共识，包括在 UNGGE（联合国政府专家组）和双边层面。最近提出的“数字日内瓦公约”和其他议案需要引起关注，以确保各国不违反网络领域的既定规范。这不仅对识别和扫除网络犯罪是必要的，而且对保护个人自由权也是必要的，尤其是因为许多政府建立了攻击性网络能力。

在数字经济和数字生活时代，我们需要从设计阶段一开始就把安全作为所有产品和服务的一个核心功能与要求来对待。我们的社区、经济和公民需要它，如果我们不提供，那就是失职。

结论

我们的社会和生活受到基础性进步（比如火的发现）以及各种发明（例如车轮和水电）的巨大影响。但我认为没有任何进步对世界的长期影响超过新的数字数据应用。

数据不只是 1 和 0 看似随机的组合。它是信息、货币、社会结构、安全、知识、信心和创新。当数据的创建、共享和管理有利于我们的社区、家庭和行业时，它就是创造更美好世界的一个令人振奋的希望源泉。如果与协作开发的智能安全卫士相结合，它能为我们继续以过去无法想象的方式使用数据造福人类提供最好、最光明的机会。

技术进步可能允许我们把更多东西彼此连接，但是网络社会的真正威力和魅力在于它能拉近人、社区和国家的距离。

---

1 “Building a European Data Economy,” Digital Single Market, 2017

2 “Digital Industry: The True Value of Industry 4.0,” Oliver Wyman and Marsh & McLennan, 2016

3 “Digital Transformation to Contribute More Than US$1 Trillion to Asia Pacific GDP By 2021,” Microsoft and IDC, 2018

4 “Report: Healthcare Data is Growing Exponentially, Needs Protection,” Healthcare Informatics, 2014

6

云的未来

Ann Johnson——Microsoft 网络安全解决方案副总裁

在思考云计算的未来时，我不由自主地想到了青少年时期的自己。然后我笑了。

云和青少年时的我有许多共同之处，尤其是随着他们的大小和能力继续成长。他们实际进步的速度从来不乏惊人之处，每次观察时，他们都在做刚才似乎还无法想到的惊人之事。

就像我对青少年的我身体和智力的快速进步感到惊讶一样，云在任务关键性应用中的疯狂采用速度和广泛普及同样令人惊讶。

当然，青少年时的我不会提高组织灵活性，不会呈指数成长来适应新的工作负荷，或者不会提出可预测的订阅价格模式。就像我为孩子拥有健康、幸福和完美职业道路的一生谋划良多一样，我对未来怎么样真的一无所知。

但是对云并非如此。

我不需要水晶球来预测未来云会怎么样。噢，我可能无法看到将会为云增添更多价值的每个细微的技术变化，或者无法查明云经济的经济价值。

但是我已经看到云的未来，而且是光明的未来（是的，甚至考虑到了网络威胁的严酷现实，我会稍作解释）。

企业领导者的好消息：云将改变你的公司

我的云未来憧憬始于过去。当时，企业开始试验基于云的服务，例如 SaaS，或者雇员开始部署影子 IT 的早期版本，把工作数据存储在基于云的文件同步与共享站点上。许多企业很快认识到，对于诸如应用测试与开发或不部署专用基础设施实现跨群组协作之类的事情，云是一个不错的资源。

在这个阶段，我认为云是有帮助的。它是一个有趣和投机性的策略性资源，可使企业降低交付 IT 资源的成本和加快交付速度。它帮助我们腾出了原本需要分配的时间来支持新的数字计划。

使用云的积极体验给我们提供了信心：我们可以开始针对那些事关日常业务活动的更重要服务和应用使用云。不久，我们最重要的应用被迁移到了云，扩展了第一代云的战略优点，成为提高 IT 和组织灵活性的战略资产，并立即扩展了应对新商机或挑战的资源。

如今，对云的评价已从*有帮助*变成了*重要*，云成为了一种战略方法，不仅能让我们少投入多产出，而且可确保我们把人力用于创新工作。

但是，将来，云会迈出下一步。事实上，云的效用、功能和弹性正加速发展——这多亏了我将简要介绍的几个关键技术。未来 5 年或 10 年，我们会把今天使我们对云激动不已的东西视为古董。这就是事物变化的力度。

简而言之，云的未来将完成其从有帮助和重要到竞争优势制造者的革命性演变。不久的将来，云将具有转型性。它将在数字转型时代开启各种类型的可能性，不仅将提高 IT 和业务效率，也将改变我们工作、生活和娱乐的方式。

未来的云将使我们的组织和社区更网络化、更有用、更敏捷、更安全。当然，这并不容易。这将需要对试验以及时间、金钱和人力投入的持续承诺；改变数十年来的组织和个人行为的意愿；以及根据现在还无法看到但可以开始想象的东西创造愿景的能力。

微软总裁 Brad Smith 把云的未来置于一个抱负远大、鼓舞人心而又实用的框架中。在《造福全球的云》一书中，他以非常实用的术语谈到了在以新的转型性方式创造一个造福更多人的社会中，云、新兴技术和所有利害关系人的相互交织。

这一愿景将得到人工智能（AI）、机器学习、量子计算和混合现实等技术趋势大整合的支持。这些因素已经在改变云的本质，将会出现更大、更好的变化。

云与人工智能的共生

并不令人惊讶的是，为了更深入地了解淹没网络和云的所有数据，全球企业纷纷转向人工智能。人工智能以及机器学习和其他衍生技术正在改变数据的用途，使我们能够更快、更可靠地制定具有更大影响的更好决策。而且我们仅仅触及了皮毛。

在许多方面，云是 AI 工作负荷和应用开发的终极沙箱。处理海量且迅速增长的富数据的能力使云成为 AI 解决方案的理想实验室。

不妨看看由于 AI 与云的结合而仍在涌现或即将形成的几个可能性：

- **医疗：**医院、从业人员及相关机构需要解决仍在妨碍提供协调性护理的互操作性问题。面对 EMR 要求、监管印迹的不断扩大以及远程医疗和人口健康等基本应用的市场需求，医疗机构将更多地转向云和 AI，以更有效地利用海量数据。或者，想想提前预测和防止未来流行病的可能性，避免它们对我们的社会和星球造成灾难性影响。
- **零售：**实体零售商和在线销售商希望大幅减少甚至消除商品盗窃、欺诈和损耗——这对实物商店是一个每年 1000 亿美元的问题，在更偏向于电子商务和全渠道零售的时代可能更大。更稳健和更快的分析将允许他们关联来自 IP 监视、库存管理系统和单品级 RFID 和防盗包装的数据，而且这些数据都在云中。
- **政府：**世界各地的政府都在努力重新设计其提供社会服务的方式，例如识别和纠正家庭暴力的来源。云的无限计算能力与 AI 对大量似乎未联网数据的深入洞察力相结合，不仅使之成为可能，而且是非常可能。
- **金融服务：**金融服务业能在不做大量书面工作或不践踏个人隐私权的情况下根除保险欺诈和证券交易违规吗？云与 AI 的结合将使之得到实现，而且根本不需要巨额的资本支出和实地系统开发。

- **教育**：无疑，虽然把技术注入教育课程以及为教职员和学生配备技术等做法帮助填补了热议的技术鸿沟，但还需要完成更多工作。云将成为给那些因位置、文化或预算等原因在历史上无法全面使用转型性技术的农村学生带来新教育机会的关键。
- **交通**：航空公司只是因为无法在恶劣天气期间保持正常运营和收入流每年就要花费数十亿美元。使用 AI 加力的云将使他们能够瞬间了解快速变化的天气状况，进而更加预见性地安排航班和航线，减少给旅客和机组带来的不便和威胁。

同时，AI 正在把云变成一个更丰富、功能更多、更有效的知识创造、协作和效用环境。未来几年，云服务提供商和私有云开发者将以令人瞠目的方式从 AI 获益。

例如，AI 将会使监管环境更适合、更有效地采用云，尤其是用于证明合规和提前查明潜在异常避免其成为监管难题。通过使用 AI 和机器学习引擎，云中的审计踪迹将更干净、更精准、更有效。

这令人兴奋——真正的共生。不仅 AI、机器学习、自然语言处理和认知计算将会因为云而迅速进步，而且云将会更丰富、更强健、更有用，因为其生态系统嵌入了 AI 方面的技术。这将是终极的双赢局面。

利用量子计算加速未来的云

记得我们在新系列的微处理器面世时曾有多么激动吗？它让我们能够拥有更快的 PC 和利用新的软件功能性。我们要感谢摩尔定律以及芯片厂商和软件公司的那些十分聪明的工程师。

现在，为处理能力的巨大跨越做好准备。量子计算将通过我们从未见过的基础架构变革改变未来的云。

我不会介绍量子物理学或量子计算对数据中心运营的影响。但是，你需要知道的是，对于将在云中开发、部署和运行的应用来说，云将会更快、更有用。

例如，不妨想想寻找计算核结合能新方法的研究实验室。如果你对核结合能一无所知，那你并不孤单。但你可能猜到的是，这是一个由海量数据支撑并且需要空前动力来执行和把数据转变为可操作信息的应用，进入量子计算。橡树岭国家实验室的研究人员已经在使用基于云的量子计算机来执行原本需要大量硬件、软件和 FTE 投资的模拟与计算，而且这还只是在实验阶段。

当然，量子计算尚未实现商业化，但不会遥远。因此，当量子技术成为主流时，量子驱动的应用将在世界最大的数据中心——云中找到其家园。

而且你只能想象在把量子计算引入云基础架构后云计算性能和可扩展性的惊人进步。

不妨想想量子助力的云环境所能支持的机会：

- 开发更经济高效并且产出高于当前一代风能和太阳能的新清洁能源。
- 研究将完全消除全球饥荒的新食物生产流程。
- 发现提前数年预测、防止和处理潜在健康威胁的激动人心的新方法。
- 提供能够激励学生和令老师振奋的个性化、定制化、经济实惠的一对一教育。

量子计算将成为云的新物理引擎。而且云

绝不会一成不变。

确保未来云的安全性

我担心安全性。原因有许多，不只是因为“安全”是我的工作。因为当我想到安全时，就会再次想到青少年的我。

父母天生担忧孩子的安全。随着孩子长大，我们的担忧也在演变，变得更复杂、更明显。并不令人惊讶的是，在想到青少年的我的安全时，我不只一次冒出了冷汗。

是的，我始终担忧青少年时期我的身体和情绪安全。但对数字安全的未来我也有一些乐观和信心。这是因为我对由供应商、代理和用户组成的云社区所能采取的安全措施以及随着我们进入云的转型性未来都可能做的事惊人的乐观。

让我明确一下：说到云现在的目标丰富的环境及其未来的状况，我并不盲目乐观。

研究技术的人十分熟悉梅特卡夫定律，它假设就联网的人数而言，网络的价值呈指数增长。不妨想想每天有数以亿计的人使用云。现在，把它乘以你喜欢的任何数字：5？20？100？再想想明显更大的云社区，不仅以用户数衡量而且更重要的是以连接到云的“事物”的数量和多样性来衡量也是如此。未来几年，黑客带来的潜在威胁向量、有组织的网络犯罪团伙和有国家支持的坏人令人透不过气来。这不像考察阿尔卑斯山、徒步穿越热带雨林或漫游美国心脏地带那么让人透不过气。我说的透不过气是指“哽住”。

因此，随着我们必然和有意地依赖云，所有人都必须知道我们将要面临的东西。

由于越来越多的数据以及更多的任务关键性数据在云中创建、存储和管理，坏人自然会把它们作为目标。诸如物联网（IoT）的进步很好地说明了原因：IoT 代表数万亿美元的目标这一事实使之成为坏人的一个巨大目标。由于“智能物品”被连接到没有充分整合安全性的云或由于用户未能采用适当的安全措施，这个问题甚至更加严重。

鉴于在始终开通的环境下攻击面如此广泛，欺诈者已经盗取了数据，并导致了网络损害。因此，我们要做更多的工作。

一些事情已经发生。最典型的一个是密码即将消亡。无论你把数十或数百个密码存储在电子表格里、便利贴上还是数字钱包里，密码都不再是足够的安全防御。

因此，密码正让位于多因素认证中的生物测定学和其他措施，这使坏人更难渗透我们的防火墙，更难抓取可识别个人身份的信息、知识资产及各种格式的数字资产。我们仍然不能低估黑客的智力、创造力和决心，而无论他们是孤狼（极少如此）、数字犯罪联合体的成员还是有国家支持的坏人。

他们正在云中跟踪我们，而且在未来的云中，他们会更加努力。但是，也有好消息：由于预料到会有更多的渗透尝试，我们都在提升和强化云安全框架。

首先，一个基本常理是 AI 将是云的一个巨大变数，我们绝对需要。

云环境已在通过机器语言引擎得到强化，可分析数千亿云交易中的全球数据点。AI 和机器学习使数据规范化（记住都是非结构化数据，从电子表格和电子邮件到 Facebook 上的猫视频），并催生了更有意义、更及时、更准确的攻击指标。这将大幅（事实上非常非常大）改进我们的检测工作。

在这些机器语言引擎上使用 AI 将会加快情景建模，使已经吃紧的安全分析人员能够更快地查明趋势和做出更好的决策。

其次，你将能够采用虚拟现实技术，让你的安全专家和业务用户轻松地可视化威胁。

所有这些都离不开以超高速度运行的全球云。

安全是实际受益于广泛、深入的大型云环境的一个领域，因为有了正确的分析工具和充足的处理能力，全球决策变得更容易、更精准。

云安全也将更加自动化；机器语言工具再次将在自动防御的开发和部署中推动流程的巨大改进。人工检测和挫败像普通病毒一样简单或像恶毒勒索软件一样阴险的入侵尝试令安全管理员和安全中心不堪重负，而云安全将大大减轻他们的压力。

简而言之，未来的云将成为比以前更强健、更具弹性的数字堡垒。在AI、机器学习、量子计算和其他转型性技术进步的推动下，云安全将更智能、更自动化、更具洞察力。云安全在设计和实施上将更关注积极的用户体验，从而减少安全措施对用户的影响，降低影响企业生产力或个人幸福感的可能性。

我并不预测我们绝不会遇到数据泄露或不会出现有关个人身份信息丢失的轰动性新闻。但我已经看到云的未来，而且未来的云是安全的。

现在，即使我不在身边，我也只能对青少年时期我的安全更放心。

结论

在我的孩子出生后，我满脑子都是对这个小生命的惊奇。但是这个孩子的日常需求（吃饭、改变、睡觉）令我忙碌不堪，梦想未来都成了奢侈品。

但是随着我的孩子进入激动人心的青少年世界，我开始重点关注未来是什么样子以及青少年的我会如何在这个世界留下浓墨重彩的一笔。

我对云的感觉相同。在其形成时期，云计算的诸多好处令我激动不已，比如扩展传统IT组织的资源，让业务用户负责他们的数字命运，让数十亿人联网、协作和建立全球社区。当时，这足以让我们大多数人忙起来。

现在，云已从有帮助的业务工具演进为一项重要资源，如今正在改变我们的许多工作和个人生活，我很兴奋，能让我的想象力自由驰骋，自由想象未来的云是什么样子。

或许青少年的我甚至会以某种有意义的方式帮助塑造未来的云。但我肯定知道一件事：未来几年，云将比改变我的世界更深刻地改变世界。

为什么我们必须改变角色和行为以及如何改变

7

了解激动人心、指数性和可怕的网络安全未来

Marc Goodman——作家和全球安全顾问

我曾是一名警察。这是一项伟大的工作，我热爱它。然后有一天，我的警察职业发生了巨大变化——全都是因为我知道了如何使用WordPerfect中的拼写检查功能。

是的，那场精彩的技术敏感的演示使我当天进入了警务工作的“数字精英”之列，并且成为我进入非常令人愉悦又极具挑战性的网络犯罪学职业的催化剂。现在，由于要花时间研究和咨询实际世界中的下一代网络安全威胁，我必须承认：我非常担忧。担忧我们依赖技术的似乎无限的方式以及这些方式可能全都出错。

但是，尽管有这些担忧，我对未来以及我们在对抗网络犯罪的斗争中取得显著进展的能力仍然持乐观态度。本章将介绍为实现这一点而需要做的几件事：

首先，你必须**了解敌人**，具体来说是指威胁、安全漏洞和罪犯。

其次，你必须**承认和评估高管与董事会对网络攻击的不那么靠谱的传统反应。**

最后，你需要抛弃旧的网络安全剧本并启用新剧本，寻找和探索有助于改变好人（你）和坏人（掠夺你的人）之间**平衡**的秘密。

指数的威力

了解指数的威力能够改变你对威胁、你的责任、最重要的是未来网络安全策略的看法。

我说的指数是指指数性技术，如计算机、机器人、人工智能、合成生物学，全都遵守摩尔定律，因此其能力大约每年都会翻倍。为了形象说明这些迅速的变化是什么样子，企业领导者设计了众多术语来描述这一现象，包括非线性思考、拐点、曲棍球棒曲线或力量倍增器。

反过来，行动与发展的线性点对点进展对我们是个安慰。相信我们对未来走向有所了解或者甚至可能控制，这令人安心。线性预期和预测令人欣慰，但它们绝对不能应用于技术，

这是直接影响我们如何处理网络风险的一个严重错误。

了解你的敌人：他们与你想的不同

大多数企业会关注最近对其信息资产的攻击，并且通常会线性思考。CISO 可能会告诉 CEO 或董事会："是的，DDoS 攻击正在增加，网络钓鱼尝试也是如此。但我们控制了局面，以下是我们正在采取的措施。"换句话说，大多数企业认为解决这个问题需要线性解决方案。在恶意软件预防上稍微多花点钱，加大安全卫生实践方面的培训，让用户更频繁地改变密码。去年问题是这样，现在仍然如此，因此让我们根据威胁正以有序的线性方式增长这一事实来设计我们的防御。

错了。对威胁与敌人的线性思考必须让位于指数思考，因为万物的节奏都在加快，并且超越了我们的想象。线性思考者认为自动驾驶汽车纯属噱头，绝不会成功。而指数思考者知道它们已经成功。

谈到坏人，有一个大问题。他们正以指数方式思考和行动，而我们却在以线性方式防御。摩尔定律对他们无效。他们超脱于摩尔定律之外。

有关指数对网络风险的影响，需要记住的第二点是自动化的速度。你想谈谈力量倍增器吗？自动化正以许多形式（算法、脚本、机器学习和自然语言系统）大规模创造网络犯罪。为了以远超我们想象的速度扩展攻击，它们正使用我们的智能工具对付我们。

目前有大量使网络攻击自动化的软件。分布式拒绝服务（DDoS）就是一个典型例子：它是自动化的恶作剧。它们甚至把云改装成武器来进行 DDoS 攻击和其他数字战争。

网络攻击的自动化是一个令人不安和问题严重的进展，它会有力地充实网络犯罪的武器库，使坏人能够完全自动完成最复杂的犯罪，例如黑客和赎金攻击，另外还有近几年勒索软件攻击爆炸性增长的巨大影响。

扣押人或物品要挟赎金的犯罪大约已有千年历史，但是赎金犯罪的模拟版起到了很大作用。在模拟版中，你需要识别目标和研究他们的移动，然后向某些家伙开火，偷偷接近夺取人质，把他们藏起来，找到家人，警告他们不要联系警察，双方确定一个赎金交换地点，找个人代替你去拿钱，安排一个逃跑车辆，希望你不被抓住。

自动化威胁中的指数使之变得更加容易。它们进行高度复杂的犯罪，并把它编码到软件中。这很容易做到：不需要计算机博士，而且真的经济实惠。你可以花大约 10 美元在暗网上购买一套勒索软件，勒索软件的平均回报为 163000 美元。这就是我称之为投资回报的东西。

而且对所能打开的勒索软件数量没有限制，在这里，指数再次发挥了作用。

现在，我们把赌注提高——物联网。不妨谈谈以指数方式思考和行动的坏人的潜在财源。实际上，IoT 本身就是指数中的一个重要目标。看看联网事物数量和种类的指数性增长；告诉我这不像是一个经典的曲棍球棒。而且 IoT 的增量经济价值将达到数万亿美元。想想它难道不是一个诱人的目标吗？

我称之为网络威胁的第三维空间。开始时，计算机是又大又丑的灰盒子，被堆放在有温控的数据中心或固定在某个人的桌子上。接着，我们走向了移动：笔记本、平板和智能手机。最后，我们认识到可以为所有东西植入芯片。

电视过去是个电子管，而现在却是智能的超高清显示屏，智能水平高于超级计算机。

计算现在已完全移动和普及，所有这些端点都容易受到攻击。孩子们的玩具反而可能伤害到他们；语音合成和连接云的芯片成了邪恶之人分析孩子所在位置的手段。到 2020 年，我们将向互联网增加 500 亿个新设备，或许更多，而且这些做法都不安全。

是否有你能做的事情呢？请继续阅读。

不妨想想你的偏见和你的行动：是时候改变了

CISO、公司管理层和董事会成员要击败日益成熟和坚定的网络对手，就需要新的思路和全然不同的方法，忘记“盒子外思考”，事实上是扔掉盒子。你需要跳出嵌在万花筒中的网格球顶来思考。这就是你将需要的新角度、维度和视野。

多年前进入执法领域时，我学习的一个东西是尝试了解我要抓的人的心理。我学到了有关勾勒和进入坏人思维的精彩课程，执法老手与我分享了嫌疑人行为和外表所透露的重要信息。

并不令人惊讶的是，人们一直都在努力破解网络罪犯的心理：是什么使他们犯罪？他们的动机是什么？他们的恐惧是什么？这些都是很好的问题。遗憾的是，没有多少简单的答案。

记住互联网早期的一句网红用语：“在互联网上，没人知道你是狗。”在受到攻击时，你极少能确定攻击者是谁，因此琢磨攻击者的心理和动机不会给你带来多少好处。破坏性的位和字节扑向你的公司网络，你并不确定它是竞争对手、有组织网络犯罪团伙的成员、心怀怨恨的雇员还是国家行为。

这就是我们的新朋友——指数的用武之地。经验告诉我，许多企业高管和董事会仍然坚持刻板陈旧的攻击者印象。他们往往认为攻击者只是养在父母地下室里虚弱的孩子。攻击者被想象为学校或企业等传统机构中具有社会问题或感到不满的孤狼。我要告诉你：得出这种结论，风险自负。

你必须抛弃这些陈旧观念，采用自己的新思维——根本不同于大多数高管历史上采用的旧思维。你必须考虑最新的网络对手完全能够并且致力于拿下你的公司。采用这一概念越早，就会越早迈向更相关、更有效的网络安全策略。

在打破旧偏见和考虑新行动时应当采用指数思考的另一个例子是恐惧的概念（不是你的恐惧，而是网络罪犯的恐惧）。

你的策略不应建立在加深罪犯被抓和被起诉恐惧感的方法上，这些方法行不通。行不通的原因极为简单：罪犯根本没有什么可以失去的。

根据我自己的估计，这有一个非常实际的原因：网络罪犯被逮捕、起诉和监禁的机会只有百万分之一。

由于《国际法》的性质，他们被抓和被惩罚是意外，而非正常情况。密尔沃基的警察根本不能逮捕身在俄罗斯、法国或中国的罪犯，而且所有网络罪犯都知道这一点。他们不害怕你，不害怕你的防御策略、检测工具、执法或刑事司法体系。

最后，谈到承担网络安全责任，企业高管，尤其是公司董事会和董事会成员，需要采用一种完全不同的理念。

首先，让我们承认，虽然董事会由许多聪明和成功的人士组成，但他们大多不是数字方面的权威。他们的平均年龄55～70岁，不是在与数字设备相关联的企业或生活中长大。其中，许多人不能跟上技术脚步，依靠“委托伙伴”来为其过滤技术的问题。他们可能是CISO、CIO，也可能是技术顾问，但结果是相同的：他们指望技术人员来确保公司的网络安全。

这种情况必须改变。如果董事会成员缺乏提出正确问题或推回其不了解问题的技能，则需要设法把这些技能引入董事会。记住：即便董事会成员希望询问试探性问题，也已经知道CISO会推回，他们可能在董事会之前制作案例，但CISO通常用行话解答董事会成员似乎初级的问题。由于董事会成员不希望成为另类，因此他们不会进一步试探，并且假定一切都好。

董事会成员需要做更多工作来了解网络风险状况。他们需要自我教育和不受那些可能抛出专业行话的技术专家的胁迫。

董事会也应考虑建立一个专门的网络安全委员会，由一名精通技术的董事会成员领导。毕竟，董事会拥有薪酬、治理和审计委员会。难道网络安全不是一项同样重要的董事会职责吗？

另一种观点（这个观点有点激进，不是因为它很奇怪，而是因为很少使用）是董事会和高管需要练习他们对数据泄露的响应和反应。所有公司都受过数据泄露的打击；有些公司知道，有些公司不知道。但是董事会必须领导这种不测事件的准备工作，因为他们能够限制经常发生的财务、运营、法律和品牌损害。

我并不是说拥有一个每年更新一次的网络安全响应手册或灾难恢复协议。我在谈数字战争游戏。

正如我们都知道的一样，这些在各行各业都属于例行工作。执法部门和军队一直都在练习，而且往往采用极为真实的方案，通常几乎不可能说清是真实还是模拟情景。当然，航空业会执行这个例行工作。你认为航空公司飞行员会在飞行10年后突然自问“嗯…我想知道如果一台发动机在太平洋上空35000英尺脱离飞机将会怎么样”吗？当然不会——他们一直都在针对这种事件进行练习。

企业需要开展练习，包括董事会成员、CEO、CISO、总法律顾问、市场与销售负责人以及投资者关系团队。董事会实际上应当进行练习，并且应认真对待。应当监控、记录、评估并与团队成员分享这些行动，并且应当采取纠正措施来解决不足之处。

有些乐观的原因

关于威胁、挑战和障碍，我已经讲了很多。其中许多问题因指数的概念在紧迫性、频率和影响上被夸大和渲染了。你应当还记得，在本章前面，我曾对目前的动态深表担忧。我认为你会同意我有充足的理由这样看待网络威胁。

但请记住：我对未来的状况也十分乐观，尤其是技术无疑会给医药、教育和全球经济等领域带来积极的好处。虽然我强调了来自网络威胁分子的许多威胁，但鉴于这些威胁正受到大量的关注，因此减少威胁的破坏有希望的空间。从许多高管、董事会成员和技术专家那里看到和听到他们对解决网络安全问题的了解不断增加，这令我振奋。

尤其是：

1. 高管和CISO们向我提出的问题更精明、更具针对性、更以结果为导向。本章的许多读者已经明白传统方法带来传统结果，坏人正在玩弄算法，而太多网络安全防御都是大型机时代设计的。

2. 几乎每个人都有更强烈的紧迫感。其中一些紧迫感源于避免登上华尔街杂志头条或让高管身穿黄色连衣裤在联邦法院外游行的愿望。但无论动机是什么，每个人对此都非常认真，并且都密切关注加剧的风险。
3. 企业开始关注网络攻击者的精明、智力、创造力和决心。有关攻击者心理与动机的成见深深植根于数字民俗学和某些糟糕的电影中，而现在正在消散。
4. 人们愈加了解和认可实现网络安全并不是指拥有最佳的技术，尽管技术同样重要，但更多的是指以指数方式改变我们的思考和行为。

改变规则的几个新规则

技术和业务领导者最大的担忧之一是，目前和未来几年所需的网络安全专业人员数量与可供填补这些职位的实际数字专家之间存在惊人的缺口。估计到 2020 年这个缺口将达到 100 万人，而有人认为实际可能比 100 万高几倍。

我们也从基本的供需经济定理知悉，网络安全专业人员的工资增速远高于 IT 行业正常水平。这意味着在你阅读本章时，你的员工可能正在被猎头策反，即使你幸运地招聘到优秀的人才，也无法长期留住他们。

因此，企业需要采用重大举措，确保拥有一个让人才不断来公司填补这些职位的通道。我并不只是说提高你对计算机安全专业毕业生的招聘预算（虽然你肯定应当提高预算）。

重新评估识别候选人的方式。我要谈的是重新思考你为这些角色招聘和培训的各类人员的概况。例如，不妨想想那些在任何公司中都非常成功的人。他们拥有什么样的品质？智力，职业道德，沟通技能，愿意询问“愚蠢的”问题，从错误当中吸取经验的能力。

以上这些和其他品质并不一定仅限于麻省理工和伯克利大学的计算机专业毕业生。不妨想想从公司的非传统部门招聘拥有这些技能的人，比如现场服务工程师或应付账款员，卡车司机和文案。你的公司里许多人具备必要的个人素质和理念（不一定是深入的技术专业知识），可以用来填补这个不断加大的缺口。不要担心。我确信你将拥有大量优秀的安全工程师，在隧道或逆向恶意软件工程知识方面，他们将成为顶级人才。但显然你需要更多的以及更加多样化的资产，因此要以指数方式思考。

重视用户的安全体验。需要在心态上进行指数性转变的网络安全的另一个部分是网络安全用户体验和设计。这个领域创新的时机已经成熟，原因是安全报警软件已经严重不足。

你的员工在浏览互联网或处理电子邮件时有多少次屏幕上出现弹出消息？他们看到的东西让人难受吗？安全警告的设计深不可测。太多情况下，用户因警告妨碍了他们工作而放弃查看这些窗口，他们不明白为什么让警告滑动这么难。

安全协议在理论上可行是不够的，它们必须在公司员工所用键盘的末端派上用场。这需要充分了解人的行为，而企业网络安全战略通常并未考虑这一因素。制定政策只是第一步。确保政策合理、得到理解和遵守是另一回事。

重新思考和重新设计组织结构图。最后，在你的组织结构图上清除所谓的网络安全部门，重新思考你的网络安全组织方案。在网络安全四周放一个好看、整洁的框，这实际上是在传递一个消息：这些是网络安全的忍者。他们有迷魂汤（击败网络窃贼的仙药）。这是他们的忧虑，不是你的。

本章通篇主张网络防御团队需要一种更广泛、更彻底的思考方式，这种方式考虑了我们世界的指数性质。网络安全需要众筹，把各方纳入进去。它不只是局限于你 IT 部门的几十或者甚至几百名技术专家的责任。

网络安全不只是“他们的”问题，而是“所有人的”问题。它不是一个部门，而是一种态度。如果不扩大通过确保所有人共担风险来解决问题的思路，就会走上失败之路。失败的代价已经相当高，而且很快就会达到天文数字。

好消息是，我们可以采取许多措施来保护自己和我们的公司免受数字威胁。首先，或许最重要的步骤是开始以指数思考，因为在摩尔定律时代，分秒必争。

8

应对不断演进的对手心态

James C. Trainor——AON 网络安全解决方案事业部高级副总裁

本章所表述的观点属于我的个人观点，并非联邦调查局的观点。

事件 1：2014 年 11 月 24 日，索尼电影公司的雇员打开电脑后，出现了枪声、滚动恐吓和一个骷髅图像，即现在众所周知的“死亡之屏”。到这次网络攻击结束时，超过 3200 台计算机和 830 台服务器被毁，高度保密的文件被发布到全球，47000 个社会保险号码被盗。[1]

事件 2：2010 年，联邦调查局宣布，黑客使用密码和其他安全措施在不同银行账户之间一次非法转账数千美元。该攻击（即 GameOver Zeus）影响了数十万台计算机，损失超过 1 亿美元。[2]

事件 3：2015 年秋，一名黑客乔装电话公司雇员进入了 John O. Brennan 的私人电子邮件账户。当时，Brennan 恰巧要担任美国中央情报局的局长。[3]

事件 4：2018 年 1 月，美国国家安全局一位名叫 Hal Martin 的前合同制雇员承认盗取了大量机密安全信息，包括 NSA 网络黑客工具。虽然对该认罪协议争议不断，但毫无疑问，2017 年 5 月的灾难性 WannaCry 勒索软件攻击使用了该被盗工具。[4]

事件 5：2016 年 9 月，一位名叫 Ardit Ferizi 的科索沃公民被判处在美国监狱服刑 20 年。他承认了未经授权访问受保护的计算机盗取大约 1300 人的个人身份信息的指控，这些人包括军人和政府官员。Ferizi 盗窃信息的目的是交给 ISIS。[5]

这五个事件的共同点是都造成了广泛的财务和名誉损害，并且可能严重危及一国的国家安全。

不同的攻击类型

这些事件在犯罪分子的动机和心理方面没有共同点。每个事件都代表了企业、政府和执法机构必须随时准备防范和解决的一种不同类别的网络攻击。这些类别是：

1. **国家**：朝鲜针对索尼电影公司的原因是一部名为《采访》的戏剧即将上演。
2. **罪犯**：GameOver Zeus 是许多罪犯攻击之一，联邦调查局悬赏 300 万美元抓捕策划者 Evgeniy M. Bogachev。

3. **黑客行为主义者**：Brennan 攻击是一个名叫 Crackas with Attitude（CWA）的组织的杰作。五名被控罪犯的年龄介于 15～24 岁。
4. **知情人**：Hal Martin 攻击被许多执法人员视为潜在的灾难性事件，因为它使所有潜在对手变得更加危险。
5. **恐怖分子**：Ferizi 在发布以下推特帖子后被抓："我们正在抽取保密数据并把你的个人信息传给哈里发的战士，这些战士很快将得到真主同意在你自己的国家砍掉你的头颅！"

了解不断演进的对手心理

我在美国联邦调查局工作了 20 多年，上一个职务是华盛顿特区网络部助理主任，我领导团队制定并实施了联邦调查局对抗网络犯罪的国家战略。索尼攻击是我处理过的案件之一，这次攻击因许多原因而具有历史意义。

其一，它涉及针对索尼的广泛恶意行动，包括入侵、破坏以及对雇员和公众的威胁。政府快速做出了回应。几天内，联邦调查局就确定了肇事者，六周内，奥巴马总统签署了对朝鲜三家机构和 10 名个人实施制裁的行政命令。

应对这类攻击需要了解法律与监管环境、技术环境、隐私问题、媒体方面的问题等。防止这种规模和范围的攻击同样具有挑战性，充分了解每类对手的心理很难。如果这些对手拥有多种激励因素和支持者，甚至更难了解，例如政府支持的以谋利和地缘政治战争为目的的攻击。

我认为索尼攻击具有历史意义的另一个原因是，它警示了在各类对手的心理、行为、动机和技巧大融合的未来我们所能预期的东西。

同时，那些出于利益、政治或原则而做坏事的人越来越老练，能够更轻易、更廉价地获得工具和技术。我们甚至看到了网络犯罪即服务的出现。而且我们正在通过物联网、大数据分析以及大规模社交媒体平台的指数性使用等创新为对手提供更大的潜在攻击面。

应对不断演进的环境

由于威胁环境的演变以及越来越难以区分来自国家的威胁和来自犯罪组织的威胁，我们所有人都有责任做好更大的准备，以便防止攻击和在出现攻击时快速响应。当然，说起来容易做起来难。

根据我的经验，许多企业高管感觉网络安全太过宽泛，无所不包，并且可能压垮他们。他们不知道从哪里开始，无法衡量网络安全的投资回报，并且担心成本不断上升。而遇到过网络攻击的公司，都有着高度的紧迫感和重要目的。

本书的所有读者，对保护我们的未来和安全遨游数字时代充满激情的所有人，都需要拥有类似的紧迫感。我们的对手越来越大胆，越来越老练。网络攻击已从针对言论自由和企业运营的索尼攻击转向针对民主进程和选举的攻击。而且不会就此停步。我们看到勒索软件、勒索攻击不断增加，可以预见，最终我们将看到更多威胁人类生命的攻击。

鉴于对手心理、动机、工具、技术和行为的变化，我们该如何应对？为了做好更大准备、实现数字时代激动人心的承诺，我们现在可以采取的措施是什么？同时如何识别和回击不断演进的对手心理的内在威胁？

我建议首先着重于以下关键领域：

连接性：随着扩展连接，我们也在扩展攻击面。对手可以利用 IoT 设备作为僵尸网络，从而导致对潜在的关键基础架构分布式拒绝服务（DDoS）攻击的担忧加剧。有家公司警告，一个大规模僵尸网络正在招募 IoT 设备来制造可能使互联网瘫痪的网络风暴。[6]这并不是说我们不应推进 IoT 创新。但我们必须警惕安全漏洞的增加。保护 IoT 设备不同于保护传统 PC、笔记本和智能手机。我们必须快速了解如何使用和保护这些设备。我们真的希望创造一支能供对手用来攻击我们的僵尸军队吗？

监管/法律：罚金、负面宣传和其他惩罚的风险可能成为一个有力的激励因素，促使企业以更大的紧迫感来重视网络安全。在欧洲，我们看到通用数据保护条例（GDPR）正迫使企业全面评估其安全状况以确保各种保护。这些保护包括提供数据泄露通知、匿名化数据以保护隐私、安全处理跨界数据传输等。必须承认虽然 GDPR 是欧盟的一个产品和欧盟内部的要求，但它影响全球拥有欧盟居民个人数据的所有公司。这是一件好事。在美国，人们正提出是否有任何类型的法规可以用于防止或缓解影响超过 1.4 亿美国人的大规模 Equifax 网络攻击的问题。许多人希望 Equifax 成为在缺乏政府监督时可能发生的警世故事。[7]

安全漏洞认知：勒索软件攻击继续增长，许多实例仍然未被报道或报道不足。我们也看到鱼叉式钓鱼和社交工程术正变得更狡猾、更具针对性、更先进。2017 年，攻击者针对各行各业的机构采用了新的鱼叉式钓鱼术，包括大型技术公司和政府机构。黑客哄骗国际能源公司的雇员打开文件以利用用户名和密码，授予对电源开关和计算机网络的访问权限。骗子们瞄准了英国学生，利用电子邮件骗局来盗窃个人和银行信息。与此同时，假消息继续扩散，数据完整性攻击增加，这影响企业的市值和我们应对自然灾难的能力，并且影响舆论。

破坏攻击生命周期

现在也是投资于网络安全教育、认知和培训的一个重要时刻。我们对攻击原理了解得越多，就越能减轻它们的影响，而无论对手的动机和心理是什么，也不管我们在企业中的角色和职责是什么。攻击者的工作方式遵循六个连续的阶段，这些阶段构成我们所说的“攻击生命周期”。[8]这六个阶段是：

1. **侦察：**这是筹划阶段，攻击者在此期间调查、识别和选择目标。
2. **武器化和交付：**攻击者确定用于交付恶意内容的方式，例如自动化工具、漏洞渗透工具包以及带有恶意链接或附件的鱼叉式钓鱼攻击。
3. **渗透：**攻击者部署针对脆弱应用或系统的渗透，他们一般使用渗透工具包或武器化的文件。这可使攻击获得一个初始进入点。
4. **安装：** 一旦建立了据点，攻击者就会安装恶意软件来执行进一步的操作，例如保持访问、持久性和提升权限。
5. **命令与控制：**恶意软件安装后，攻击者就会积极地控制系统，指导后续阶段的攻击。他们会建立一个在被感染设备和自身基础架构之间进行通信和传递数据的命令通道。
6. **针对目标的行动：**通过控制、持久和不间断的通信，对手可以根据他们的动机行动，包括数据渗漏、毁坏关键基础架构、盗窃、敲诈、刑事恶作剧或综合攻击。

若能利用攻击流程方面的知识，对防御者来说是非常有利的，因为攻击者必须每个步骤都成功完成才能最终成功。防御者只需在任意阶段“观察和阻止”对手，就会导致对手失败。要想成功做到这一点，企业需要拥有解决网络风险的整体方法。概括地说，这种方法包括：

- **提高可见性。**
- **减少攻击面。**
- **防止已知威胁。**
- **发现和防止未知威胁。**
- **量化风险。**
- **转移风险。**

在讨论网络安全时，我经常把它比作医疗。如果吃得好、坚持锻炼、不吸烟、定期看医生，我就能降低生病的可能性。但是如果我们都生病了，就需要医疗保险来报销与生病相关的花销。这同样适用于网络。如果某个机构成功执行了前四个步骤，那么网络保险的安全网就能帮助缓解灾难性的财务后果。

如何完成这些目标呢？破坏攻击生命周期和降低风险有赖于技术、人和流程的合力作用。

- **技术**必须在所有网络环境下高度自动化，并实现了整合，包括移动、实地和云环境，从周边到数据中心、分支、端点和 IoT 设备。
- **人**必须接受持续的安全认知培训和最佳实践教育，以最小化攻击通过第一阶段的可能性。
- **流程**与政策必须部署并执行，以便在攻击者成功通过整个攻击生命周期的情况下迅速纠正。

为未来做好准备

本书反复出现的一个观点就是网络安全人人有责，正如第 10 章所述。投资于网络安全教育、培训和认知是朝这个方向前进的一个必要步骤。但还有更多工作要做。

作为全球经济的参与者，作为国家，作为单个公司，甚至作为个人，我们都能创造网络安全合作与协作的氛围。在政策层面，一种适合未来的模式是 2015 年签署和 2017 年续约的《美中网络安全协议》。根据该条约的条款，两国同意克制对彼此私营部门公司进行国家支持的网络攻击。

作为组织和机构（公司、学术机构、政府机构）我们都能更积极地共享威胁情报，从而防止攻击和实时做出反应，最小化成功攻击的损害。作为个人，我们可以利用网络安全教育和培训，根据自己在企业中的角色、责任和薄弱点，确保遵守最佳实践。

例如，我强烈鼓励董事会成员了解和遵守美国公司董事联合会开发的五个网络风险监督原则：

1. 董事需要了解并把网络安全作为一个企业范围的风险管理问题，而不只是 IT 问题。
2. 董事应当了解网络风险的法律影响，因为网络风险与他们公司的具体环境有关。
3. 董事会应当可以获取网络安全专业知识，并且董事会议程应当定期安排足够的时间讨论网络风险管理。
4. 董事应当设定预期：管理层会提供充足的人员和预算来建立企业范围的网络风险管理框架。
5. 董事会、管理层的网络风险讨论应当包括确定要规避的风险、要接受的风险、要通过保险缓解或转移的风险以及与每种方法相关的具体计划。

结论

我们生活在有趣的时代。每天，似乎都有新的网络攻击或威胁登上头条新闻。仅在 2016

年，联邦调查局的互联网犯罪投诉中心（IC3）就收到了近300000个投诉。[9] 2018年2月，战略与国际研究中心估计，2016年全球网络犯罪造成的损失约为6000亿美元，而2015年只有4450亿美元。[10]

雪上加霜的是，对手的心理是一个移动目标。虽然对手动机和意图过去可能可以识别，但现在我们面临的环境融汇了各种心理。看似谋求利益的网络罪犯或黑客行为主义者攻击实际上可能是国家支持的事件或公司知情人发起的攻击。

承认对手的动机不断演进是朝正确方向迈出的一个重要步骤。这有助于我们所有人提高认知。这种认知也应转化为采取行动的职业和个人责任：接受网络安全培训，为董事会雇佣专家，或者甚至只是确保我们在使用双重认证。

我们并不是总能预测犯罪行为。但我们可以学习、了解和积极确保我们正在尽一切所能缓解和最小化风险。展望数字时代网络安全的未来，这应当是我们的心态。

---

1 "The Attack on Sony," *60 Minutes*, April 12, 2015

2 "GameOver Zeus Botnet Disrupted," FBI.gov, June 2, 2014

3 "Student pleads guilty in hacking ring that targeted CIA Director John Brennan," Politico.com, Jan. 6, 2017

4 "A Stolen NSA tool is Being Used in a Global Cyberattack," *The Atlantic*, May 12, 2017

5 ISIL-linked Hacker Sentenced to 20 Years in Prison, The United States Attorney's Office, Eastern District of Virginia, Sept. 23, 2016

6 "New botnet could take down the Internet in 'cyberstorm,'" says Checkpoint, Internet of Business, Oct. 23, 2017

7 "Equifax Breach Puts Credit Bureaus' Oversight in Question," NPR, Sept. 21, 2017

8 Lockheed Martin has registered the term: Cyber Kill Chain®, which describes a similar framework in seven phases: Reconnaissance, Weaponization, Delivery, Exploitation, Installation, Command and Control, Actions on Objectives

9 "2016 Internet Crime Report," FBI Internet Crime Complaint Center (IC3), June 2016

10 "Economic Impact of Cybercrime: At $600 Billion and Counting—No Slowing Down," Center for Strategic and International Studies, Feb. 21, 2018

TYPES OF ATTACKS AND DATA

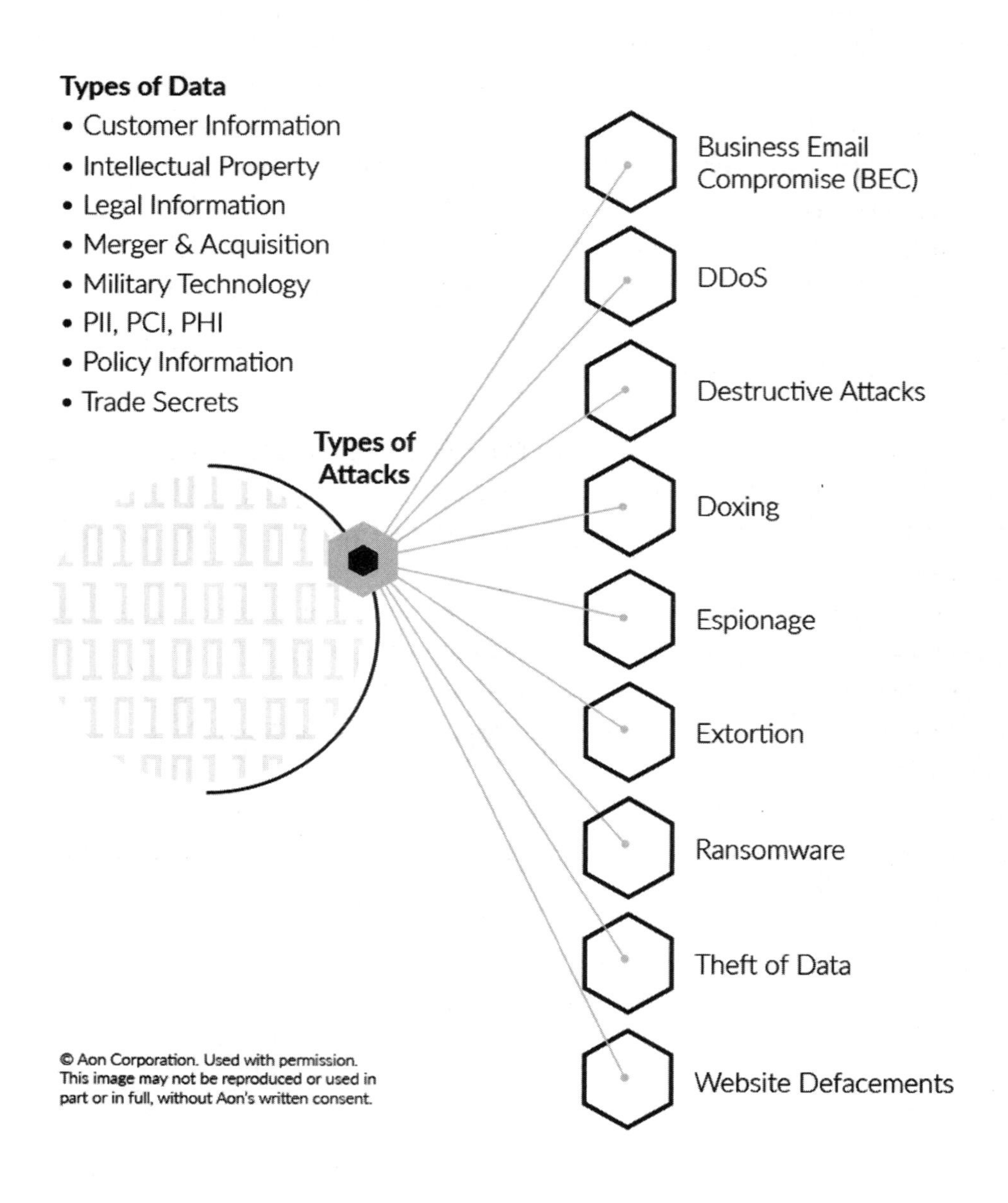

9

不断演进的 CISO 角色：从风险管理者到业务赋能者

Justin Somaini——SAP 首席安全官

我担任首席安全官（Chief Security Officer，CSO）的首要工作之一是找到其他部门的经理，了解如何把自己整合到他们的工作之中。有一个更极端的例子，我曾问及能否兼职加入销售部门。感谢上帝，不是做销售代表，而是以首席安全官身份。销售经理有点困惑，但还是同意了。在这一年里，我参加了销售会议，甚至销售电话会议。

我了解了转化率，间接体验了成交一个大单的无法想象的激动心情和丢单那深到骨子里的痛苦。到这一年结束时，我已经深入了解了销售部门的工作，或许更重要的是，我与销售部门的许多关键人员建立了密切的工作关系。

你可能会想：你是首席安全官，为什么要在销售部门呆上一年，即便是兼职也不合适，因为你的工作是保护公司免受安全攻击和确保公司保持合规。

针对这个问题，我会回答，仅仅保护公司和确保合规实际上既不能恰当说明我的工作，也不能说明我的全球同行和同事的工作。2017 年不能，2018 年不能，未来肯定也不能。

CSO 或者首席信息安全官（CISO）的角色自首次设立以来已有 20 多年的历史。今天，这个角色的演进速度空前加快。现在 CISO 必须把自己标识为业务赋能者，同样关键的是，还必须得到从董事会到高管到保持公司日常运转的各业务部门人员的同样认可。

如果不了解销售，如何赋能销售？或者市场、人力资源、财务？如果不扎实了解企业的运转方式、激励团队的因素、凝聚员工的企业文化，如何赋能企业？

这些问题可能看似相当明显，但大多数 CISO 过去不一定问过这些问题。展望未来，我们认为这些问题将愈加决定 CISO 的工作方式。它们也将是决定谁来填补这些关键岗位以及安全从业者如何在部门内和整个企业互动和协作的一个因素。如果 CISO 有能力赋能业务，则必须说业务语言，并精通业务的基本活动和价值。

转变为业务赋能者

CSO 是一个持续演进的角色，这推动了技能的持续演进。为了成功，从业者需要积极促进这个角色以及他们自身的成熟。20 年前，这个工作基本上就是管理防火墙和保护周边。你不需要太了解所保护的东西，只要知道哪些技术解决方案能最好地牵制坏人即可。

今天的世界大为不同。数字技术和连接性注入了企业的方方面面。这提高了风险，但也提高了网络安全的价值和重要性。CISO 在高管中的地位愈加稳固，因为安全不再只涉及风险，也关乎竞争差异化。

安全发挥差异化作用的最基本方法是扫除赋能和推动产品与服务销售的障碍。我在 SAP 的目标，就是拥有安全的公司和安全的客户。这看似非常简单，但实际实现绝非易事。

例如，安全应当能够推动更快、更灵活、更可靠的产品开发。这是企业更倾向于提早把安全纳入开发流程以及为什么 SecDevOps 出现的一个原因。此外，安全还必须支持业务和技术创新（不妨想想大数据分析、物联网、社交网络和机器学习，这里不再一一列举）以实现真正的竞争差异化和潜在的市场冲击。

还有其他推动业务赋能的途径。如果我们把比竞争对手更好、更可靠的安全保护植入解决方案之中，我们就能提高客户忠诚度和留住现有客户。如果我们能够创建与公司的方向无缝结合的安全解决方案，我们就能创造与众不同的产品、服务和潜在收入流。例如，公司发布一款每月加收 10 美元即提供先进安全监控和警告的新服务。如果我们能够提高运营效率，就能帮助企业加快产品上市速度和降低总体成本。

CISO 的演进

如何实现这个目标？使最优秀的 CISO 脱颖而出的技能是什么？业务领导者和董事会成员现在和将来对 CISO 的期待是什么？如何确保我们在切实赋能业务的同时仍然履行确保公司和客户安全的基本责任？

我建议首先专注于以下三个特定领域：

1. **确保我们在已知任务上恪尽职守：**这应当包括网络安全领域的基本任务——控制、安全漏洞扫描、补丁管理、应用安全等。我们需要成为这些任务和职能方面的绝对专家。如果无法完成这些基本任务，则无法实现安全目标。
2. **擅长满足目前更广泛的预期：**例如，我们可以谈论风险管理，但我们需要为公司实际定义和阐明它，以便决策者了解他们所要投资的东西和原因。我们必须擅长实现那些推动公司前进的特定计划，例如云计算、传统应用现代化或实现安全移动性、数字转型和其他组织任务。
3. **分析、预测并为未来做好准备：**技术正快速发展，这无可否认，但关于未来我们能够十分确定地预测到某些东西：必须确保物联网的安全；IT 消费化将继续重新定义客户预期；司法差异正继续影响我们对安全的看法；诸如人工智能和机器学习的技术将有助于推动企业内以及对手间的创新。

我们必须精心和积极地把安全推进到这些领域，避免以后出现安全问题。业务赋能不只是了解这些责任和挑战，也要求我们精通交流、协作、互动和管理企业内的相互关系。

消除沟通的界线

要从导致许多企业忙于应付和被动适应的闭塞、沟通不畅的安全部门演进并非易事。你需要在整个企业获得对安全职能的认可、支持和优先对待，而无论是销售、市场、开发、客户支持还是任何其他业务部门。

获得这种认可的唯一途径是转换和交流安全的语言，让业务人员了解它。CISO 必须走出安全领域，了解其在整个企业所能增加的价值。根据我的经验，在企业内交流时，CISO 必须思考四个基本目标：

1. 网络安全如何帮助生成、保护和确保收入？
2. 网络安全如何帮助留住现有客户？
3. 网络安全如何帮助取得竞争优势？
4. 网络安全如何提高运营效率？

为此，你需要一个在企业内部接洽中透明、前瞻性的安全团队，或许最重要的是深入了解企业的运转方式以及各个部门的实际工作。如果我们不能透明地阐明事实情况，CISO 又如何指望公司了解风险呢？我们需要让公司其他部门透过我们的眼睛了解世界。

CISO：下一代

各个企业及其文化千差万别。营利性机构的目标不会与非营利机构相同。拥有全球客户群的公司在运营方式上不同于地区性公司。

在销售部门那一年我学到了许多东西，其中一个就是公司南美销售团队的动机和运营方式不同于北美的销售团队。如果我不是花了时间和精力详细了解公司的运转，又如何能够真正了解这一点呢？

未来的 CISO 必须非常熟悉企业的各个方面，我认为对安全专家来说，贯彻 MBA 轮换计划的意图并在市场、销售、财务、人力资源或制造等其他对企业整体运营至关重要的部门分别呆上一个季度是明智的。这样，随着时间的推移，就会对整个企业有个基本的了解，这不是纸上谈兵，而是真实的。你可以观察各个部门的日常生活，这有助于改变安全模式和心态。

人们通常会问要寻找具备什么特质的潜在 CISO。我首先要找的是具备强大道德方向的人，会做超越职责外的工作的人。我会寻找具有基本好奇心的人。我需要希望询问以下问题的人：企业如何运营？如何发展？当然我需要渴望了解安全技术的人。如果你对新技术没有好奇心，就不会花时间探索新的做事方法。在网络安全领域，我们始终必须愿意采用新的技术和新的解决方案来解决新的问题。

如果我必须到处告诉别人应当做什么，那么我的工作就没有做好。我需要对现状不满的人，需要等我离开进而接我班的人。不能教某个人成为 CISO；他们必须能够胜任工作、学习、适应，并且必须被迫成长。他们必须严于律己，思想非常开放，好奇心极其重要。为了说服企业其他部门认真对待安全，你必须了解能够激励他们的因素以及如何更好地影响他们。为此，你需要去了解他们。

现在应当采取的措施

如何认定高管是成功的呢？就是无论是什么，必须建立自己的数据。由于安全部门不能生成收入，因此通常是以风险缓解来衡量的，而不一定是业务赋能。如果你是成功的，则可能没有事件发生。如果没有安全事件，人们会认为不需要进行安全投资。因此，你必须说清：是如何受到攻击以及如何拦截这些攻击的。

一旦真正了解了业务，你就能以业务赋能语言更有效地进行沟通。例如，许多公司寻求推动在华业务。安全需要成为这种讨论的一部分。我们有能力和潜力来帮助公司克服障碍，如果能够克服这些障碍，就能帮助公司赢得新客户和开创新的收入流。这就是你赢得高管支持以及促使他们在董事会上为你提供一个席位的方式。

下面是对那些还未专注于业务赋能的CISO来说可能并不明显的另一个成功指标：你的同事是否让你加入相关的讨论？他们喜欢你还是恨你？他们把你视为阻挠者还是变革文化的一部分？如果人们不希望让你加入，你就不能帮助他们。这要求CISO及其团队更加令人愉悦、开放和包容。

业务赋能是一个旅程。我们每个人都可以立即采取简单的措施，但这不一定意味着要在销售部门呆上一年，不过如果你还没有这样做，我强烈建议去做。安全专家可以立即做的事情是更积极地支持业务赋能，包括：

- 给销售和市场负责人发电子邮件，告诉他们你想了解的东西。询问是否可以参加每周销售电话会议。这个措施意义深远。他们将会了解你是谁和你的工作是什么。现在，他们或许对你一无所知。确定需要与企业中的哪些人建立关系，并询问他们能够帮上什么忙。
- 如果你还没有做此事，就要认真阅读公司的财务报告，从中获得有关公司的宝贵信息，而在正常的日常活动期间你可能并不总能了解这些信息。
- 找到同事并创建类似"国情咨文"的报告或年度网络安全报告或精彩的信息图表。给他们提供有趣和增长见闻的东西，这样，没有时间或缺乏兴趣的人就会花时间了解它并从中学到东西。我们必须分析如何改变我们的语言，使之与非安全人员产生共鸣。利用所有资源（包括在线资源）确定不同交付物和资料的口径。然后与同事和董事会一起跟踪在企业中效果最好的东西。
- 观察你的团队和文化。你是否对网络安全问题持开放态度？如果必要，可以举行一次网络安全职工大会。上班时间保持开放，让所有人都可以过来诉苦或直接交流实际问题和机会。你的团队将会看到语气和方向上的变化，他们将会自然跟进。
- 认真审视自己。你热爱自己的工作吗？真正激励你的东西是什么？你对整体业务心存好奇吗？你每月都把时间花在哪里？我们大多数人回避自己讨厌的事情，愿意做喜欢的事。你会自我批评吗？你坚持的东西是什么？发现有压力的东西是什么？你是否回避与老板或同事的关键对话？

结论

现在是成为网络专家的伟大时刻。我们在公司和整个世界的角色愈加关键，愈加得到更高评价。这也意味着我们承受的压力更大，责任更大。在如今的环境下，以旧方法做事根本行不通。

要使我们自己和公司为将来做好准备，就必须了解和说业务赋能语言。我们必须对业务运转方式心存好奇，必须清楚说明我们如何助一臂之力。我们必须演进，并且必须快速演进。数字时代不等任何人。

10

网络安全和董事会：未来去往何处？

Mario Chiock——斯伦贝谢研究员和斯伦贝谢荣誉 CISO

网络安全人人有责。

这或许胜过任何其他说法，也可能成为数字时代下一阶段的公理。我们越来越依赖数字连接，同时也将面临更大的风险。没人能够承受成为最薄弱环节的代价。每个企业都必须确保每个人（无论是雇员、合同工或隶属公司的任何其他人）都了解为保护企业及其数字资产而必须做的事情。

这恰好始于顶层，始于董事会。董事会成员或许比任何其他人更能设定整个企业的网络安全议程和基调。他们不仅能够设定议程，而且我认为他们必须设定这个议程和风险容忍度。他们是企业总体网络安全形势中的一道关键防线。此外，董事会成员正越来越成为网络攻击的脆弱目标。他们采取的行动能够在实际和象征意义上对企业产生巨大影响。

但是，挑战在于董事的入选通常并非因为他们具有深入的网络安全专业知识。那么，董事会成员如何获得相关知识和见解从而对企业产生积极影响呢？在人工智能和 IoT 等创新使网络安全成为一个不断移动的目标这个迅速变化的世界，他们如何进行调整呢？

或许最重要的是，董事会成员如何定义他们所承担的现在和未来的角色，从而不只成为“网络安全人人有责”模式的一部分，并且成为定义和执行这个模式的实际领导者。

董事会不断演进的角色

董事会了解网络安全的责任是近期才出现的一个现象。过去，在涉及风险管理时，董事会着重从业务角度指导公司。例如，一家机构可能拥有十分宝贵并且可能被盗的特定知识资产。这一直是董事会关注的东西，并且作为其监督职责的一部分，他们会坚持认为管理层有确保其得到保护的计划。

但是网络安全是一个不同的世界。风险有多种不同的形式、风格和因子。我们目前正在应对勒索软件、数据泄露和 DDoS 等攻击，并且还在应对能够对企业运营产生连锁效应、使我们面临诉讼和监管处罚、毁坏声誉、无法挽回的损害客户善意、阻碍我们进行数字转型的潜在攻击。

我们也处在一个量化风险和确定薄弱环节愈加重要的世界。例如，我们不只要为雇员提供保护。Hal Martin 是一名外部合同工，他偷走了在 2017 年 5 月被用于 WannaCry 勒索软件攻击的 NSA 工具。[1] 2011 年的 Lockheed-Martin 攻击与一家第三方供应商有关。[2] 与此类似，Target 事件的攻击者首先从 HVAC 的一名合同工获取了 ID。[3] 现在，我们看到攻击者正在攻击我们的资源，例如高性能超级计算机或云资源，从而把这些资源用于邪恶目的，例如盗取加密货币。

在这个新的世界，攻击可能随时来自任何地方，而且没有任何预警。我们的网络世界与五年前大不相同，就像未来五年会大不相同一样，届时联网的传感器和设备将增加数十亿。

而且，正如第 3 章和第 11 章所述，我们将在人工智能、机器学习、机器人和其他“指数性”技术方面拥有五年的进步。这不只关乎我们利用这些技术创新所能完成的任务，而且也涉及对手所能完成的事情。

了解网络安全

在这个新的世界，在这个瞬息万变的环境下，如果身处董事会，那么你和其他董事会成员就必须了解网络安全。如果不知道要问的问题，或者甚至更糟的是如果你选择逃避现实并祈祷公司管理层知道采取什么网络安全措施，那么你就不能履行监督职责。在目前和未来的网络安全环境下，董事会必须主动。

步骤 1：了解和定义董事会的角色

变聪明的第一步是了解和定义董事会的角色。董事会的主要责任是监督。董事会不必颁布网络安全政策，但必须了解公司采用了哪些政策、这些政策是否正处于监控之下以及如何得到执行。

如果企业不采取足够措施来保护关键资产或确保监管合规，董事会至少拥有提出问题的责任，如果对答案不满意，则拥有采取行动的责任。在典型的网络安全治理责任中，董事会是第二道防线，示意图如下：

防线

第一道	第二道	第三道
• 内部控制 • 部门管理	• 风险与合规 • 董事会监督	• 外部顾问 • 网络安全顾问

步骤 2：获取正确的建议

认识到首要责任是监督之后，董事会的下一步就是了解网络安全。董事会必须集体具备提出正确问题的知识、意识和洞察力。然后，董事会应当能够解释答案，并把它们放到公司总体风险状况的环境下来阐释。

董事会如何获得这种知识和洞察力？依靠高管的报告和通报不可或缺，但这可能不够。有些董事会可能寻求使用自己的专家，不只是解释管理层所说的话和所做的事，还包括了解要向管理层询问的问题和时间。

这对董事会并不完全是一个外来概念，但在涉及网络安全时或许是新的概念。董事会传统上雇佣第三方公司执行财务审计，以确保管理层没有欺骗或其他违反职责的行为。

那么，为什么应当以不同的方式管理网络风险呢？我看到许多董事会尝试从财务审计的角度来监督网络安全，这提供的视野有限。审计涉及的是合规：合规不会让你安全，安全不会让你合规。

应当考虑企业的总体网络安全状况，因此，有些董事会选择雇佣外部专家，因为它们认为外部专家没有偏见。这不仅应当包括人、流程和技术的分析，还应包括全体董事会和/或董事会委员会的定期会议以及与管理层的持续接洽。

步骤3：个性化网络安全

董事会成员需要认识到他们是对手的重要目标，并且他们在遵守网络安全最佳实践方面必须成为企业中其他人的典范。

如果你是一个公司的董事会成员，则有权访问可能对对手极具价值的关键数据。你也可能拥有访问更多数据的广泛权限。最后，对手可能假设董事会成员较为“守旧”，并且可能缺乏“网络感知能力”或不够老练，因此可能会把他们作为攻击目标。请记住“网络安全人人有责”这个公理，这意味着每个人都应采取适当的预防措施。

你的设备、个人电子邮件和社交媒体账户都可能受到攻击。你必须始终认识到风险。例如，到某些国家旅行可能会使你的公司面临显著的风险。在旅行时，要小心你的IT资产。把不必要的数据或设备留在家里可能是值得的。另外，还应当特别关注移动设备和网络连接。“老大哥”可能正盯着呢。

建立必要的检查、平衡和流程

了解和保持对网络安全的了解并非一次性活动。相反，这是一个需要不断保养的持续过程。

董事会通常擅长制定长期决策。他们可以就年度预算和应对变化的全年计划举行一次年度会议。但就网络安全来说，这行不通。网络安全明显更加动态多变。花一年时间应对等于根本没有应对。这更像是在以每小时110英里前进的公共汽车车轮上睡觉。因此，董事会需要敏捷；也需要主动并在必要时被动应对当前趋势和事件。

董事会的另一个挑战是说正确的语言。坦率地说，这算不上董事会的问题，主要是CISO和其他安全专家的问题。董事会成员不希望用行业术语说话，他们不希望听到代码或补丁。如果对话过于怪异，他们就会走神。虽然董事会成员应当跟上网络安全的重要趋势和问题，但了解每个产品的名称和规格不是他们的职责。

董事会成员不关心有多少服务器打了补丁，他们关心风险。因此对话应当沿着以下主线进行：“如果我们不打最新的补丁就会这样，即公司关闭一小时、一天或一周，这将给我们造成X美元的损失。”语言必须从安全和技术行话转到董事会成员会说并了解的业务术语。我们不应需要翻译坐在董事会会议上。

董事会成员也需要了解，只是花更多的钱并不会提高安全性。IT与安全经理可能希望招聘更多人，部署最新和最出色的先进技术。在某些环境下，事实上这可能是适当之举。但是企业内直接负责网络安全的人必须了解这一点。我深信通过基本网络安全卫生可以消除80%的风险（见本书第55页相关故事：网络安全卫生基础）。

但是，在真正涉及技术时，董事会应当聆听来自其团队的特定语言。诸如“自动化”和“效率”的词汇在今天的网络安全领域不可或缺。我经常说手动安全的日子结束了。如果我们手动操作，坏人每次都会击败我们。21世纪的安全必须自动化，董事会需要了解这一点。

另外，我们必须了解我们的技术投资。在购买或构建新技术时，我们必须清除较为陈旧的技术。企业不需要编译技术。事实上，在涉及网络安全时，这种方法会与你作对。

最后，对董事会来说，拥有历史感十分重要。为了使企业实现人、流程和技术的演进，了解他们来自哪里以及推动未来变化的可能趋势相当有益。例如，25 年前，防病毒是网络安全的一个重要部分。现代 CISO 应当谈论端点保护，而非防病毒。

为未来做好准备

网络安全说的就是准备。如上所述，通过基本的网络安全卫生可以消除 80%的风险。但是在无法预测未来带来的东西时，如何为未来做好准备呢？

我们知道物联网正呈指数增长，诸如机器学习和人工智能的技术愈加成为主流。我们知道对手愈加大胆，愈加具有攻击性，他们不只是受到赚钱机会也受到地缘政治分裂等问题的刺激。传统应用模式必须调整和现代化，以解决持续和动态变化的新风险环境。

从董事会的有利角度来看，我们能做什么、如何确保我们作为个人和企业领导者做好更好的准备？下面是一些建议：

- **着重于风险缓解。**如果能够识别风险，就能采取措施来量化它们。存在某些风险加剧的拐点（例如在并购期间）。要了解这些拐点，并在适当和必要时采取适当措施来缓解风险。每个公司对其愿意承担的风险类型都有不同的看法。作为董事会成员，了解和帮助定义公司的总体风险接受度十分关键。
- **进行教育、培训和认知投资。**就像网络安全人人有责一样，每个人都应参加教育、培训和认知计划。这些计划需要延伸到雇员与合同工之外。请记住，攻击要成功只需一个人失败即可。
- **衡量、监控和缓解风险。**CISO 和 CEO 需要能够开发衡量指标，使董事会成员可以监控网络安全进展情况，确保企业朝着正确的方向前进。
- **开发高级框架。**董事会成员需要风险与机遇的高级框架，以定期接受网络安全基础方面的培训。他们也需要接受某些新技术以及自动化重要性方面的培训。
- **为最糟糕的情况做好准备。**企业所有层面都需要危机管理、事件响应演练和网络事件模拟，包括董事会。由小和简单入手，然后提高严重等级和复杂度以填补技术与响应之间的缺口。
- **把安全转换到业务语言。**企业应当为董事会成员准备网络安全框架面向业务的对等框架。这个框架使用董事会成员能够轻易联想到和理解的业务术语，以着重于风险的非技术方式勾勒出企业的安全模式。

接下来我要强调对董事会成员十分重要的另外两点：

1. **公私合作可能极具价值。**政府与执法机构以及监管机构能够利用信息和资源，帮助每个企业做好防止和/或应对攻击的更好准备。我鼓励每个董事会成员都成为公私合作的提倡者。在行业内和与政府分享信息可以帮助减轻任何一个实体的缓解负担。
2. **你并不总是需要一个很大的安全团队。**正如本章不断提到的一样：网络安全人人有责。如果得到足够的人对这一概念的认可，就能建立合作缓解风险的优秀虚拟安全团队。在几乎所有机构都面临资深安全人员短缺的情况下，这种方法尤其重要。这种方法也有助于开发面向未来的网络安全专业知识。

结论

还有另一种方法来宣传网络安全人人有责这一概念。我们可以更加直接地说：你对网络安全负有责任。不管你对谁说，都适用。事实上，在应用于董事会成员时，这似乎具有更深的意义，难道不是吗？这句话说明了一个事实：作为董事会成员，你有一定责任，不仅是你自己的个人网络安全保护，也包括整个企业。

这是一个艰巨的挑战，尤其是在这个艰难和快速变化的领域。但它是每个董事会成员都应随时准备满怀激情和坚定信心迎接的挑战。数字时代的未来就在我们的手中。让我们确保自己准备就绪。

[1] "A Stolen NSA Tool is Being Used in a Global Cyberattack", The Atlantic, May 12, 2017

[2] "Lockheed attack should put U.S. on high alert", InfoWorld, June 6, 2011

[3] "Target attack shows danger of remotely accessible HVAC systems", Computerworld, Feb. 7, 2014

网络安全卫生基础

通过专注于网络安全卫生，企业可以显著降低风险。通过了解以下基本知识，董事会成员可以帮助保护自己及其企业：

- 保持操作系统的最新补丁和最新版本；确保每个操作系统都是得到支持的版本
- 保持第三方程序的最新补丁和最新版本
- 从生产服务器删除未使用的程序和样本代码
- 不要保持默认配置不变，尤其是默认密码
- 备份所有数据和配置文件
- 安装保护软件和反恶意软件，保存应用白名单，进行完整性检查
- 在传输及空闲时部署加密
- 使用安全密码（不嵌入代码/不存储未保护的密码）
- 积极管理和监控访问权限

CYBERSECURITY MUST BE ON EVERYONE'S AGENDA

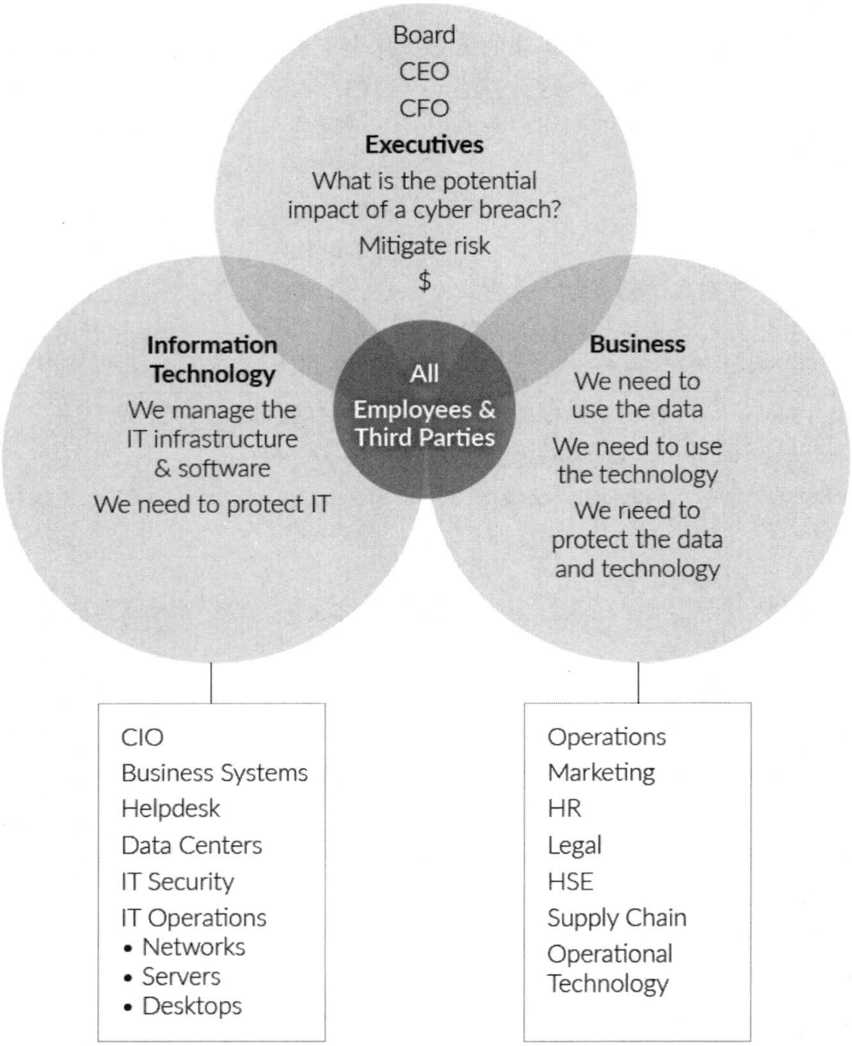

Board
CEO
CFO
Executives
What is the potential impact of a cyber breach?
Mitigate risk
$

Information Technology
We manage the IT infrastructure & software
We need to protect IT

All Employees & Third Parties

Business
We need to use the data
We need to use the technology
We need to protect the data and technology

CIO
Business Systems
Helpdesk
Data Centers
IT Security
IT Operations
- Networks
- Servers
- Desktops

Operations
Marketing
HR
Legal
HSE
Supply Chain
Operational Technology

11

安全始终以人为本

万达集团信息管理中心常务副总兼总裁助理　冯中茜

身为万达集团信息管理中心常务副总兼总裁助理，除了要做好集团公司及其下属产业集团的 IT 基础设施的战略、规划、实施和运营等日常工作以外，还需要积极推动云计算、物联网、大数据和融合通信等解决方案，以支持万达集团业务的快速增长和全面数字化转型。信息安全在企业加速转型过程中，始终如悬在头顶的一把利剑，CIO 们应加以足够的重视。俗话说，快一步是先烈、快半步是先驱，而先驱需要行业的领袖共同驱动。下述安全管理历程算是传统企业安全必经的几个阶段，希望大家能够从中借鉴，成为获得业务发展和信息安全共赢的先驱；避免成为因安全风险阻碍业务快速发展的先烈。

企业发展在不同的时期面临的机遇和挑战有所不同，面临的信息安全困境也有所不同。安全管理工作始终围绕着“人”展开，按照信息安全成熟度简单来说分成三个阶段。

安全以管人为主

面临的挑战：企业在发展初期是业务优先，拥有的信息资产数量很有限，各类信息系统正在逐步开发过程中，并没有真正严格意义上的数据中心和互联网相关的业务系统。电脑终端除了作为日常办公工具，还经常被用于获取与工作无关的互联网资源。

合规：公安部 82 号令，即《互联网安全保护技术措施规定》明确指出：……*联网使用单位应当落实……防范计算机病毒、网络入侵和攻击破坏等危害网络安全事项或者行为的技术措施；……记录并留存用户访问的互联网地址或域名*。因此，在合规问题上，容不得企业半点马虎。

这个阶段大家对安全的理解，可能还只是意识到互联网安全需要一台防火墙来控制，企业信息安全还处于无序的状态下。无论是员工电脑终端，还是员工日常工作效率都是急切需要考虑并进行管控的对象。公安部 82 号令的合规要求也以管人为主，这也恰恰与企业的目标不谋而合。因此此时信息安全的重点落在了终端安全管理和上网行为管理层面。通过部署全集团层面的终端病毒防护系统、服务器环境的终端及补丁管理方案，并与人力资源系统全面集成实现企业活动目录建设，可以使企业具备管理到“人”的初步条件；配合部署上网代理服务器或上网行为管理系统，集成活动目录进行用户上网认证，实现了当时的企业信息安全管理目标。做到终端病毒可查可杀，服务器环境的定时安全补丁升级，员工上网访问认证与记录，并按岗位限制访问内容。

事实证明以“人”为管控对象的安全管理手段，在当初信息安全管理的初级阶段是切实有效的。以事后追溯为主的安全管理思路，可帮助企业坦然接受公安机关的安全协查要求，还可以改善员工的工作效率，抵御病毒。

安全需服务于人

然而随着业务进入快速发展期，企业可能会发展出多个下属产业公司或区域分支机构。企业范围的专网、自建或租赁数据中心、业务管控系统的不断建成，管人为主的企业安全管理理念逐渐无法跟上业务发展要求。

面临的挑战：数据中心建设、专网建设等 IT 基础设施的规划、实施及落成，推动企业开始考虑如何确保数据中心和专网环境的基础架构安全。

合规：信息系统安全等级保护落地已日渐成熟，相关基础标准、建设标准、测试标准、管理标准等国家标准化工作均已完成，具备可操作性。但新建成的数据中心和越来越多的信息化管控系统是否满足了国家信息安全合规要求呢？

在这个时期，信息安全建设主要参考国家信息安全系统保护的相关分级标准，对各类信息系统分类分级自我评定，参考纵深防御体系，以架构安全和被动防御为基础，对数据中心进行安全区域划分，实现网络隔离防护控制。在面向互联网的安全区域，通过分别部署网络入侵防御系统、Web 应用防火墙等来对高风险安全漏洞进行攻击防护，构建基于边界的立体防御体系；同时建设企业层面的办公、运维用 VPN 系统，为暂未具备专网条件的公司、差旅员工、和 IT 运维等提供安全可靠的专网接入环境，使安全可以服务于“人”，加速企业业务发展。

为了避免信息安全管理变化对业务日常运营产生过度影响，需着手完善相关信息安全管理制度的建设。如制定合理的账号密码安全策略、变更配置管理规范、应用系统安全审验规范、应用系统上线流程等，以求达到安全管理与业务运营的平衡。

在重点区域投资、层层布防、注重防御的安全管理思路对大多数企业仍是行之有效的理念。毕竟如果没能建立“纵深防御阵地”，要想感知企业综合网络安全态势又从何谈起呢？

真正以人为本的安全

现如今各类云技术逐步成熟，企业数据中心环境也陆续搭建了私有云平台，应用系统也从自研或定制开发逐步转向采用可定制化的 SaaS 应用服务，而各类新兴的 To C 业务也逐渐开始了公有云部署。传统企业纷纷进行数字化转型，不断引入的 IoT 设备将各类信息数字化的同时，也使得黑客的攻击面大增，边缘计算因其强大的数字化处理能力而大放异彩。原来围绕数据中心网络边界建立的被动性防御措施，在这些明显的变化下显得捉襟见肘。原有按业态、业务系统的烟囱式安全建设更是无法满足当前需求。想要在不断巩固防线、细分安全域实行隔离控制把安全风险阻挡在企业边界之外，所需投入的成本很高，既不经济也不现实。

面临的挑战：企业安全边界正因公有云、

IoT、边缘计算等被无限延展；数字化转型使得越来越多的业务面临网络访问需求；安全的服务对象从企业员工拓展为 To C 业务带来的众多“自然人”。安全从业人员的人力资源成本更高，企业安全管理责任更重了。

合规：2017 年施行的《网络安全法》对网络上信息的收集和保管提出了要保证网络安全的要求。我国的《个人信息保护法》草案，已列入立法规划。“自然人”或“用户”的信息保护需要重点保护。

黑客已然进入利益驱动时代，所有的入侵和渗透都是以获取信息及变现为目的。安全管理应重点关注与“人”有关的安全威胁。业务系统是否对用户的个人信息进行了良好的处置？是否存在重大可被利用的安全漏洞导致“人”的信息泄漏？系统自身是否存在业务逻辑相关的安全隐患？是否对业务运营、结单情况持续进行了分析监控？是否存在“某些人”的业务行为异常？是否充分实行业务风险管控？现有安全措施是否仍能为业务系统提供必要的基础安全保障？安全团队能否在各类安全事件中快速定位并及时处置高危风险？CIO 不仅是企业管理层里最懂技术的，还是技术里最懂管理的。一线技术人员容易陷入日常安全事务中，这些来自管理层的疑惑还得由 CIO 及时提出并引导安全团队关注、反馈并做出解答。

安全早期的事后追溯思路是偏向于出了问题能找到原因，希望能做到亡羊补牢；而后企业都有了防范意识，安全防御的经验相对丰富，希望安全威胁能防得住；现如今企业应勇于承认系统时刻处于攻击之中，如何才能实时感知“纵深防御阵地”的网络安全态势呢？

基于网络边界防护的被动式纵深防御体系在黑客攻击技术不断翻新的现代网络战争中，防护效果日益降低。Google 提出的零信任网络模型，更是清楚的表明一味的投入更多的安全防护产品和安全运维人员显然不再是合适的做法。Gartner 于 2014 年就提出用自适应安全架构来应对高级定向攻击，并仍旧在持续不断完善更新。企业是时候参考这些新的安全架构，从单纯的被动防御转变为更为主动的持续防护、持续监测、持续响应、主动预测的自适应安全防护体系。

- 以季度为单位，周期性对现有企业安全防护措施进行检查，确认是否仍旧可以提供基础安全保障，并根据基础设施建设情况做出适度调整。力争打造安全成本低但价值大的基础架构安全地基。
- 构建安全风控运营体系，整合采集现有安全防护技术的相关基础安全信息，与业务访问数据有机结合，利用大数据技术搭建安全运营平台，形成业务运营风控及技术监控分析和响应处置的体系，加强实时监控，了解企业安全动向。
- 从安全和业务角度设计数据分析模型，利用 AI 引擎的深度分析能力高精度甄别基于“用户”的网络和业务异常威胁，积极调动安全团队和业务团队联合快速响应，消除业务安全威胁，获得全网安全态势。
- 依据正常业务模型，形成业务安全基线，主动探索分析实时业务数据，预测发现潜在异常“用户”的行为，从风险控制角度优化业务逻辑，以“人”为本，守护好个人信息。

管理中最懂技术的就是术，技术中最懂管理的就是道，业技联动的 DevSecOps 安全风控体系建设可能是落地方式之一，而这离不开

CIO 的协调和支持。

在“术”的方面，在支撑体系上，研发态要具备安全前置思维，通过构建组织级工程化的应用安全研发能力打牢“基础架构安全”地基；运行态要充分利用大数据人工智能技术，分析各维度数据，构建监测响应处置的安全运营能力。

在“道”的方面，企业需要业技联动提高风险意识，将信息系统网络安全上升至机构风险管理的高度，并对组织架构及业务流程进行适应性调整，识别线上运营风控需求。

当然企业业务规模不同，发展速度不同，信息化成熟度不同，信息安全所处的阶段也有所不同。没有哪个企业可以照搬别人全部的安全管理经验，更不可能在一夜之间参照成熟的安全模型完成自己的信息安全体系建设。SANS 提出的网络安全滑动标尺模型（The Sliding Scale of Cyber Security）可以帮企业更好地认识到当前安全防护处于什么阶段，接下来应当往什么方向发展。CIO 不仅仅是围绕 Information 进行管理，这个 I 还代表着 CIO 要具备 Influence 能力，影响管理层并带领团队结合现状学习先进经验；Integration 能力，将先进的安全模型融入企业当前信息安全体系中；Innovation 能力，用创新的思想带动信息安全建设；Incorporation 能力，合并吸收先进经验，找到创新的安全切入点，及时完善企业安全管理模型，实现以“人”为本的信息安全，助力业务高速发展。

12

新科技时代——转变思路，迎接挑战

京东方科技集团股份有限公司集团副总裁/CIO　岳占秋

日新月异，人类迈入全新时代

依托于传感技术和移动通信技术的飞速发展，人类开启了以互联网产业化、工业智能化为代表，以智能化为核心，以人工智能、无人控制技术、量子信息技术、虚拟现实以及生物技术为主的全新技术革命，使实现任何时间、任何地点、任何物体之间的联通成为可能，使实现无所不在的网络、无所不在的计算成为可能。

现如今，智能家居、车联网、智能物流、工业控制网络、智慧医疗等物联网应用正在逐步渗透到我们生产和生活的方方面面。根据温度、湿度、光照的变化自动调解空调、加湿器、电灯的智慧家庭设备正在走向普通家庭，汽车制造商逐步在车上配备自动驾驶、互联驾驶功能；VR 眼镜、智能手环等智能穿戴设备已应用于普通人群，AI 和智能无人机正在普及推广，无人工厂、智能物流分拣中心已经启用，智能电网和智慧城市、永久性心脏起搏器、医用纳米机器人的应用等，都标志着人类已经悄然迈入全新科技时代。

万物互联，是机遇更是挑战

科技的进步，给生产和生活带来极大便利的同时，也带来巨大的安全隐患。万物互联，是指几乎所有设备都内置一个智能芯片，通过各种网络协议进行相互通信，并且 7×24 小时不间断地产生海量数据。万物互联的背后，是数以亿计的品类繁多的联网设备，设备越多，暴露的漏洞也就越多，系统也越脆弱。

试想一个工厂中的摄像头因某种漏洞被黑客攻击，黑客便可以以此摄像头为跳板找到使用相同协议和端口的其他关联设备，再顺势进入企业内部网络，届时企业所有内部信息都将面临泄露的风险，在“数据就是一切”的时代，这简直是灭顶之灾。

黑客利用漏洞发起的攻击除了前面所说的巨大的经济损失外，还可能带来巨大的人身伤害甚至威胁国家安全。例如通过攻击心脏起搏器蓄意伤人，攻击儿童智能手表诱拐儿童，攻击智能汽车接管汽车的操作权，攻击智能家居设备曝光个人隐私，攻击工厂的机器人手臂扰乱生产，攻击战舰的导弹发射系统威胁国家安全，等等。

转变思路，迎接挑战

未来10年，中国将会有数百亿台设备接入互联网，企业内部也会有数千万台设备接入网络，海量数据实时交互，如何保证数据的安全？智能设备的引入模糊了管理边界，在传统边界防护手段失效的情况下，如何保障设备访问安全？电力、水利、电信等智能化基础设施系统一旦受到攻击，后果不堪设想，如何保护基础设施安全？万物互联、数据共享，如何保护个人隐私安全？以上问题值得每一个企业管理人员深思。

新科技时代，企业信息安全需要在传统安全防护的基础上开拓创新。

（1）**寻求合作，争做领先**：积极寻求与国内外优秀企业、机构在信息安全建设问题上的合作，就建设过程中的痛点和难点寻求多方合作，同时积极参与新安全标准、安全解决方案的制定。

（2）**看齐标杆，创造卓越**：学习标杆企业先进的信息安全技术、管理经验，结合自身特点，开创企业独有的信息安全防护体系。

（3）**取其精华，开拓创新**：汲取传统安全防护手段中分区隔离、访问控制、分级管理等精华理念，定期对各系统、设备进行安全检查，不断完善系统安全性，提高攻击门槛和成本。

（4）**未雨绸缪，重视灾备**：在开发新应用时，保障安全应当成为技术团队必须事先考虑的问题，将安全意识落实到工作的最前面。完善应急和灾备机制，提升突发事件应对能力。

（5）**技术管理，双管齐下**：持续不断提升企业信息安全技术能力，加强信息安全管理。技术和管理，两手抓，两手都要硬。

（6）**懂其法，行其事**：认真学习国家发布的相关法律法规，根据法律法规修订企业相关管理制度。

计算机技术、传感技术、生物技术……都在以无法预估的速度飞速发展，科技瞬息万变，那些曾经出现在科幻大片的场景，如今已经逐步变成现实。

未来已来，炫酷的科技和隐藏于其中的风险都伴随这股强大的科技浪潮，向我们飞驰而来，要想在未来科技中占据一席之地，一定要乘风破浪，迎接挑战！企业管理者必须转变思路，将全新的理念和格局融入未来的企业信息化建设中，在设计、建设、实施、运营、运维等领域进行全方位实践，保护企业核心资产，保障企业核心竞争力，为企业在未来的信息化战争中积蓄能量。

工作要求和道德责任如何结合起来

13

网络安全与工作的未来

Gary A. Bolles——奇点大学“工作的未来”主席；eParachute.com 联合创始人；Charrette 合伙人；演说家和作家

纵观人类历史，技术改变了工作。从车轮到内燃机，技术进步一再改变了我们工作的方式、时间和地点。但是注入了技术的工作的节奏正大大加快。从消费者驱动的手机到区块链赋能的合同，技术正成为工作的一个愈加关键的部分，重新诠释了各种与工作有关的流程。

农业到工业经济的转变曾意味着工作性质的巨大转变。但这一转变用了近一个世纪。我们目前正在转向数字工作经济，并且是在极短的时间内。随着技术日益注入、增强和在许多情况下取代人类工作，业务和技术领导者需要预测、了解和最终利用那些影响工作世界的宏观变化。

例如，远程工作者和非传统工作安排越来越多意味着雇员或非雇员的双重身份消失，从身份到薪酬支付的一切都要重来。与工作者背景和能力相关的基本风险要求以新的方式思考能够得到下一代技术基础架构支持的技能和能力。

这在不久的将来意味着什么？使用人工智能的机器在行为上更像人类，区块链赋能的支付意味着企业甚至可能不知道谁或什么东西在执行具体职能。数字身份如何改变管理和薪酬方式或许最重要的是如何改变保护工作者和工作场所的方式？

如今的现实是，指数性技术正剧烈改变着工作世界，这需要一种全新的网络安全心态。从企业到政府等各类机构的决策者都需要了解工作世界这种快速变化的基本动态以及对网络安全不可避免的影响。他们也必须确定所能采用的策略，不仅包括缓解这些风险的策略，还包括有效做好自我准备以利用更加动态、自适应的职工队伍的策略。

工作的基本构建块

为了真正了解这些变化，把工作想成一系列构建块大有裨益。工作基本上是三件事：人、技能、执行任务以解决问题。

无论问题是地板脏了还是企业需要新的市场战略，在任何环境下，我们作为工作者的角色都是解决问题。人是反复尝试的机器，我们作为工作者得到报酬的原因是利用我们的技能解决广泛的问题。

但是我们在工作中执行的许多任务是重复的，几乎不需要创造力。这些平凡的工作几乎没有利用我们作为人的独特优势，事实上，软件和机器人等技术通常能够更精准地执行这些任务。许多这些重复性任务也更容易外包给通常接受较低工资的其他地区的工作者来执行。

自动化与全球化携手合作，允许把工作“分解”——拆分成不同的任务，分给不同的远程工作者与分布式技术组合来完成。

指数性技术的影响

工作领域所有这些快节奏的变化本身足以令人震撼。但它们都得益于“指数性”技术的快速兴起。

发明家和未来学家 Ray Kurzweil 着迷于摩尔定律的发展曲线——英特尔联合创始人 Gordon Moore 发现微处理器性价比每 18 到 24 个月翻倍。Kurzweil 认识到这个激动人心的价值增长顺序实际上具有对数性，以线性开始，但随着时间的推移变成“曲棍球棒”。

Kurzweil 把这种分析应用到一系列技术，结果发现这些技术通常沿同一类型的指数曲线发展。事实上，这些指数性技术的交互大大加快了各自的发展。例如，机器学习（通常被称为人工智能或 AI）、机器人、高性能计算和 LIDAR（激光雷达）等技术相结合，带来了一款科幻级产品，即自动驾驶汽车。

网络数字技术的快速发展和采用对一系列行业产生了巨大影响。在这些行业，市场领导者传统上凭借其“捆绑式”业务模式而保持优势，这最初由目前就职于德勤前沿发展中心的 John Hagel 提出。例如，报纸行业的领导者整合了物理设施、内容创建、内容管理和广告销售等职能，这种垂直整合的组合提供了巨大的市场优势。随着互联网的出现，那些以前整合的部分被分解了，这使新的市场参与者（比如 Google 和 Facebook）得以通过新的业务模式迅速赢得巨大的市场优势。接着，媒体行业围绕在线广告市场“重新捆绑”，仅为现有市场参与者留下小块重塑后的市场蛋糕。

同样，指数性技术将继续分解工作，从而打破传统的工作结构，允许任务由不断变化的本地与分布式工作者组合来执行，注入了技术的工作通常由技术来执行。如今，司机为 Uber 开车，而未来的自主汽车将不再需要传统的司机。

随着工作本身被分解，同类机制也适用于工作的重新绑定。新型的价值正在数字工作经济中被创造出来，这允许企业以过去绝不可能的方式解决内外部问题。这些注入了技术的流程为执行工作和实现引导人类精力的动态新策略提供了各种激动人心的新方式。

替代工作关系的兴起

例如，分解性工作支持广泛的工作环境，每个工作环境都能为企业带来独特的优势。

过去，传统的“一人一项工作”意味着企业职工队伍通常没有得到优化。拥有广泛技能和能力的工作者通常被限于执行仅用到其部分能力的有限任务。大量的人类潜力长期闲置，被锁在僵化的工业时代工作模式中，通常表现为重复性和非创造性任务。

由于这种工作模式，企业承担了巨大代价。每个工作者执行的任务并非总是得到有效分配。即便有了日益移动的职工队伍，工作者也不太可能位于需要新工作的地方。而且工作者之间的协调效率仍然远低于应有水平。

我们不妨把企业中闲置的大量能力看作是：很少达到其潜力的未被认识到的资产。然而，在分解性工作世界，企业能够把工作分配给得到最有效执行的时间、地点和方式，最重要的是人。

这种灵活性催生了一系列的“直接”替代工作安排，包括兼职临时、专职临时、兼职永久、团队分配的工作和特约工作。而且这也允许各种间接工作关系，例如通过众筹、“云工作”和奖励平台解决问题。这些类型的安排有利于软化企业的实体屏障，从而允许广泛的工作者和业务伙伴动态结合，一起解决企业及其客户定义的问题。

区块链赋能的职工队伍

比如说一名经理认定其团队无法制定交付某个网站新设计的最后期限。她与团队一起快速定义了该项目的一套成功特征，并张贴到一个工作市场。

该市场立即就有了一个回帖，来自一个信任评级很高的工作源。该经理能够看到这个工作源的信任评级，她发现公司的其他管理人员以前用过这个工作源。该工作源的回帖包含有关交付物的一系列问题。该经理回答了这些问题，定义了一系列首选的项目里程碑，并提供了几个支付选项。由于该项目涉及一个新产品，其中一个选项是允许该工作源参与这个产品未来收入的独立硬币发行（ICO）。

该经理对这份动态工作协议表示满意，最终确定了合同——被立即放进一个开放式分布式分类账。该经理能够查看其全部现有的工作合同，包括其当前团队的工作合同，并且能够管理该项目的交付物和该工作源的报酬。而且她也许永远不知道该工作源是一个人、一个团队还是一款软件。

这就是基于区块链技术的工作世界。现在，不妨想象一下整个企业都基于这些类型的数字协议和分布式分类账。由于组织已经是雇主与工作者之间的一系列协议，因此这些“分布式自主组织”（目前存在）提供了新的途径来把工作者整合到企业的问题解决过程之中。

勇敢的数字身份新世界

技术（例如智能工作者合同）也带来了整合新身份模式的机会。

开放式分布式分类账同时支持匿名、验证、责任和价值转移。匿名允许工作者在不一定被深入整合到某个组织的企业系统情况下执行工作。验证允许企业确认工作者的能力和作品，并且能让工作者确认企业是可以信赖的实体。责任意味着合同具有内建的确认：如果工作者执行了所要求的工作，企业就会按协议支付报酬。价值转移意味着实际工作产品交给企业，工作者获得报酬。

价值转移方式模糊了 IT 与业务部门之间的界线，给企业创造了新的难题和新的机遇。目前，大多数价值转移是根据国家货币计算和执行的。但是基于区块链的开放式账本构建的ICO（例如比特币和以太坊）的出现意味着，新的业务关系（从支付工作者一小时的工钱到收购另一个公司）将利用复杂的数字货币网络来执行。业务和 IT 决策者将需要试验这些价值转移机制，从而持续确定它们如何最佳地满足企业的需求。

机器学习/AI 改变了工作

正如我们看到的一样，AI 与机器人本身并不要工作：它们执行任务。但这些任务可以加总。随着越来越多的人类任务由技术执行，决策者（从工作组经理到首席人力资源官）将需要确定人与技术之间是互补关系还是竞争关系。换句话说：技术是人类工作的增强者还是工作替代者。

目前的创新主要着重于使人类工作自动化，因为与现有工作相关的流程和成本众所周知。无论是尝试降低女服务员还是仓库工人的成本，我们目前都能看到他们执行的任务，了解为他们执行这些任务所获得的报酬。因此，利用软件或机器人自动执行这些任务有可能降低已知成本和提高效率。

但是这种方法有可能造成一种零和心态：将人类劳动简化为一系列容易替换的流程。恰恰相反，我们可以借此机会把同样的创新精力用到增强人类工作上。

事实上，生产力软件已经在做此事。例如，目前能够用手绘制数据透视表的会计很少。这就是 Microsoft Excel 的作用。比如说建筑师借助建筑物内部基础设施示意图使用增强现实玻璃覆盖该建筑物。或者让 AI 学习伙伴持续为你提供所能发展的新技能方面的建议，帮你找到合适的学习机会来迅速磨砺这些能力。通过专注于增强人类工作的技术和策略，企业职工队伍将会获得能够带来巨大竞争优势的超能力。

机器学习/AI 变成工作

但是，技术与人之间的界线难免将会继续模糊。除了人和工作的战略性问题，企业战略师还将日益需要与执行各种新任务并且表现愈加像人的软件竞争。在区块链赋能的工作流程中，远程工作者被假定为人。但如果并不是人呢？

今天，这些软件通常被称为机器人；明天，它们可能是 AI 伴侣；后天，它们将会是 AI 工作者。软件模拟人类活动和互动的能力意味着，验证演员人性的传统流程（从类似 captcha 的简单机制到复杂的挑战-响应序列）将变得更不安全。在一些情况下，这些新的软件演员将会受到欢迎，并被特意整合到工作流程中。但在其他情况下，它们将成为企图破坏企业安全的自主系统。识别它们属于哪一类将成为企业的一项核心技能。

事实上，这些技术组件（从 AI 应用到机器人）将日益被视为拥有“身份”，具有一套已知能力及决策能力。它们将作为企业技术“堆栈”的一部分发挥作用，自主性不断提高，同时会造成更大的复杂性，因为独立程序之间的交互会生成无法预测的交互。能够预测这种复杂性并制定灵活策略（允许其利用愈加智能的软件）的企业将会赢得竞争优势。

随着组织的分解重新思考层次结构

我们目前通过基于金字塔的层次结构管理大型工作者组织的方法实际上来自于普鲁士军队，当时，“运动中的战士和机器”需要严格遵守层层下达的命令。在信鸽是领先通信技术的时代，确保消息准确传送的唯一途径是要求遵守层次命令结构。

但在普适通信技术瞬时横跨全球和软件日益注入各种业务流程的时代，组织层次不再能够确保企业资源得到最有效的利用。相反，围绕内外部问题动态结合的灵活工作组是组织能够拥有的最伟大人类资产。我们不要把这种自我组织的企业看成一个层次，而要把它想象为一个包含多个网络的网络，执行企业工作的各个工作组相互重叠。在数字工作经济中，甚至组织本身也在分解。

数字工作经济的安全影响

在分解性工作的新世界，由于技术正注入越来越多的人类活动，因此需要巨大的心态转变。

基于人的安全性的基础是数字身份，数字身份在数字工作经济中有着广泛的新影响。虽然传统雇员环境涉及组织中的不同角色和不同的安全模式，但新的替代工作关系意味着企业安全架构需要比以前更大的灵活性和更高的综合性。

工作者将要执行的活动和角色是什么？如何决定他们的访问权限？谁来决定新工作者何时以及如何整合到企业的信息架构中？企业决策者如何决定跨多个项目和地区的组合访问权？灵活安排的工作者持有的权限如何自动老化和删除？企业如何确定能否信任某个工作源、人或其他东西？

这些只是这个工作新世界提出的几个安全问题。如果企业在策略中整合这些动态的变化，则将能够明显更好地了解和利用与工作有关的新技术。

例如，由于动态工作合同基于区块链构建，因此企业安全战略家需要随时深入了解数字信任的转变方式。在最好情况下，支持快速创建新解决方案和顺畅转账的协议流程将为在新市场竞争提供新的机遇，同时保持高度的信任和跟踪。但是，在最具挑战性的情况下，基于区块链的工作流程将会创造全新的风险，打开能够快速攻击敏感信息和其他数字资产的安全漏洞。

事实上，这些新技术将从根本上重塑企业对信任的理解。无论是像确认某个电子邮件确实来自某个特定人员那样简单，还是像使用数字硬币的复杂转账那样复杂，指数性技术都将在工作世界推动一种全新的信任方法。企业IT与业务决策者需要全面了解所有的信任环境，从物理安全到数字数据访问，而且这涉及远比以前广泛的潜在利害关系人。

数字工作经济中的安全策略

运用动态流程和政策解决数字工作经济的安全挑战意味着企业能够灵活应变和适应。忽略它们至少将意味着无法把问题解决者整合到企业为客户提供价值的流程中，从而使企业面临巨大的竞争劣势。在最糟糕的情况下，这将意味着创造一个广泛扩展的攻击面，对任何企业都会增加指数性风险。

关键功能将包括：

- **流动的身份基础架构：** 企业身份数据模式必须持续允许快速定义、配置和分配新的参与者和角色。但是这些角色也必须通过自动监督和老化予以动态管理。
- **定义和管理数据的综合基础架构：** 预计在不久的将来，复合年度数据增长率将达到 40%。随着企业数据资产达到惊人规模和日益分布到全球，数据管理政策必须发展和适应这种情况。企业安全政策也必须考虑全球法律与法规改变的可能性以及按要求管理、保护和删除数据的需求。
- **更大、更全面和更具战略性的信任管理角色：** 信任管理将日益重要。通过开放式账本平台（例如区块链）动态管理信任和价值转移将司空见惯。了解、设计和实施企业间复杂信任互动的能力将是企业的一项核心技能。
- **网络安全与业务部门之间的紧密无缝集成：** 由于价值转移方式模糊了IT与业务部门之间的界线，技术、网络安全和业务部门内的决策者将需要协作管理企业的数字价值资产。企业可以试验通过微ICO购买和销售产品与服务，以练习新的价值转移形式。这将使企业能够驾轻就熟地管理数字资产组合。

结论

转向数字工作经济不仅不可避免，而且已经开始。形势十分紧迫。企业 IT 与业务领导者必须了解职工队伍性质的巨大变化，否则将面临不可避免的中断。那些忽略它的企业将会在利用新技术改变我们工作地点、时间和方式的竞赛中落伍。

不过，在这一转变中，企业决策者可以抓住一系列的机会来创造广泛的竞争优势。随着工作世界急剧变化，企业领导者将会发现，一个动态、流动和无所不包的安全部门能够释放巨额经济价值，帮助企业迅速利用指数性技术带来的新商机。

工作就是引导人类精力

企业决策者请注意：转向数字工作经济也随之带来了一个重要责任。从最基本的意义上讲，工作就是人类精力的引导。但是随着技术能够自动执行越来越高比例的人类工作任务，有意降低人工成本的企业决策者需要制定一个关键的决策。下面的简单问题反映了这个难题：

如果你能使企业的所有单个任务自动化和替换所有个人，你会怎么办？

这不是一个懒惰的问题。公众对未来工作的担忧主要集中在机器人和软件有可能取代以前由人执行的大部分任务上。但是仅从降低人力成本的角度考虑根本没有抓住重点。

企业领导者不应把工作看作成本中心，而需要看到这能为那些从寻常任务中解放出来的工作者创造惊人的机会，促使他们寻找新的途径来为企业及其客户创造价值。提供机会让人发挥潜力解决问题将是动态企业的一项关键技能。

14

技术伦理学和人性的未来

Gerd Leonhard——作家；执行“未来培训师”；战略家；The Futures Agency 首席执行官

未来20年带来的变化将超过以前300年

如果这句话听起来有点荒唐，请记住我们现在正在穿过一个以前无法想象的关键门槛。技术不再只是改变我们的环境，即我们周围或外部的东西，或我们使用的硬件。技术不再只是一个工具。它也在迅速成为一种创造力量和一种思考机器。

技术现在正进入我们身体内，因而改变了我们，并迅速重新诠释了成为人的意义。正如我的一些未来学家朋友喜欢说的那样，所有这些将允许我们“超越人性的局限”。

如果智能机器要为我们执行日常工作，我们就必须培训它们，教它们，让它们与我们建立连接，实际上就是制造我们自己的数字副本，在云中克隆我们的知识（以及人的一些独特智力）。这将改变我们，并且还将改变我们对我们是什么、可能成为什么以及机器是什么的看法。而且这只是第一步。不妨想象一下：

- 你血液中的超微型机械人正在监视甚至调节胆固醇水平。
- 看起来像普通眼睛或者甚至隐形眼镜的增强虚拟或混合现实设备，让你眨眼间就能轻易获取这个世界的知识。
- 直接把你的大脑皮层连接到互联网，并把想法转变成所想的操作或记录。
- 发展与你的数字助理或机器人的关系，因为它似乎非常逼真，非常像人。

这些没有一个像你可能想象的那么遥远，并且对社会、文化、人和伦理的影响将令人难以置信。显然，我们现在必须为这个挑战做准备，否则我们就会发现自己无力处理这些新的现实。如果我们不能清楚地定义和阐明一个达成共识的数字时代伦理学，那么我们就会面临以下风险：不受控制的技术不仅是危险的，而且也将导致我们对自身存在的性质提出疑问：使我们成为人的东西是什么？

定义伦理学

在进一步探讨技术伦理学为什么对我们的

未来非常重要之前，首先让我们来尝试定义伦理学是什么。已故美国最高法院法官 Potter Stewart 有一段精辟的讲话，我认为这是一个可行的定义：

伦理学就是了解有权做的事与正确的事之间的区别。

如果我们接受这个定义并把它应用到未来 10 年出现的东西，很快就会看到一个严重的挑战。

未来具有指数性、融合性和综合性，所带来的伦理挑战也是如此

现在，我们正处于指数性进步的起飞点。今后，变化将不再是渐进的，而是突然的，几乎所有的科学和技术进步都是如此，例如量子/3D 计算、纳米技术、生物技术、云计算、超连接与物联网（IoT）、AI、地理工程、太阳能、3D 打印、自动驾驶汽车以及其他一切东西。

此外，大多数指数性技术具有双重用途，这意味着既能用于惊人的积极创新，也能用于恶毒目的。正如被广泛誉为开创性数字朋克的科幻作家 William Gibson 所说：“在我们应用之前，技术在道德上是中立的。”

不妨想象一下 10 年后的世界——大约先进 50 到 100 倍——大多数科幻已成为科学事实。在这个世界，可能我们周围的几乎每个人和每个东西都实现了联网，处于被观察、记录、衡量和跟踪之下。我估计到那时物联网上将大约有 1 万亿个设备，IA（智能增强）真正变成了 AI（人工智能），100 亿地球人中至少有 80% 通过廉价设备、可穿戴物品以及能与人交流（就像与好朋友说话一样）的数字助手和机器人实现了高速联网。再加上遗传工程以及技术与生物学的迅速融合，将会带来无限的可能性。

因此，要认识机遇，预见和解决所产生的伦理挑战与道德困惑，指数性思考都具有至关重要的意义。

组合力量的完美风暴

更重要的是，对人性的真正挑战在于：虽然所有这些技术都呈指数发展，但也导致传统上不相关的行业（及其背后的科学）出现融合。这些所谓的巨大转变（megashift）已经在相互结合创造全新的可能性和挑战，例如数据化、融合化、自动化和虚拟化。

通过影响整个社会、文化和人性，这些融合和组合力量很快就会创造一场超越技术与商业王国的巨大进步与巨大挑战的完美风暴。

为下一代独角兽做好准备

回顾过去 7 年独角兽（即那些在上市前私营估值超过 10 亿美元的公司，例如优步、小米、Palantir、Airbnb 和 Spotify）的巨大成功，我们已经能够看到指数－组合－融合故事的成功例子。而且这只是开始。

例如，Spotify 的业务模式之所以可行仅仅是因为指数性和组合性技术变化：由于我们最终拥有了连接快速移动网络的廉价而强大的智能手机，现在向 1.5 亿用户流送 2000 万首歌是可行的。此外，我们现在还有新的在线支付方式、创建播放列表的 AI/算法，最后但同样重要的是有足够的市场压力促使唱片公司提供许可。在这种环境下，值得注意的是，Spotify 目前不再真的从事“推销音乐”的业务，而是推销便利性、智能、界面和综合处理（对未来融合性和指数性展望的结果，据说一直是为行业局外人预留的东西）。

Airbnb 是另一个典范。它拥有庞大的全球

用户短期租赁清单数据库，主要使用移动设备。Airbnb 采用智能评级和定价技术，在系统中内置了社交媒体，提供数字支付选项，并且受益于共享经济的出现。所有这些加在一起，你就能获得巨大发展。

虽然这些技术创新几乎都是丰富我们生活的积极进步，但我们必须为即将出现的事物做好准备：新的超级明星，结合 AI 与生物技术的指数型独角兽企业实现了技术与生物学的全面融合，或融合 AI、纳米技术和材料科学。

了解构建伦理框架的紧迫性

但是，这种指数性发展的前景又一次让我们进退两难。我们现在必须紧急构建跟上这种超快节奏的伦理框架。如果没有这些伦理框架，不受控制因而具有社会破坏性的发展将愈加有害，愈加具有灾难性影响。

显然，我们现在必须为这个挑战做准备，否则我们就会发现自己无力处理这些新的现实。企业应当带头准备，睿智的政客和公务员也必须如此。无论谁是这些棘手问题的思想领导者，其影响都将超过巴菲特在投资领域的影响水平。

Donald Ripley 在 1995 年的电影《闪电奇迹》中说：“十分清楚的是，技术超越了我们的人性。”

每个扩展同时也是一个切除，但我们不应切除的东西是什么呢？

Marshall McLuhan 曾在其 2001 年标志性著作《了解媒体》中谈到过这一点，如今甚至更是如此：我们自身的每个技术性扩展同时也是我们另一部分的一个切除（或另一个扩展）。

如果我们继续与屏幕保持比与其他人更加密切的关系，如果我们事实上通过在增强或虚拟空间生活来“超越人类局限”，或者如果我们直接把神经网络与云中的 AI 连接，则肯定就会失去（即切除）使我们成为人类的许多东西。我坚信这是我们必须面对的一个后果。

我们一定会失去人类元素，例如情绪（计算机可以仿效但无法从根本上理解）；缺点（智能机器不容忍缺点）；意外（机器不喜欢意外）和秘密（机器憎恨秘密）。

一般来说，保留我称之为“androrithms”的东西（实际使我们成为人的所有东西）几乎是不可能的。最终，我们不仅可能会在许多不

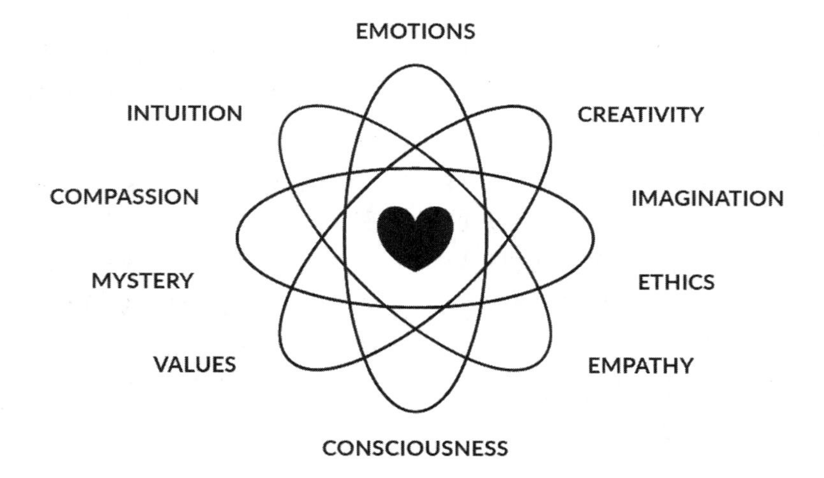

同的方面得到扩展，而且我们的基本人类表情也会被切除。我们会极其智能，但却完全非人类化了。我认为这不是好事。

谁来决定我们能够安全切除的东西（例如阅读地图或自己开车的能力）？谁来定义我们不再是人类的分界线？谁是人性的控制者？

升级伦理学——从如果和何时升级到为什么和谁

因此，就技术而言，我们现在正走向一个完全不同的时代。在未来5到10年的某个时间，问题将不再是我们能否做某件事（即技术可行性、成本或时间），某件事情能否完成？这实际上是否可行？这会多么昂贵？这会如何赚钱？相反，而是指我们为什么做这件事（环境、目的、价值和目标）和谁在做这件事（控制、安全、治理、权力）。换句话说，这最终将涉及伦理学。这是指数性、融合性和组合性变化带来的一个关键社会转变。

你是否准备从重视科学与技术可行性转向重视意义、目的和人的治理？

数字伦理学与安全有什么关系？数字伦理学登月

我认为，只有围绕和定义技术的道德、伦理与政治框架完善了，技术安全才有保障。如果持有和使用密钥的人行为不道德、带有恶毒目的或者粗心大意，即便最先进的安全技术也毫无用处。事实上，用于保护消费者和用户的技术同样也可以用于窥探他们。我们可以使用一些可能最有益的技术（例如IoT）来组建迄今最大、最强大的全景监狱。

因此，在我们为指数性技术发展做准备的过程中，单纯提高技术火力并不够；我们还必须重新设计和改进伦理框架。我们必须就有利于人类的东西、明显不利的东西以及如何执行这些原则等达成一项全球协议。

在许多方面，这个任务甚至可能比我们面临的技术挑战还要艰巨。无论如何，我都建议把这个“伦理登月”充实到Mark McLaughlin所谈到的网络安全登月的文章中。

技术伦理学（也即数字伦理学）很快将成为这个行业的头号问题

定义全球规模的伦理标准并非易事。如果我们尝试解决十分具体的信念，即特定社会、国家、地区或宗教的价值观和信仰，这甚至是不可能的。但是如果我们始终站在顶层、全球高度来看，我相信我们事实上能够定义人类的一些关键伦理标准。关键是着重于人性，并以古希腊人所说的智慧行事，从而确保所有技术进步都能带来人类集体繁荣，这就是我们需要采用的基本模式。

说到宗教和伦理学这个主题，Albert Einstein（我的一个重要灵感源泉）曾反复提出道德不需要本源。相反，道德（描述伦理学之类东西的另一个术语）是一个纯粹的自然和人类创造；它就是人类本身的一部分。

例如，元伦理学认为几乎每个人都希望继续做人、保留人类品质和享有基本人权，例如自由意志权、自由决策和选择权（为数不多但十分喧嚣的超人类主义者和极端奇点主义者似乎过于热衷成为半机器人或机器人）。

谁会喜欢自己的数字（或真实）身份被盗或DNA被用于塑造纵横半个世界的超级战士？有谁希望自己的数据和信息公开展示？每个人都喜欢在生活中拥有秘密和隐私。

供你考虑：数字时代的伦理学框架

这些一般性数字伦理学原则可以成为全球“技术伦理学”宣言（数字人权宣言）的框架。事实上，我认为以下五个核心人权可以构成未来数字伦理学宣言的基础：

1. **保持自然的权利，即生物权。**我们需要保持受雇佣、使用公共服务、买东西和在社会中生活的权利，而不用在我们的身体上或身体内植入技术。
2. **坚持基本人性的权利。**我们必须有权选择落后于技术，有权选择使人性的重要性高于效率。
3. **断开连接的权利。**我们必须保留关闭连接、断网以及暂停通信、跟踪和监控的权利。
4. **匿名权。**在即将到来的超连接世界，我们应当仍能选择不被识别和跟踪，例如在使用数字应用或平台时，在不会带来风险或影响他人时。
5. **雇佣人而非机器的权利。**如果公司或雇主选择使用人而非机器（即便这更昂贵，效率更低），则我们不应允许他们处于不利地位。

结论

如果没有伦理学，我们是什么？我们能否仍然坚守我们的人性，尤其是随着我们迈向技术能够模糊人与机器界线的未来？只是因为我们能做某件事，我们就应当做吗？如果做的话，我们将如何定义正确的方法？

我认为我们迫切需要处理这个挑战，因为未来可能是天堂，也可能是地狱（我称之为HellVen），这取决于我们今天所作的决定。技术没有伦理规范，但社会离不开它们。我们要提醒自己，文明社会是由技术推动的，并由人性定义的。技术不是我们寻找的东西，而是我们的寻找方式。

未来10年简史

作者：Gerd Leonhard

2020年：世界实现了超连接化、自动化和智能化，并且每个人都从中受益。整个地球有60亿人“总在网上”，每个人都在看不同的信息和内容。我们通过增强现实、虚拟现实、全息屏幕或智能数字助手（IDA）与各种平台互动。

2022年：我们自己的数字自我已经搬迁到云，并且在过自己的生活。成群的IDA和软件机器人在云中生活，执行日常任务。它们不再搜索餐馆或宾馆；不再更新医疗信息。机器人知道我们和我们的意愿，它们的交流绝对比我们通过在计算机上输入问题要好。

2024年：告别隐私和匿名。我们不断连接到机器，并且它们能够越来越好地读懂我们的心理。技术已变得非常强大并且无处不在，我们无法避免被跟踪、观察、录像和监视。

2026年：自动化得到广泛应用，社会规范正在重写。由人类完成日常任务的时代一去不复返，无论蓝领、白领、人工还是认知。机器已经学会理解语言、图像、情绪和信仰。机器也能说、写、画和模拟人的情绪。机器无法成为人，但可以思考。

2028年：自由意志和自由选择权仅限于特许人群。我们的生活一直处于跟踪和指导之下。由于我们做、说、看以及感受和思考的每个东西都能被跟踪和衡量，因此自由意志的重要性减弱。我们不再能够轻易背离系统认为最适合我们的东西，因为一切都在监视之下。这可以带来更健康和更负责的生活，降低医疗护理成本，并使接近完美的安全性成为可能。但是，我们许多人并不确定这是天堂还是地狱。

2030年：90岁变成新的60岁。由于我们通过云生物学和量子计算分析了数十亿联网人类的DNA，我们现在可以十分肯定地确定引发某种疾病的准确基因。再有五年左右，我们将能够防止癌症。长寿人群也大幅增加，这完全改变了我们的社会体系。

第二部分

从当今世界吸取的教训

15

如果在网络威胁情报方面不与同事和竞争对手合作，就要当心：坏人就在你的前面

Sherri Ramsay——网络安全顾问；美国国家安全局/中央安全局威胁管控中心前主任

我曾在美国国家安全局工作了 33 年，在此期间，我们首次看到了国防部与联邦政府的其他部门是全球黑客和攻击者的一个非常大的目标。这些年间，我了解了私营部门领导者为了保护数字资产而竭力应对许多问题的第一手资料，并且也了解到了在保护网络与数据方面共享威胁情报信息的价值。

我学到的另一个经验是本章通篇强调的——企业在网络安全方面的成功取决于领导力和技术，两者的影响同样大，或许领导力的影响更大。

具体来说，我认为网络安全需要领导力——无论是来自政府机构的 CIO 还是跨国企业的 CEO。这样的领导意味着拥有自信、魄力和共享的胆识！能够与企业之外的人甚至你的竞争对手共享技巧、安全漏洞、缓解措施和制胜策略。

为什么？因为那些坏人时时刻刻都在对我们做的事。

我们的计算机和网络每天都在受到攻击。攻击者只需要几分钟就能渗入一个系统，而且大多数情况下，他们能在几天甚至几小时之内窃取我们的数据。通常我们意识到攻击的时间明显很迟，有时甚至只有收到外部（例如执法部门）的通知才意识到，然后我们想知道出了什么问题，是否会再次发生以及如何防止问题的发生。我们独立行事，就像我们每个人都在自己的孤岛上保卫自己一样。在我们竭力了解和描述攻击特征时，坏人正虎视眈眈地盯着我们。

他们盯着我们，然后再次攻击我们。

攻击者在互联网的阴暗角落碰头，以共享漏洞、渗透基础架构以及可能有助于恶意攻击我们网络的任何其他信息。到目前为止，我们已经讨论了信息共享，但我们所做的还远不足以显著提高网络安全。

如果坏人正在协作，好人为什么不选择合作呢？我们为什么继续在这种劣势环境下生活？我们在等天上掉馅饼吗？

坏人如何以及为什么共享你的安全信息

严酷的现实是，网络坏人之间存在广泛的协作，而孤狼很少。各类坏人都是如此，包括国家、罪犯、黑客行动主义者和恐怖分子，甚至单个黑客也并不真的是单独的。

他们为什么协作？为什么共享？答案很简单，这可以节省他们的时间和金钱。IBM 高级战略家 Etay Moor 指出："信息共享是网络阴暗角落一个不争的事实。"这是执行攻击的平均成本不断下降以及攻击在网络中扩散的速度逐年加快的一个重要原因。

坏人共享的许多信息可以轻易地访问，不需要他们做任何特殊操作。例如，他们只需使用搜索引擎就能找到含有"密码"一词的电子表格，从而获取众多设备的默认密码列表。

坏人也会利用我们的一个最大弱点：人为错误。信息可能因失误被发布到互联网上，或者也可能被根本不知道会被用于邪恶用途的某个人发布到互联网上。另外还有大量信息被盗或被泄漏，然后被发布到合法网站上——通常创建这些网站的唯一目的是与其他人共享被盗信息。

这些网站上有坏人创建和使用的论坛。有些论坛会起一个无害的名称，比如"安全研究论坛"。他们把这些论坛宣传为合法实体，甚至通过广告来覆盖成本或谋利。这些论坛用于共享对坏人有帮助的各类信息，它们也为用户提供匿名保护，这是一种团队协作。

暗网（Dark Web）故意为用户提供匿名保护，并且正在促成坏人的地下繁荣。在这里，以极低的成本就能获得闯入你的网络所需的一切。成本有多低？蠕虫购买价低至 10 美元，密钥记录器 20 美元，勒索软件 30～50 美元。此外，整个渗透与攻击现在都能轻易外包，从恶意软件的开发到分发甚至操作的执行，都能外包。

而且这些坏人正在追踪你的网络和数据。

企业不共享这些信息的原因和对网络安全的影响

纵观整个历史长河，我们利用过战略联盟来击败敌人和解决最紧迫的问题——从最小化地缘政治冲突到稳定金融市场和处理全球饥荒。有些人认为，伟大文明社会的真正衡量标准是看其是否能够通过协作解决看似无法应对的难题。网络安全肯定符合这个标准。

但是与他人结盟与我们目前解决网络安全的方式形成了令人沮丧的鲜明对比。有关"侥幸脱险"和成功攻击的信息属于严密防守的秘密，企业很少共享这些关键信息，或协作控制损害，或为可能处于风险之下的其他企业提供早期预警，这是一个失败的策略。

我们为什么继续在这种劣势的环境下生活？企业拒绝参加有意义的信息共享计划的原因有三个。

- 目前的许多共享机制与联邦或州政府有关，企业担心与政府共享信息会导致监管加码。企业担心被人认为与政府"勾搭"，这可能会影响它们的全球市场机会。
- 在私营部门，企业感觉披露信息可能招致刑事或民事诉讼。还记得对 Y2K 威胁的所有合法争吵和企业对合法曝光的担忧吗？
- 或许不共享信息的最重要原因是企业对市场和声誉风险的担忧。甚至技术故障或人为错误导致的问题也会暗示存在数据或 IT 基础架构问题或管理不良。

遗憾的是，我们失败了。每个新的网络安全头条都警告称，没有任何组织能够免受这些攻击。每个新的数据泄露似乎都比上一个更严重。从我们的业务沟通到医疗设备再到我们驾驶的汽车，一切都很容易受到攻击。独自并且依靠传统企业安全技术和方法来对抗网络入侵的做法已经走到了尽头。

打破这一循环需要从根本上转变思想。这需要领导力。就像我们从早期的周边防御演进到目前着重于情报、检测和响应一样，我们必须从个人主义模式转向协作性"联合防御"。只有共享相关信息、汇集我们的专业知识并联合行动，我们才能真正取得进展。

否则我们最好准备承受后果。

借助"众筹"思维走在问题的前面

在建立协作性联合防御网络安全模式时，我们可以从众筹概念吸取一个经验。

根据《韦氏字典》的解释，众筹就是通过从一大群人尤其是在线社区募捐来获得所需服务、创意或内容的做法。众筹肯定促进了我们的开车旅行。就在不太久以前，我们按照 GPS 装置提供的方向前进时，还对沿途的路障、事故等一无所知。现在，由于众筹信息被实时输入 GPS 应用，我们就可以知道这些事故，并能采取措施避开它们。事实上，这些应用还提供了一个替代路线。由于能够实时获得有用的信息和解决办法，司机就有了自主权。

采用众筹思维是加强联合网络安全防御的一个出色策略。由于现在"网络安全人人有责"，因此每个人都能成为解决方案的一部分。我们需要强大的领导力，从而向共享相关信息并且快速共享的方向前进。

鉴于美国政府作为网络犯罪和威胁的主要目标的历史悠久，它们早就认识到协作与信息共享在网络安全方面大有可为。

1998 年，联邦政府要求每个关键基础设施部门都建立一个信息共享与分析中心（ISAC）。建立这些团体的目的是，帮助关键基础设施所有者和运营者保护其设施、人员和客户免受网络安全威胁及其他危害。这些团体为收集和共享网络威胁及网络防御最佳实践方面的信息提供了集中资源。它们是众筹联合防御的起点。

2008 年 1 月，布什总统发起了国家网络安全综合计划（CNCI），这是一项重要的政策进步，尤其是对当时而言。CNCI 建议通过创造和增强对网络安全漏洞、威胁和事件的共同态势感知，针对直接网络威胁建立一道防线。CNCI 倡导提高联邦政府内网络安全的协作性和效率，具体做法是建立更强大的网络中心，并通过跨州、地方和部落的团队协作把这些专业知识扩展到整个政府部门。该计划如今仍然是政府领导实现全国一盘棋应对共同网络安全挑战的最有力案例之一。

美国《2015 年网络安全法案》的通过扫除了在私营部门推广协作的一个重要拦路虎——害怕违反联邦法律与法规。这个重要立法鼓励私营机构自愿共享网络威胁信息和防御措施，而不用害怕法律责任、公开曝光或反托拉斯并发症。该法案不仅为那些与联邦政府共享信息的公司提供保护，而且也包括相互交换网络事件信息的公司。而无论政府是否参与，对 CEO 和 CISO 来说，这个法律的最显著好处就是它授权私营部门的成员开始就网络事件相互协作。私营部门可以利用这个机会，重新定义信息共享，并创建一个满足其需求的协作框架。

在私营部门，这种新的开放与共享精神的有力案例有许多。Columbus Collaboratory 就是一个证明，这是一个以俄亥俄州为中心的跨不同行业的私营公司联合体，从医疗和金融到能源和消费品。Columbus Collaboratory 承诺利用先进的分析、人工智能和机器学习来识别和克服网络安全威胁并进行协作。

展现领导者大胆抛开与竞争对手合作的情感纷扰的另一个案例是网络威胁联盟（CTA）。看看它们的花名册，立即就会看到参加者通常都是直接竞争者。无论它们在市场上的竞争有多么激烈，所有 CEO 都明白加入这个联盟的价值。

TruSTAR（我担任其顾问）是采用协作性众筹模式而带来切实回报的另一个典型案例。为了克服网络罪犯发起的有组织的恶意活动，TruSTAR 的威胁情报平台帮助企业——其中许多是直接竞争对手——共享威胁和解决方案信息。

我认为，这种众筹网络安全方法不仅是一种能够行得通的模式，而且如果我们想要击败坏人并确保网络与数据的安全，还必须更频繁地采用这种模式。这需要那些阅读本书的企业高管和董事会成员的领导力、信心和胆魄。

我们无力承受减少努力的代价。

建立联合防御以共享网络安全信息

这些努力证明了协作防范越来越多的针对政府和私营部门的攻击的好处。这是一种通过汇集资源以及更好地洞察威胁和防御来完成的实用、务实、开明的方法。

如果我们不做此事，对手就会始终占据上风，而我们就会继续无休止地花钱，但永远无法赢得战争。

遗憾的是，在网络安全方面提到“共享”这个词，会令许多公司领导人开始抽搐。但是我们必须剔除这种情绪，正确评价众筹对创建“联合防御”的好处。

联合防御的要求是什么？

- **联合防御必须保护隐私。**网络安全协作不应以牺牲参加者的客户信任为代价。
- **联合防御必须为各个参与成员提供实际价值。**创建单向共享的交流是不够的，必须激励成员参与可操作数据的及时交流。
- **联合防御的参与成员的连接必须是动态的。**我们不能允许通过现有人员或行业关系定义共享模式来限制自己。我们需要拥有动态连接，这些动态连接由攻击活动的目标驱动，并且由网络中那些希望参与及时有效防御的成员组成。
- **联合防御系统必须透明、可靠。**参与者的动机或系统本身的操作者不能有任何问题。调查和吸纳成员的方式以及使用和保护数据的方式必须透明。

请记住另一个重要问题：正在共享的信息是什么？在我们谈到共享信息时，有些不明情况的人可能曲解为共享专有和私人信息。需要共享的信息不是可识别个人身份的信息、医疗保险数据、环境特定的内容或知识资产，而是用于识别网络中的攻击者和缓解攻击的信息。

这种联合防御将有助于我们所有人，并会以远胜于我们单独行动的速度检测、调查和缓解所出现的威胁。

我们最终可以缩小与对手的差距，把讨论从尴尬的失败改为令人鼓舞的成功。

现在难道不正是时候吗？

结论

旧的网络安全模式已不再行得通。这种模式已被打破，并且无法恢复。我们必须像坏人那样合作，而且只有这样才会变得更好。

对安全事件保持沉默或仅在几个朋友之间共享可能使其他人面临相同的攻击，这从根本上违反了职责所托，不管你是 CEO、董事会成员、CISO 还是政府官员。真正的交流——联合防御——将为我们的企业提供最佳的机会，不仅可以针对攻击保护我们的数字基础架构，而且也能使其他人了解威胁环境并帮助所有人。

自愿的而非政府要求的共享才是最好的。交流将会增加价值，并且能在所有参加者间实现实时联动和提供问题解决方案。我们不妨学习政府机构在规划路由方面的经验，我们中那些在政府网络中心工作过的人都知道这种协作模式的确能够行得通。

技术在进步，法律环境在改变，我们（即好人）占据上风的机会就在眼前。公共和私营部门的组织之间缺乏有效的协作是我们的软肋。只要我们听任不管，坏人就会继续利用这个软肋。

让我们纠正这个问题！

16

合规不是网络安全策略

Ryan Gillis——Palo Alto Networks 网络安全策略与全球政策副总裁

Mark Gosling——Palo Alto Networks 内部审计副总裁

在全球许多董事会会议上，董事们正在听取首席信息安全官认真讲解他们为应对一大堆可能显著增加罚款的安全与隐私监管规定所作的努力。董事会成员无疑正在认真对待他们的治理责任，并且可能询问棘手的问题以确定其组织可能面临多大的监管风险及其是否正在稳步证明其合规性。

虽然合规很重要，但也不应掩盖董事会对处理网络安全风险这个更重要的问题的重视。

显然，这不是风险与合规之间的“二选一”，这两个问题，企业及其董事会都需要密切注意。最成功的企业通常了解二者之间的紧密关系，即便在面临不断增加的网络威胁时也不例外，并且会在预算、人力和高管聚焦上采取相应行动。

合规与安全并不互斥。理想情况下，合规能够记录和提供反映企业网络安全风险管理方面的指标。如果采取必要的措施来保护网络、云环境和端点中最关键的数据，定期培训雇员以实现良好的安全卫生，你的组织就能很好地实现合规。

因此，必须记住，在理想情形下，合规是企业网络安全努力的**下限**，而不是**上限**。

企业需要证明其合规性，这很重要，但这并不是高管的终极目的。董事会成员既不应被监管博弈中的最新规则转移注意力，也不应把网络安全风险视为最新违规新闻推波助澜的不可克服的威胁。

相反，董事会成员应当帮助企业着眼于网络安全的全局——降低风险，增加商机，明智和策略性地使用宝贵的资源。

网络风险讨论所占用的董事会成员的时间、精力和注意力越来越多。由于网络风险和监管需求方面的信息量很大，可能很难全部了解。但是，所有董事会成员、组织、雇员、客户、合作伙伴、政府机构和监管机构的共同目标与重点都应简单明了：降低网络风险。降低网络风险的动机大多情况下要么源于公开违规的传闻教训，要么源于与合规和法律问题有关的处罚。合理的动机应该是为了确保企业的长期活力、竞争力和夯实财务根基，以及把企业的安全性作为一项竞争优势和确保客户信任的一种机制。

在超合规时代，要始终专注于实际目标

纵观全球，旨在解决数字挑战的新法规——从保护私有信息到确保关键基础架构不被渗透——占用的注意力越来越多。在董事会的支持和指导下，业务与技术决策者投入了大量财务和人力资源来响应这些政策，避免意外后果，同时证明其合规性。

但是，企业如果目光短浅，把重点放在法规上，而非降低网络风险这个更大的问题上，将很难协调其安全实践和核心业务优先顺序。

虽然没有人希望受到处罚或者在发生数据泄露后花几个小时与监管机构解释和谈判，但是企业必须首先忠实于业务优先工作。这是董事会成员扮演的一个关键角色。

董事会成员应当询问强调关键业务目标是否会受安全问题影响的问题，而不是询问“我们通过 PCI DSS（支付卡行业 PCI DSS 数据安全标准）审计了吗？”。

- 什么类型的数据渗漏可能影响我们的最新知识资产？
- 如何确保客户记录不被盗窃、篡改或删除？
- 我们能否肯定与潜在收购伙伴联系的电子邮件不会出现在主要竞争对手的屏幕上？

另请记住，如果没有广泛的网络风险削减框架来保驾护航，则最善意的合规规定也能产生令人讨厌的后果。

新法规可能导致混乱、冲突和效率低下。这会把宝贵的资源从检测与预防转向报告与会计分析，实际上可能增加而非降低网络风险。我们以从 2002 年美国《联邦信息安全管理法案》的实施吸取的教训为例来说明。该法规要求美国联邦机构制作有关其网络安全状况的硬拷贝活页夹，实质上这分散了稀缺的 IT 与安全人员和资源的注意力，使他们不能专心保护网络。这实际上主要是一个“复选框”法规，而不是使企业网络真正安全的一种方法，这同时也是一个合规但不一定安全的案例。

这个关键教训有利于更有效地识别和实现所有各方在网络风险削减与威胁预防方面的共同目标——董事会、高管、客户、贸易伙伴、行业团体、监管机构和政府。由于“安全”不是一种适合僵化合规检查的、静态的最终状态，因此相对于迅速演变的网络威胁环境而言，需要不断评估风险。

在阅读本书第二部分时，建议你关注 Verisign 公司执行副总裁 Danny McPherson 的讲话。Danny 精彩地阐述了这个问题：

> *“合规不是你的目标。或者，至少不应该是你网络安全计划的关键重点。让我来告诉你原因：*
> *实现合规与安全不是一回事。”*

董事会的主要影响

当然，董事会成员可以且必须询问所有高管（包括但不限于 CISO 和 CIO）难以回答的问题。特别是，董事会成员的网络安全问题必须迅速从“我们合规吗？”转向“我们的风险状况如何？”。

这意味着董事会成员需要从有点被动的、独立的安全方法转向更为主动的安全监督。不妨看看美国企业董事联合会（NACD）最近有关网络风险的调查结果。下面是董事会成员对“董事会在过去 12 个月执行过下列哪些网络风险监督实践？”问题给出的前四个答案：

- 审查了公司保护最关键数据资产的当前方法（82%）。
- 审查了用于保护公司最关键数据资产

的技术基础架构（74%）。

- 就董事会需要的网络风险信息的类型与管理层进行了交流（70%）。
- 审查公司的违规响应计划（61%）。

同样重要的是，“审查”和“交流”并不足以识别降低网络风险的最佳方法和采取相应行动，尤其是对预防至上的策略而言。董事会需要更密切地了解负责降低网络风险的高管如何在造成损害之前识别威胁，并且要成为帮助高管强化防御计划的真正伙伴。

这也意味着董事会成员需要加快自身的网络风险教育，包括总体情况和企业自身的特定情况。例如，在 NACD 对董事的调查中，73%的董事表示其董事会对网络安全风险有“一定了解”。显然，为了履行其作为董事的受托责任以及兑现其了解和支持高管风险防范的要求，他们需要进一步了解网络风险以及如何识别专为其公司的特殊要求量身定制的正确解决方案。

至于这是否意味着利用外部网络安全顾问作为董事会顾问、让网络风险专家参加董事会或采取某些其他措施，显然取决于董事会。但董事会需要发出这方面的号召。毕竟，纽约证券交易所的一项调查指出，91%的董事会成员无法解释网络安全报告。[1]

这是个大问题。

董事会监督问题

为了在降低网络风险上促成更稳健、更有效的战略计划，董事会成员需要询问一套新的问题，这些问题旨在加深对当前和潜在风险水平的了解，并为采取行动防范已存在的和新的威胁提供一个更强大的基础。

- **哪些人、流程和技术目前正用于保护我们的网络？** CIO 和 CISO 也必须能够说明企业在提前查明风险方面已经采取的措施以及他们认为接下来的攻击会发生在什么地方。这些信息需要与以下方面的缜密的开放式讨论保持一致：如何、何时和在什么地方针对风险识别与保护流程部署资源。
- **为了限制风险，在人、流程和技术方面需要的额外资源是什么？** 当然，没有人会给 CISO 开空白支票 ，因此要询问棘手的问题，以便确定在什么领域能够通过更明智且不一定更大的投资来实现最高的财务效率。
- **企业正在使用哪些威胁情报服务以及这些服务是如何执行的？** 了解这些服务对于帮助企业提前查明和防范风险所产生的可证明的影响至关重要。
- **企业的安全培训计划需要如何改变以反映网络风险的新现实？** 面向用户、合作伙伴甚至客户的现有教育计划是否应当予以现代化、改进或者完全废弃以采用能够更好地反映未来威胁的方法？
- **你的法务与合规官能否确定适用于网络和信息安全的所有现有规章？他们是否了解哪些新规定正在被考虑或制定？** 这些新出现的要求对公司的威胁状况有何影响？为了确保你的代表可以切实帮助降低风险，不会成为合规“待办事项”清单上的另一个复选标记，他们是否应当更多地参与这些规章的制定？
- **安全团队的代表要参加所有业务规划会议吗？** 对企业来说，这是一个极其重要的心态转变：董事会需要引领这种转变，从“事后安全”转向“设计安全”。这意味着从新产品开发和供应链管理到市场计划和客户关系，不只是合规或数据整理。

- **你跟上变化节奏的计划是什么？**最后，这是最重要的问题之一。通过预测变化，你将能够更好地了解它对你的企业、基础架构和相关风险的影响，这将直接影响你安全、快速适应变化的能力。

结论

为了确保企业的网络安全资源得到最有效地部署，董事会成员所能做的最主要的事情之一是要记住，坚决重视协调网络风险削减和业务优先顺序将大大有利于实现合规。

帮助高管专注于减少安全漏洞，适当平衡风险与机会的董事会成员对企业成功的影响最大，但前提是他们记住合规是这种努力的一个副产品，而不是终极目标。

本章改编自2018年1月发表于美国企业董事联合会的官方刊物 NACD Directorship 的《董事会成员如何帮助实现降低网络风险的目标》。

---

[1] “Grading global boards of directors on cybersecurity,” Harvard Law School Forum on Corporate Governance and Financial Regulation, 2016

网络安全意识、了解和领导力

17

安全转型是业务需要

John Scimone——Dell 高级副总裁兼首席安全官

尽管每个人都有善良的愿望，并且在预算、人力和公司注意力上的投资巨大，但在针对网络威胁保护数字资产的这场全力以赴的对抗中，各行各业和各个地区的机构都落后了。为什么？

虽然每个企业的原因各异，但有几个事实是不言而喻的，例如：

- 检测复杂入侵所需的时间远高于坏人执行这些入侵所需的时间。
- 黑客可以尝试无限次，并且只需要成功一次；防御者时时刻刻都必须成功。
- 检测到的 IT 安全漏洞数量比以前更快地成倍增加，而且这些只是我们能够实际检测到的安全漏洞。
- 企业正在迅速实现运营数字化，对日益脆弱的基础架构的依赖度逐渐增加。
- 黑客工具更复杂，更容易获取，黑客的“市场准入”门槛不断降低。
- 仍然很少有人能够充满信心地找到网络攻击的源头，这造成了一种犯罪不用担责的环境。

结果：网络攻击可能是人类历史上最突出的“低风险/高回报”产业。

为安全转型做好准备

这句话代表了现代企业的一个巨大风险，需要积极的管理。显然，企业所做的任何工作都是远远不够的。传统方法甚至不会减缓网络犯罪的进步脚步，更不用说实际击败它了。没有任何董事会成员、CEO 或 CISO 愿意接受这种现状。

企业领导人，不只是 CISO 和 CIO，都必须进入安全转型的新时代，从根本上重新思考安全——是的，转型绝对必要。顺便说一下，这种转型并不过分依赖尖端的安全工具、大量财务投资或招聘资深专家——尽管所有这些肯定都是必要的。

或许最需要转型的是董事会成员和企业高管，顺便说一下，这超越传统的网络安全威胁应对方法。我们所有人都必须热情拥抱安全转型，这源于切实认识到网络威胁随时会给企业带来灾难性的后果，而且这不再是很小机率发生的黑天鹅风险。这迫使我们采取更加积极的态度来执行目前缺少的活动。

安全转型——弹性与防御处于同等地位

就像寻求防止网络攻击一样，我们也在为网络攻击做准备。正如你能想象的一样，这两种方法之间存在很大区别。为网络攻击做准备的一个关键要素是弹性的概念。当然，每个业务领导者和董事会成员都明白，系统、应用和技术投资如果不可用或者包含的数据不可信，就不会带来任何价值。事实上，当系统宕机或数据完整性存疑时，情况甚至会更糟：由于我们是在谋求事后解决问题，而不是为客户创造价值，因此我们会失去经济价值和竞争力。

但是，CISO 历史上一直负责确保主要监管合规的弹性以及避免服务中断方面的诉讼。但是弹性远不只是简单地通过审核，或规避未能证明合规的罚款和合同索赔。作为企业领导者，需要让安全部门高度重视确保关键资源的可用性以避免问题和保证企业成功，而不是单纯地只重视“实现合规”。

在考虑网络风险管理时，我们可以把它细分为三个部分：

- 威胁管理
- 漏洞管理
- 后果管理

遗憾的是，我们在威胁管理方面所能做的确实很少。除非就职于拥有调查与拘捕权的执法和政府部门，否则我们影响键盘另一端威胁的能力非常有限。

从漏洞管理的角度看，移动设备的普及、云计算、个人应用和物联网都增加了我们的网络攻击面及相关风险。因此，2017 年公开报道的漏洞数量翻了一倍还多[1]。现在，这些是大多数企业必须承担的风险。事实上，对目前的大多数企业来说，不进行数字化转型就意味着失败，但是我们也需要承认与这种转型相伴的是网络风险的显著增加。

因此，CISO 的很多时间都花在安全漏洞上——修复它们，缓解它们，设法避免它们。毫不奇怪，这给后果管理留下的资源很少。

这就是对于弹性的承诺不可或缺的领域。鉴于在当前环境下，威胁和漏洞仍然无处不在、不受限制，并且在可预见的将来可能依然如此，因此我们必须对如何管理攻击期间和攻击后出现的后果给予更大的重视和更高的优先级。企业需要着力发展有效解决攻击的能力。为此，企业对涉及安全的业务流程的改进及部署额外的安全工具同等重视。

安全转型——根据风险定制计划和投资

安全的规划、部署和管理方式必须随现实而改变：业务环境不断演变，运营方案总是变化不定，尤其是攻击者永远都在发展自己的策略。

在严重依赖数字资产（从整体数据中心和传统应用到“网络化企业”）的时代，传统安全方法已不再适用。例如，传统安全方法不一定是指已采用了几十年的方法，主要是指过时了的方法。对于安全来讲，大多只有两种结果，要么你的企业是安全的，要么不安全。

但是以往违规的教训教会我们，安全最适合作为一种风险尺度来衡量。记住我前面说过的话：“我们并不试图完全防止违规，而是预测和响应它们，以便能够有效地将其影响降低至可接受的水平。”由于在目前极为复杂和脆弱的技术环境下无法阻止一切攻击，因此你需要清楚了解优先任务，把主要精力放在防御和为这些任务准备弹性条件上。

观察安全的另一种方法是远离标准“最佳实践”。企业高管乐于从 CISO 那里听到他们与完善的安全最佳实践一致，但严酷的现实是，最佳实践实际上并不能有效满足大多数现代企业的风险预期。如果能够满足，我们就不会这么频繁地读到有关一流企业最新违规的新闻了。此外，最佳实践的概念也掩盖了安全不再是一种万能模式这一事实。各个企业的 CISO 已经认识到，每个企业都必须根据其企业战略、风险容忍度和受保护企业资产的价值，采取不同的安全策略。

安全转型——组织结构问题

企业领导人也应当改变其有关企业内结构化安全责任的最基本假定。历史上，CISO 通常汇报给 CIO 或其他高级技术官。只有假定安全是公司的一项技术计划而非业务风险管理职能，这种组织结构才有意义。但是，要记住 IT 组织如今正经历的东西，例如影子 IT、精通技术的最终用户开动自己的虚拟机、用于业务应用的廉价公有云服务以及海量的无管理端点（从智能手机到可穿戴电脑）。在安全转型中，如果能够纵览所有网络风险，而不只是公司 IT 部门造成的风险，CISO 就能很好地保护企业。此外，除了简单的被动风险管理，CISO 还应进一步着眼于数字机会，如果 CISO 能够洞察企业的所有数字活动并与其他高管紧密直接协调，就能发挥最大作用。

安全转型——无边界安全

最后，安全转型要求，网络安全防御要远超越传统方法所强调的使攻击者远离网络和宝贵数据。相反，以业务为中心的更开明的网络安全方法应采用和考虑新的数字模式，包括日益广泛的移动性、云平台和更多的第三方风险因素。这将把重点从设备与平台转向数字身份和企业最重要数据的保护与防御上。

企业拥抱安全转型的一些案例包括：安全不是二元化概念，应当按风险尺度来衡量的观点；或者为什么安全计划不应主要或专门由合规规定来驱动，而应根据业务优先任务进行定制，例如运营效率、品牌声誉或市场竞争力。我们应当在开始就把网络安全看作 IT 风险的一个部分，而不是解决整个企业业务风险的一项业务职能。我们应当确保网络安全计划能够追随必须保护的数据和身份，而无论不断演变的技术与第三方环境把它们带到哪里。但是，安全转型最基本的方面是了解并接受：当前的方法——注意力、投资、工具、技能、业务流程平衡，根本不足以有效管理网络风险，然后坚定实施解决这种差距所需的变革。

付诸行动：董事会和高管应当向 CISO 询问的问题

如果你是 CEO、COO、CFO 或董事会成员，则需要积极与 CISO 探讨采取什么措施来转变安全协议和流程。这并不是指询问他们购买了哪种新的入侵检测工具或实施了哪种先进的持续威胁修复计划。相反，你需要将对话着重于如何把安全转型从一项技术讨论转为业务讨论，并且应当设法了解转型计划的方方面面是否都存在适度的胆量和紧迫性。

我鼓励你向 CISO 询问以下几个问题：

- 刚刚对 Y 公司造成打击的违规发生到我们身上的可能性有多大？
- 如果确实发生在我们身上，我们的法律、运营、品牌和合规风险是什么？
- 你如何改革我们的那些使类似 Y 公司遭受过打击的安全协议和实践？
- 你是否确信我们的总体业务风险容忍度已清楚定义并且我们的网络安全已根据它进行了适当调整？如果不是，

我们需要采取什么措施来实现这种定义和调整？

- 目前我们的网络防御中最显眼的漏洞是什么？三年后可能是什么？为解决这些漏洞所部署的计划和解决时限是什么？
- 是否已有定义清楚的，与网络安全风险识别与管理相关的公司角色和职责的风险治理结构？你的利害关系人是否了解他们的角色以及他们是否有效践行了这些角色？是否引入了从属利害关系人不达预期的责任机制？

但愿这种讨论会向你证明，你的 CISO 了解并且致力于适合你的公司且必要的转型方法。

如果不喜欢他们给你的答案，则应在必要时鼓励他们从根本上重新考虑策略。毕竟，如果他们正采用你所在行业大多数公司标配的传统最佳实践，你的公司同样可能成为某个重要攻击的下一个受害者。这是因为，对目前的大多数公司而言，现状是传统最佳实践没有效果，持续不断的公开违规通知已证明了这一点。现代企业要想生存和发展，就必须与已经进行的更广泛的业务与数字转型一起进行安全转型。

---

[1] CVSS Severity Distribution Over Time, National Vulnerability Database, NIST

18

网络安全准备与领导力的重要性

Stephen Moore——Exabeam 副总裁兼首席安全战略家

如果你的公司与大多数公司一样，则你或许拥有旨在帮助你的团队应对网络安全攻击的事件响应计划。这个计划包括企业必须采取的技术和非技术措施。它通过了众多审核人员的审核以及无数次的检查，以确保符合监管合规要求。总之，你对这个文件引以为豪，并且可以指着它说："是的，我们准备好了。"

之后发生了数据泄露事件。

猜猜怎么样？你并未准备好。无论你的团队已经对事件响应计划投入了多少时间和精力，他们都不可能预见一次严重数据泄露会给你的公司和人员造成的巨大损失并为之做好准备。

通过自身经验，我明白了在公司受到攻击时应该做的事和不应该做的事，了解了企业为确保做到未雨绸缪所能采取的措施，包括本文将要分享的一些想法。最重要的是，我尽最大努力了解了成为一名领导者所需的东西以及在危机时鼓舞信心所需的东西。

最前沿

根本没有办法来综合数据泄露期间发生的一切。你可能是一名中层经理，突然之间发现自己被推进了技术响应团队，并且还被要求与高管、客户和整个公司负责应对该事件的人员沟通。很少有人会为压力和职责方面的这种剧大变化做好了准备。

我必须强调，没有任何东西能够使你为身处数据泄露漩涡时的状况做好准备，尤其是那些具有深入和广泛影响的事件。举个例子来说：与从未经过数据泄露事件的人对话，他们会告诉你或许其影响几个月之后就将基本结束，我只能说："这根本不可能。"公司需要几年才能恢复，甚至到那时，可能仍存在遗留问题。

数据泄露会影响一个公司的各个方面：留住客户和吸引新客户；个人和企业文化；人们是否希望到你的公司工作；你的声誉；你可能要应对多重调查——审计、监管团体、新闻媒体；技术基础架构的重新设计等，更不用说诉讼了。所有这些都将持续数年，持续大量地消耗资源。未来，企业的方方面面都将受到这次事件的影响。

人的影响

这给企业员工带来的问题是无法衡量、预测或真正领会的，除非你正在实际经历这种事。企业员工承受的压力巨大。大多数企业缺乏这种深度管理，没有培训，不拥有具备足以处理严重泄露事件的能力的员工，包括在事件发生时及后续很长时间。

即使有充足的响应和沟通计划，也需要人来执行。发生数据泄露事件后，企业会建立起一个沟通机制，大多数信息都通过领导调查的少数人来传达。这些人负责综合信息并提供给适当人员，这些人包括董事会成员、高管、审计人员、客户、媒体、合作伙伴或受影响的任何他方。

这是一门艺术。大多数被迫承担这些角色的人都没有做好准备，他们必须学习，而且是快速学习。

使准备更好的步骤

鉴于网络安全事件会给企业及其员工带来的巨大挑战和影响，如何为可能超越你预想的东西做好准备呢？这听起来像是一个不解之谜，但你可以为无法未雨绸缪的东西做准备吗？

实际上，你可以。我有几个想法，我认为这些想法可以帮助个人和企业使其员工更好地准备好处理网络事件的影响，而不用强迫他们竭力去做英雄工作。

第一：提前写好你的泄露事件通知信

由于缺乏经验，企业需要倒着干，从泄露事件通知信开始。尽可能坐在企业最高层领导，高管、CISO 甚至董事会成员的旁边，并在法律顾问的指导下以工作文件草案的形式撰写泄露事件通知信。非常有趣的是，这样做会暴露出你将要面对的许多关键挑战。这是我所知道的最好的高管练习。当你坐下来撰写有一天这个世界可能会看到的通知信时，你必须开始提出正确的问题：

- 谁来写这封信？
- 采用什么样的语气？
- 信上的落款写谁的名字？CIO？CEO？CISO？
- 谁来回答媒体的问题？
- 信的要素是什么？
- 对于主要话题，比如“我们已经聘请了外部专家并联系了执法部门”。但是我们和他们有预先存在的关系吗？难道不应该有吗？
- 企业内部人员对所需工作的准备情况如何？他们已接受这方面的培训了吗？
- 聘请外部机构进行公关要花多少钱？他们提供什么类型的高管辅导？
- 如果受到攻击，我们该如何安全地共享信息和交流？
- 谁与媒体见面？在会见媒体之前谁来辅导这些人？
- 如何联系客户？写信？打电话？发电子邮件？通过网站？
- 把我们的泄露事件信息网站托管在哪里？如果我们的站点处于泄露范围会怎么样？
- 如何进行信用监控？这需要多大代价？是否值得？
- 最重要的是，谁来提供调查答案的真相？他们是不是已经忙起来了？这些谈话要点的更新频率是什么？我们今天能够在内部回答这些问题吗或者我们有没有这种能力？

我可以继续列出更多问题，但我不确定你

是否已理解。企业在遭受攻击前，一般不会提出这些问题，但真到那时，那就太晚了。

第二：实地走访真相源头——安全运维中心（SOC）

如果出现泄露事件，你会在公司内联系谁？这个人接下来会联系谁？谁来帮助高管为应对困难的采访和客户的问题做好准备？

按照你的方式可以找到初步的答案：信息安全团队——安全运维中心（SOC）中那些在正常情况下被忽略的只知道埋头工作的员工。毫无疑问，你公司的声誉和你的未来职业前途就在他们的手中。你见过他们吗？你了解他们的日常工作、挑战和痛苦吗？他们能够多么清楚地阐明其调查流程？

他们的问题和显著风险必须得到外部支持和优先处理，别到别无选择时才去征求他们的建议。请不要拿 SOC 不当回事。

第三：制订更好的响应计划和响应行动

未经检验、独享或凭空想象的计划，只对那些能够通过这些计划来规避失败为其带来的负面影响的人有好处。

在文章开头，我对大多数企业用来取悦高管或外部审计人员的标准事件响应计划持怀疑态度。坦率地说，谈到实际响应泄露事件，我从未见过良好的计划。这些响应计划一般涵盖了技术问题，但没有讨论领导力或沟通等事项。它们并没有把数据泄露作为多年事件来处理，而实际上这些事件往往历经多年。

有效的事件响应计划应该能够解答泄露事件通知信提出的相关问题。负责人是谁？公司的意见是什么？你怎么说？泄露的规模有多大，有多少记录或系统受到影响？你希望自己的计划的开放程度是什么？你希望冷淡、啰嗦或简洁吗？或者你希望尽你所能开放和分享吗？你会在知道所有详情之前提前分享还是等到最后？我建议提前坦诚分享，并说明随着调查展开会提供更多信息。

第四：围绕响应能力、技术、基础设施和物理空间问题开展计划

一旦遭受泄露攻击，你的整个技术基础架构都可能处于调查之下。你的 IT 团队将会购买新的技术，同时清理现有环境。另外，你可能会引入外部顾问，不只是技术方面的，也包括整体形势的。

沿着这条思路，记住你的多年计划、试点项目和待定预算请求或许都将获得通过。你将需要三个关键的技术能力：可见性、分析和自动化技术响应。你可以在泄露事件发生前确保自己拥有这些能力，或者在发生后快速获取这些能力。我建议在问题发生前优先拥有这些能力，这明显便宜得多。

可见性可以消除技术盲点，一般通过数据池来存储事件数据和分析数据，从而了解一切并创建攻击者时间表。记住，没有完整的攻击者时间表，你就不会有完整的响应计划。

后勤方面，在修复和清理现有基础架构的同时，你是否拥有容纳新增硬件的物理空间？你是否拥有足以应付所有额外设备的机架空间、布线和电力？你想过提前分配这些东西吗？

你也需要考虑创建一个安置区以容纳你要引入来帮忙的所有员工。安全指挥中心在哪里以及对员工是否最为便利？

第五：好好培训你的员工

你的员工（其中许多是技术中层管理人员）将会被推进面对公众的活动。他们为之做好准

备了吗？你是否已经培训他们了？你感觉能够放心地让他们向最重要的客户讲话吗？你是否有备用计划？备用计划本身还有备用计划吗？

你可能需要 25 个以上的发言人。他们接受过公开讲话、应对采访、审计人员或政府官员的培训吗？这超出了市场部的管理范围，因为许多互动需要以技术为导向。你可以使用外部人员来帮忙，但是他们极有可能拿着稿子念，你希望给客户、合作伙伴和公众留下这种形象吗？危机通常会洞穿这种掩饰。

责任不只是面对外部挑战，也有内部挑战。中层技术管理人员在对所有人讲话时都需要清晰明了，尤其是对新认识的高管级团队成员。

这是处理泄露事件的隐性成本之一。收入损失、股价下跌、品牌声誉受到损害自然很容易想到。但是也有许多以人为导向的成本必须解决。如果你能提前计划，并且花时间培训你的人员来应对各种角色，就能更好地缓解攻击发生后出现的并且可能引发连锁反应的一些挑战。

第六：与销售团队建立关系

这个建议主要针对 CISO 和其他安全领导人。不管我们如何认为，董事会和执行领导层往往只盯着一个主要目标，那就是留住和获取客户。其他一切皆源于此，首先是品牌声誉。在泄露事件中，你会被问及：“我们的现状会使任何待定交易泡汤吗？”和“谁可能离开？”

客户和潜在客户将会提出一大堆问题，如何回答他们是至关重要的。鼓舞士气至关重要。我在与 CISO 沟通时通常会问有多少人出席他们的销售季度业务总结会或者知道他们的销售团队。奇怪的是，我从未得到过肯定回答。让我们改变这一点吧。

数据泄露会给那些为公司赚钱的人造成持续的挑战，要了解销售的痛苦。你会欣喜地发现，这样做将为你的公司甚至个人品牌打开一扇绝妙的关系之门。

你可能认为自己的工作就是把坏人拒之门外，但促进业务也是你的工作。我学会了发展与销售团队的密切关系，这对我产生了巨大的影响。在花时间建立起销售团队的信任之后，我的职业改变了。这改变了我在企业中的沟通对象、别人对待我的方式和我所参与的对话类型。

第七：不要只依赖“英雄工作”

人不是超级英雄，如果你的计划是依靠艰苦努力，就可能会失败。另一方面，你需要为人们创造做英雄工作的空间，这通常是你所提供的领导力和你所创造的文化的产物。

如果某个人心怀恐惧，他就不会创新，不会做英雄工作，不会成为你所需要的品牌大使、贡献者或思想者。恐惧很快就会造成漠然，而漠然程度通常直接源自管理不良。你的领导者必须顶得住压力，这样其团队成员才能抓住英雄工作所需的机会。你必须保持高昂的士气，不让你的下属害怕失败。要雇佣和提拔有奉献精神的领导者。

领导者必须成为领导者，并且往往在危机时刻，你如果看到他们重新回到技术角色，这意味着领导者不信任下属。一旦进入领导岗位，领导者就不能再做技术人员了。如果将时间花在控制台上，那么就不是领导者。

结论

响应数据泄露所涉及的技能与尝试防止泄露所涉及的技能大不相同，尤其是对技术团队的大多数成员来说。但是，实际情况是你必须依靠这些人来加快工作和提供领导。

你需要你的领导者和发言人能够鼓舞士气。通过提前使他们做好准备以及了解哪些人可能在危机时刻走上前台并提供领导，以便你可以掌控局面。

你如果确保整个公司都做好准备，这样负责应对的人被压垮的机会就会减少。你可以确保有领导深度，你可以提前撰写泄露事件通知信，回答问题，协调资源，把这些能力整合到你的企业文化中。你可以就此造访 SOC。

作为一个公司，可能很少有人就你是否遭受网络攻击来对你做出评判，而是主要就你的应对方式来进行评判。你和你的团队准备得越好，就越能更好地进行适当应对。你无法预测所有情形，没有人能够做到，但是有力的准备和领导可以帮你处理意外事件。

19

数据操纵、执法和我们的未来：努力树立对数字网络系统的信心

Philipp Amann 博士——欧洲刑警组织欧洲网络犯罪中心（EC3）战略主管

虽然我们在传统上认为数据操纵就是修改文档和其他信息，但这一定义正在改变。如今在我们思考数据操纵时，出于犯罪或有害目的完成的文档与信息修改已成为一个关键问题，但不是唯一问题。我们也会考虑其他东西，比如假新闻，通过独立挖掘社交媒体信息完成的社交工程，以及把用户用作工具或武器来影响人们的思想、看法和观点，最终影响他们的行动。

正如欧洲刑警组织在《年度互联网有组织犯罪威胁评估》中所强调的，数据仍然是网络罪犯的一个关键商品，但是数据不再仅仅用于立即获取财务收益，罪犯也越来越多地使用、操纵或加密数据来进行更复杂的欺诈来获取赎金，或直接进行敲诈。知识资产被非法获取或操纵可能意味着多年的研究和大量投资付诸东流。在这种环境下，数据操纵也意味着采用隐蔽手段（例如隐写术）来渗漏数据或隐藏命令与控制指令。[1]

数据操纵已成为我们应对在线犯罪活动、建立信任和保护数字时代生活方式的一个移动目标。出于恶意目的操纵数据的对手不断开发新的策略和攻击模式，在我们全都日益依赖数字连接的世界中伺机行动。在这些活动中，罪犯会隐藏其身份，屏蔽其位置，模糊其财务交易。

不断演进的执法者角色

我们能够对数据操纵采取什么措施？执法者的首要工作是调查犯罪行为和起诉犯罪分子。我们在调查和起诉罪犯活动以及关闭非法活动方面取得了显著进步。下面是几个案例：

AlphaBay 和 Hansa：2017 年 7 月，在欧洲刑警组织和其他伙伴机构的支持下，欧洲和美国当局（包括联邦调查局、美国禁毒署和荷兰国家警察署）宣布关闭 AlphaBay（当时 Dark Web 上最大的犯罪市场）和 Hansa（Dark Web 上第三大犯罪市场）。AlphaBay 和 Hansa 都支持在网络交易大量违禁药品、被盗和伪造的身份证件、接入装置、恶意软件及欺诈服务，而

这些交易又会支持未来的数据操纵犯罪。[2]

断电行动：2018 年 4 月，分布式拒绝服务（DDoS）网站 webstresser.org 的管理员被捕，这项联合执法行动被命名为“断电行动”，由荷兰警方和英国国家犯罪调查局主导，得到了欧洲刑警组织以及全球十几家执法机构的支持。Webstresser.org 被认为是全球最大的 DDoS 服务网站。这些服务网站使网络上的对手得以利用数据操纵发起了大约 400 万次攻击，主要针对银行、政府机构和警察部门提供的关键网络服务。[3]

这种成功执法案例还有很多，我之所以引用这些是因为它们具有明显的共同特点：

- 它们都涉及全球执法机构的协调行动，并得到了政府、监管机构和私营公司的支持。如果我们要成功解决在线犯罪活动，包括目前的数据操纵挑战，这些都绝对不可或缺。
- 这些犯罪都涉及明显的非法活动，因此适合调查和起诉的执法模式。但是，随着网络犯罪和恶意数据操纵的演变，并非每个实例都能按立法或监管来明确界定，因此使得更难防止、调查和成功起诉犯罪分子。
- 在每个案例中，执法都可以让预防更主动。执法部门需要利用全球资源来应对犯罪，预防或在第一时间制止犯罪活动的发生，最终变得更加主动。

这些案例也突显了地下经济的高度专业性、协作和产业化，支持整个“网络犯罪价值链”的服务与工具可在网上轻易获得，即使非技术人员也不例外。

干扰、制止、转移和防御

在处理恶意数据操纵和网络犯罪时，我们的期望是，执法部门与所有相关合作伙伴一起并根据要求承担更广泛的互补角色，以防范、干扰并提前制止非法活动的发生并造成损失。因此，预防和提高意识是关键，特别是涉及解决大量低级网络犯罪活动时。

执法部门处于独特的地位。我们不仅要了解具体的网络犯罪模式和方法，还要不断监控趋势和威胁，同时分析罪犯不断演变的动机。

但是，谈到数据操纵，即便活动是受恶意目的蛊惑，我们有时也无法像我们希望的那样有效应对。一个原因是并非我们遇到的所有形式数据操纵都能按法律被恰当地界定为犯罪。换句话说，意图可能是恶意的，但这不一定使之成为犯罪。另外也缺乏一个协调的共同法律框架，或者现有的法律框架和条款未得到充分利用。这意味着同一活动可能在一个国家被认定为犯罪，但在另一个国家却不是犯罪。

另一个原因是介入。并不是每个企业都会在首次遇到问题时让执法部门介入。这有许多可能的原因。但是，我会在遇到问题之前请高管抢先思考如何与执法部门合作。通过与执法部门建立积极的伙伴关系，你将能够更好地防止攻击，并且能在攻击发生时启动更有力、更具影响的响应。

甚至在可以介入的实例中，我们也面临与数据丢失和位置丢失有关的挑战，这会给调查造成严重的障碍。另外也需要一个与私营行业接洽的标准化规则，以便清楚了解哪些私营方可以与我们接洽以及我们如何与他们接洽。

在涉及拥有强大信息与通信技术（ICT）的年轻人时，我们也支持诸如“制止青少年犯罪行动”的项目，该项目与工业和学术机构一起，目的是通过提供积极的替代活动，让年轻人远离网络犯罪。[4]我们认为这不仅是把这些人才转向正面活动的一个机会，也是解决 ICT 技能短缺的一个办法。

合作、协作和连接

如果说我们对今天的网络环境有一个了解的话，那么这个了解就是我们全都处在这个环境之中，人多力量大，我们可以汇集我们的知识、经验和资源。我们全部实现联网是数字时代的一个常理，对手会尝试利用我们的网络连接性，我们应当采取同样的行动来对抗他们。

这触及数据操纵的防范和监管以及责任问题。在涉及数据挖掘、数据隐私和数据操纵问题时应当相信技术公司的自我监管吗？或者应当让所有利害关系人（包括行业、执法部门和公众）参与讨论吗？我会支持后一种方法。

监管与法律框架只是一个例子。纵观整个网络安全领域，你会看到每一个方面都涉及一定水平的合作和协作——从被设计成能够无缝合作的技术平台，到不仅联手调查犯罪而且联手检测、制止和防御犯罪的执法机构。

“拒绝勒索软件”项目是执法部门与行业联合行动的一个典范，其目的不仅是预防和了解，还包括减轻受害人的损害。[5] 这个联合平台目前包涵 30 多种语言，得到超过 120 个合作伙伴的支持，向勒索软件受害者免费提供 50 多种解密工具。

建立透明度、监督和信任

为了达到解决数据操纵所必需的协作与合作水平，我们必须信任我们的人、流程和技术，在行业伙伴与执法部门之间建立基于信任的关系。这意味着我们必须解决透明度和监督问题，随着技术创新继续蓬勃发展，这些问题将愈加复杂。

大数据分析与自动化决策的发展造成了透明度、监督和信任方面的新问题。机器学习与人工智能的扩展可能会加剧这些问题带来的挑战。当我们允许基于算法的自动化决策时，我们可能并没有明确的方法来确定数据或算法是否已被操纵，如果算法存在偏见，问题将更加复杂。这可能增加风险，使得难以审核和/或验证这种处理的结果。

信任也是假新闻领域一个日益严重的问题。不只假新闻层出不穷，真新闻被操纵，有时仅部分信息实现共享，因而造成貌似合理但并非基于所有可用信息的故事。假新闻旨在支持特定的想法，而不是提供事件的精准描述。雪上加霜的是，对手不一定违法，他们只是利用其社交媒体与搜索引擎算法来操纵数据。

最后，记住，信任是公私成功合作的一个关键要素。

继续前进

数据操纵即将成为最大的犯罪产业之一。如今的现实是，执法部门需要在创造更具影响和更加主动的响应方面发挥关键作用，而不只是应对犯罪活动。让所有相关方参与其中的整体性、适应性和互补性的方法有益于各方，这样，企业就可以利用执法机构提供的能力。

例如：

- **通过针对关键网络威胁的协调性联合行动**，得到充分立法支持，这样我们可以提高网络罪犯的风险和成本。
- **通过有效的预防和干扰活动**，我们可以利用跨执法部门、政府和私营行业的合作，使形势更加不利于罪犯。
- **通过先进的技术和开放式平台**，我们可以利用共享威胁情报、机器学习和自动化决策来降低风险，改进其响应性。这使我们能够消除手动流程，用软件来对抗软件，同时严格遵守数据保护法规。

- **通过更广泛的协作和共享承诺**，我们可以一起组成一个社区，利用组合资源来对抗数据操纵。网络行业已经通过建立各种平台在这个方面取得了巨大进展，例如网络威胁联盟（CTA）。这是一个支持在网络安全领域的公司与机构之间实现近乎实时的高质量网络威胁信息共享的非营利组织。另一个把执法部门作为关键伙伴纳入协作的典范是网络防御联盟（CDA）。我们也与自己的顾问小组成员一起取得了显著进展。

展望未来

我们如何把这种合作愿景变成现实？欧洲刑警组织及其下属的欧洲网络犯罪中心（EC3）与执法、行业和学术领域许多机构的合作就是合力应对网络犯罪的一个典范。但是，我们需要继续改进和建立新的联盟，加大与其他伙伴的合作力度，持续调整我们的响应。我们也需要着眼于监管和技术等领域，以消除犯罪活动、改进我们的准备和增强我们协调响应的能力。

监管：通过欧洲的通用数据保护条例（GDPR），我们看到了具备强大网络安全要素的积极监管的好处。GDPR 强制企业了解其拥有什么数据，这些数据存储在什么地方，谁能处理数据，谁能操纵数据以及如何保护这些资产。这与质量和信息管理休戚相关，企业要确定如何针对网络安全风险来运营业务。这也促进了把安全设计融入到产品与服务中去的想法。

从广义角度看，GDPR 就是指改进业务与管理实践、了解核心业务流程、识别企业的资产及其风险状况。虽然 GDPR 是立法的一个重要内容，但它要求 WHOIS 数据库在 2018 年 5 月 25 日之后停止披露信息，这不仅对执法而且对整个互联网安全行业都有重要的网络安全意义。这凸显了需要在隐私与基本权利的保护之间以及网络安全与人身安全之间达到某种平衡的重要。

技术：网络犯罪分子正采用新的方法来提高其操纵数据和实施网络犯罪的能力。我们必须利用现有和新兴技术来防止网络犯罪。这不仅意味着共享威胁情报、开放式平台、人工智能、机器学习等技术的使用，而且也意味着我们必须探索创新（例如区块链技术）的好处，创建一个更透明、更值得信任的弹性环境。

大数据分析、机器学习和人工智能能够通过更好的威胁检测与预测、情报收集与分析以及更快的响应来改进网络安全。通过信息的有效利用，就能更好地部署稀缺的运营资源，瞄准可能出现问题、犯罪和威胁的地方。但是，我们必须认真、恰当并根据相关立法和法规使用这些工具。

CTA 开发的《对手手册》中介绍了协作和有效利用技术与信息的例子。CTA 成员利用自动化平台来分享可操作的情报，从而创建《对手手册》，这为识别广泛的威胁指标和对手阻塞点提供了一个一致的框架。手册通常融合了几个核心要素：技术概况、典型活动、推荐的行动和技术指标。

给企业领导人和高管的建议

除了监管和技术之外，企业领导人和高管还需要在解决不断演进的数据操纵挑战方面发挥关键作用。他们有义务设定其企业的网络安全议程，包括决定人、流程和技术上的适当投资。企业领导人和董事会成员可以采取的措施如下：

了解不断演进的对手心态：高管可以支持推动企业与执法机构建立积极信任伙伴关系的计划。这样做，你可以洞察网络犯罪分子的动机、技术、技巧和业务模式，从而帮助企业制订能够更好地防止攻击的措施。另外还要与相关组织合作，例如支持共享安全威胁情报的网络安全信息共享合作伙伴组织。

要求进行企业范围的培训和教育：我们都必须了解数据操纵的风险和改进网络安全的需求。这通常从高管开始，高管必须了解风险，才能进行适当的投资和制定战略决策。这也包括相关供不应求的安全人员。因此要鼓舞、激励和奖励 IT 安全人员，让他们保持警惕。而且还要认识到，作为领导者，必须利用企业和课堂教育与培训，让用户了解在上网时如何缓解风险。

坚持整体方法：网络安全应当成为整体方法的一部分，而整体方法应当成为所有流程的一部分。业务领导者和董事会成员需要建立一种让每个人都能意识到其职责并且以安全和隐私作为设计指导原则的网络安全文化。由于人通常是最薄弱的环节，因此持续的培训、教育和认知创新是防范网络犯罪和数据操纵不可或缺的工具。

结论

世界就在我们眼下变化。数据威胁围绕保密性、完整性和可用性这三个原则来进行。犯罪分子通过获取数据访问权和随后曝光这些数据来危害信息的保密性，通过操作数据来破坏数据完整性，通过攻击（例如勒索软件）使数据不可用。虽然数据现已成为一种商品，但在数据操纵、变节的流程以及关闭基础设施服务和其他社会支柱等犯罪手段中，数据已成为一种网络犯罪攻击向量。

好消息是没有人孤军奋战。事实上，我们全都相互联系，包括在正式层面和象征层面上。网络为我们提供了在面对数据操纵和网络犯罪时进行协调和协作的能力。我们能够在我们的人、流程和技术之间建立必要的信任来克服这些威胁吗？我们必须建立，我们能够建立，而且我们将会建立。

---

1 "Criminal Use of Information Hiding (CUIng) Initiative," http://cuing.org/

2 "Massive Blow to Criminal Dark Web Activities After Globally Coordinated Operation," Europol, July 20, 2017

3 "World's Biggest Marketplace Selling Internet Paralysing DDOS Attacks Taken Down," Europol, April 25, 2018

4 "Cyber Crime vs Cyber Security: What will you choose?," Europol, https://www.europol.europa.eu/activities-services/public-awareness-and-prevention-guides/cyber-crime-vs-cyber-security-what-will-you-choose

5 "No More Ransom project helps thousands of ransomware victims," ZDNet, July 27, 2017

合规与网络安全的融合与分歧

20

为什么确保可用性（而非合规）应当是每个企业领导者的目标

Danny McPherson——Verisign 执行副总裁兼首席安全官

合规占用企业的时间、预算和人力过多，尤其是在确保IT资源和关键信息的访问始终得到保护方面。

现在我要说的是，高管和董事会成员甚至还有许多首席安全官，正为错误的事情而烦躁、瞎忙一气和坐立不安。就是说，鉴于大多数IT安全资源分配仍然着重于适应本身被动的合规目标，而不是考虑企业总体网络风险管理，因此对我们最关心的东西可能保护不够！

风险$_{网络}$=威胁（能力、意图）×安全漏洞×后果

通过考虑活跃的高能对手（要包括有意或无意的知情者）所带来的威胁、企业的安全漏洞以及所导致的直接和间接后果（例如对保密性、完整性或可用性的影响），可以（部分）计算出一个企业的总体网络风险。此外，列出你最关心的东西及其赋能因素是综合性网络风险管理计划的关键第一步。

在这里需要澄清一下：我并不是说合规不重要。没有人希望冒因监管违规而遭受处罚、制裁或负面宣传的风险。没有人希望看到高管因为敏感信息泄露而在数字世界“游街示众”。

这就是网络安全挑战使合规成为高管和董事会成员的一个焦虑源头的原因。我不需要对你所在行业的数据泄露进行点名，我们没有足够的时间做这件事。不妨让我们都同意，这些泄露、数据丢失和监管合规失策正给所有企业的财务、运营和品牌声誉造成巨大影响，更不用说对受影响各方的长期残留影响了。

我确信，只是想一下在数据泄露的头条新闻中牵涉到你公司的名字就会让你的脊背开始发颤。反正我知道我是这样。

但是这里要再次强调，合规不是你的目标。或者，至少不应是你网络安全计划的关键重点。让我来告诉你原因：

实现合规与安全不是一回事。

说到这一点，实现合规几乎无助于确保你

的关键系统随时可用，而系统不可用则会危及你所做的一切。因此，在面对不断扩大的网络威胁向量时，你需要专注于采取正确的措施来实现基本服务和关键资源的确保可用性。只有这样做才有在当今的互联网生态系统中保持运营完整性和实现合规的可能性。下面我来解释一下原因。

为什么可用性事关重大？为什么可用性必须是安全的？

对于投入到证明合规的这么多注意力、支出和精力而言，必须记住合规是观察基本系统或数据安全性的一种十分有限的方法。

合规法规往往具有内在被动性，而且很有针对性，要么按行业、地区划分要么按需要保护的信息类型划分。这些要求通常高度注重数据的保密性和完整性。虽然这些问题肯定很重要，但几乎无助于确保总体弹性，也就是确保任务关键性系统和数据在雇员、合作伙伴和客户需要时可用。除此之外，证明合规太多时候被企业领导者视为一个事件，一般出现在以下对话中：

CEO 问 CSO：

HIPAA 核查是如何进行的？

CSO 答：

太好了，我们成功通过。

CEO 的话：

很高兴听到这个消息，干得好。

CEO 的想法：

今年有一件要担忧的事情。

向监管机构或内部机构证明合规，通常是一项时间点状况检查。但没有人能自欺欺人地认为证明合规的能力可以保证下一秒的确保可用性。即便几分钟的系统可用性中断也能造成数百万美元的损失，还会削弱客户信任，损害企业的声誉。

这是因为在任何时间点，网络攻击都能造成以下几点影响：

- 使城市的水过滤系统瘫痪。
- 破坏互联网服务提供商的广域网基础架构。
- 进入零售商的数字防损系统。
- 打断制造工厂的机器人装配线。
- 破坏市政当局的在线投票系统。

如果任何这些系统或其他关键性应用因网络攻击而完全或在功能上不可使用，你所引以为豪的合规状态都将失去意义。

庆幸的是，许多高管正在收到这条消息，发信人通常是忧心忡忡的 CIO 或 CSO，或者是认识到除非着眼于确保可用性和弹性的总体状况否则将无法证明合规的企业领导人。高管和董事会成员正愈加频繁地认可确保可用性是合规的基础这一观点。因此，企业领导人和董事会围绕合规之外的问题（例如保密性和数据完整性）的详细讨论增加了。

毫不奇怪，建立了业务与技术领导者之间协作文化的企业在促进确保可用性至上方面确实处于领先地位，合规只是其中的一个产物。如果 CEO 和董事会把网络安全视为最适合由安全运维团队处理或者只通过双倍增加信息安全预算就能处理的技术问题……那么，这些企业无疑正在把自己推到下一个头条新闻的焦点上。

一个发人深省的想法：新业务动议通常会扩大网络风险范围并威胁合规性

在本书和许多其他讨论中，你无疑会多次读到和听说通过将技术整合到日常业务流程和普通“事物”之中所带来的激动人心的商机。

物联网、云计算、企业移动性和数字转型等趋势使企业能够更好、更有效地把新产品与服务更快推向市场。

与此同时，这些趋势也使企业及其整个业务生态系统变得更加脆弱。

以物联网为例，物联网无疑是几十年里最激动人心、最有前景的技术应用之一。但是当数以十亿计的日常物品通过互联网实现连接时，不仅相互连接，而且通常还与我们的核心业务系统和 IT 基础架构连接，那么威胁可用性进而威胁合规性的风险就会大大增加。

另一个双刃剑是利用技术来实现客户自助，例如在线银行、全渠道购物或者通过数字消费装置或公有云服务订购和管理市政服务。这会创造大量的新服务，改进客户接洽。但是也会引入大量无管理端点以及能够轻易访问的数字基础架构进入点，如果可用性中断，系统就会瘫痪或失灵。

移动性、云、虚拟化和其他技术也在推动新的工作队伍模式（例如分布式团队、虚拟协作）以及人们工作和共享信息的时间、地点和方式。这些为我们的员工提供了灵活性和自主性，但也会带来严重的安全问题，因为企业关心的更多东西散布在更多地方，而这些地方没有能力保护它们。

所有这些新机会都伴有巨大的风险因素，可能造成监管或内部政策合规挑战。但是，与因安全失误甚至数字生态系统中任何地方的网络连接问题而导致新产品与服务不可用相比，这些挑战都不算什么。

吸取的教训：使用三层化方法实现可用性

正如本章强调，从战略上重视可用性，考虑企业的总体网络风险，可以最有利地实现合规。但实际上实现可用性需要耐心、实践和植根于业务目标而非技术的流程。

多年来，我一直与业务同事合作识别和克服网络安全挑战，并帮助确保合规目标顺利实现。我认为这是提供可用性的一个框架，包括三个主要部分：

- 做**必须**做的事。
- 做你曾经说过**要做**的事。
- 持续完善和调整**看起来“好”的东西。**

每个企业都可能根据自己的业务目标、风险偏好、组织优势和企业愿景开发和部署这个框架。但所有这三个支柱内的问题都适用于所有寻求确保可用性的企业。

做必须做的事。这是一切东西的起点。毕竟，你的企业必须遵守不同业务所在地国家的法律和法规，包括解决信息管理与数据隐私法规方面的问题，以及确保负责地使用他人委托你保护的数据。这些相当关键。这些都是筹码，是确保可用性和满足合规命令的基本要求。但是如果不满足这些基本要求，很可能就会面临监管风暴，以及安全违规或数据丢失所带来的昂贵的损害性安全事件。

做你曾经说过要做的事。这是指坚定致力于在所有方面实际践行说过的话——在合约上、监管上、内部政策上甚至道德上。这应当纳入业务领导人、IT 与安全团队及法律官员联合制定的公司治理框架。再次重申，这里的目标是确保可用性，如果做得好，合规将是副产品。因此，你的治理计划必须以与企业执行人力资源或财务政策的相同方式，不仅要有好的政策和政策管理，还要去执行。报告必须一致且透明，同时要设计成能够轻易上达企业的。当然，政策和执行流程需要在整个企业传达，包括在安全认知和针对性培训项目中。如果你有数据丢失预防政策，但并没有就如何标记、安全共享、传输和存储数据（或存储多久和存储在哪里）培训你的员工，你就会遇到大问题，极难实现连续合规。

持续完善和调整看起来“好”的东西。庆幸的是，针对系统和数字资产的保护，尤其是在这些资产在互联网上传输时，存在许多有用的和公认的标准。你的 CSO 与 IT 高管无疑知道美国国家标准与技术研究院（NIST）的网络安全框架（CSF），这是一个自愿框架，提供基于“优先、灵活性和可重复性”原则的模式。互联网安全中心公布了前 20 个安全控制的名单，这为识别信息安全投资的最佳价值提供了一个难得机会。当然，企业领导者需要支持这些和其他的适用框架，这有助于识别关键安全与弹性目标以及企业应当考虑采用的相应指标。这些框架也有助于衡量企业确保可用性和合规方面的能力。

直到最近，互联网工程师仍然倾向于以互联网接入和服务级别协议（SLA）来衡量可用性。我们不一定会因为公司或住宅互联网断开几小时甚至一天就会使自己陷入疯狂。但是在衡量服务可用性中断的业务影响上我们取得了十分有意义的进步。如今，如果你不能为雇员、客户和合作伙伴提供不间断的核心服务，将会深陷困境。因此，我们不能让自己的企业达到这样的程度：系统依赖性导致系统宕机并且限制我们对关键数据和服务的访问。为了更完整、更清晰地了解风险及其影响和长期后果，我们必须协作。

在美国，如果一个组织的安全计划是情报驱动的，那么 2015 年的网络安全法案就会使他们更容易吸收和共享网络安全指标，而且反垄断违规的威胁不会轻易高悬头上。由于攻击者以防御者无力做到的方式利用不对称性，他们不断调整策略和技巧，所以如果没有足够的信息共享和社区协作，企业就可能错误地认为其安全就绪性和确保可用性状况远高于实际水平。

业务领导者和董事会成员现在可以采取的措施

一旦企业理解了确保可用性和证明合规是一个业务问题而非技术问题，也就向实现这个目标迈出了第一步。企业高管可以有效地吸取他人支持这些努力的经验和教训。

首先，记住你的公司应当研究备受瞩目的尤其是相关的数据泄露，并了解它们与自身状况的可能关联。数据泄露暴露了哪些可能与你的企业和运营有关的漏洞？其他组织为了降低损害是如何应对的（包括从技术和沟通角度）？如果这种事件将影响到你，你的计划是什么？他们的业务运营受到了什么影响以及你的风险如何？

其次，你必须有针对 DDoS 攻击和勒索软件的博弈计划，这至关重要，因为每天都有越来越多的组织受到这些攻击。为什么你不会遇到呢？这些攻击的实施成本低廉，而且坏人足够聪明，他们要么敲诈意向受害者，要么勒索小到足以被业务领导者和董事会视为“滋扰”的赎金。此外，完备的准备也将使你能够更好地识别、保护、检测、响应各种破坏性恶意软件和其他攻击并从中恢复，如图 1 所示。

但是你需要认真规划和严格执行受到攻击时的应对措施，高管与董事会的业务经验和睿智恰好可以派上用场。他们也会以试探性的问答对话来接洽你，但不要害怕，请大胆回答。练好了内功，你就可以确保防御策略与业务优先工作协调一致。

最后，以监管和治理要求为契机进行更多的内部对话和筹划。我曾经不敢去想季度披露文件、内部风险报告、合规文件和审计及类似东西。但最终，我开始利用这些文件和其他机会从整个企业的角度与同事和董事会成员讨论网络风险、迫在眉睫的威胁和预防措施。我把它们视为向关键利害关系人提供最新变化的一个机会，如我们为确保关键资产保持可用性所做的事情，当然，这是与我们的义务是一致的。

说到底，我们应当少担忧如何通过审计和证明时间点合规，而要把精力放在网络安全的基础上：可用性、保密性和完整性。

你的首席合规官（CCO）可能对这种异端邪说避之不及，但是重视可用性不只会让你远离监管问题，它将确保你的公司未来继续生存下去。

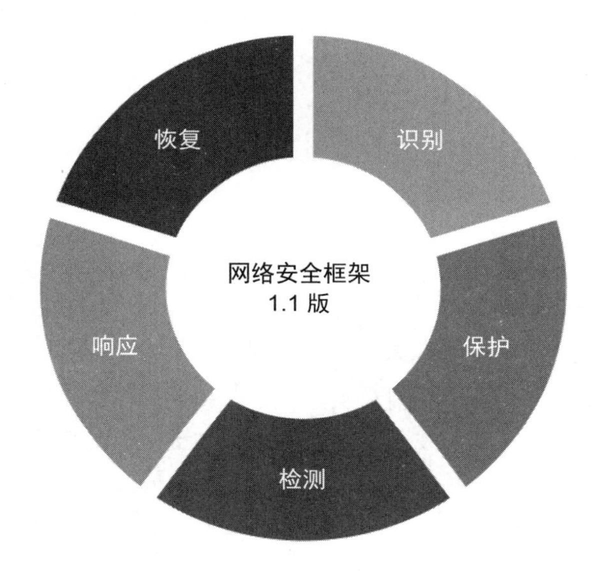

图 1　NIST 网络安全框架（CSF）1.1 版的五个阶段：N. Hanacek/NIST

21

助力欧洲的数字演进：通过信任与合作制定有效的网络安全政策

Michal Boni——欧洲议会议员

我们即将进入数字时代这个激动人心的舞台。5G 基础架构将带来新的机会；新的个性化数字服务将推动创新和发明；数据与信息传输将会达到最高速度；新的业务模式将支持工业 5.0 的发展；物联网将以前所未有的规模发展，数十亿设备相互通信。

同时，我们正在开启人机协作的新纪元，由于各种算法和人工智能的使用，存在无限的数据处理可能性。此外，我们将继续见证高性能计算网络的迅速发展以及云和存储解决方案等基础性技术的扩展和改进。

所有这些都有望掀起我们工作、交流、休闲以及教育方式的巨大变革。由于我们就站在这个新的数字转型的边缘，作为自身领域的领导者，无论处于政府还是私营行业，如何保证我们能够确保数字世界的安全性？

答案很简单：信任。

建立信任

建立信任或许是推动我们面前的数字革命的最关键因素，甚至可能比技术本身更重要。建立信任需要两个基本条件：

- 意识到网络安全和保护个人数据的需求。
- 为网络安全和数据保护开发适当的法律和制度框架。

我们可以采取什么措施来提高网络安全意识？我们可以采取哪些实际措施来确保数字世界的安全性？如何建立确保人们在使用数字时代的先进技术时感到安全所需的信任水平？

这要求我们必须做三件事。首先，我们必须克服在欧盟数字单一市场环境下所面临的网络安全分歧。其次，我们必须实施基于风险分析和管理的可执行网络安全政策。第三，我们必须建立一种共同责任模式来评估和解决网络安全隐患。

作为一名欧盟立法者，我坚信政府决策者与行业利害关系人之间的对话与合作对解决这些挑战至关重要，这样，我们就能集体开发和执行正确的政策响应，从而开启数字革命。我认为如果我们能够有效解决这些挑战，就能为其他领域提供一条道路。

关键挑战：认证

在欧盟，这一旅程始于建立通用、协调的认证，这一工作完成后，也有助于促进我们全球共同目标的实现。欧盟目前有 28 个不同的国家层面认证规则，可谓各行其是，这是改进网络安全的一个巨大障碍。

目前，欧洲存在一个拼凑的的网络安全认证方案。一方面，国家层面的认证方案已经实施或正在出现，并没有得到互认。另一方面，并非所有欧盟成员国都加入了基于互认的欧洲主要机制 SOG-IS。

SOG-IS 信息技术互认协议包括 12 个欧盟成员国外加挪威，并且针对数字产品（例如数字签名和智能卡）开发了几个保护方案。成员可以作为认证消费者和生产者加入互认协议。虽然这允许拥有一国认证的公司在所有其他成员国使用该认证，但不是一个可持续的长期解决方案。

正如欧洲议会目前正在制定的网络安全法案草案所述，走向通用、协调的认证框架是必要的。建立这一通用认证框架是一个过程，而且必须在有了几年经验后从目前阶段的自愿模式转向强制模式。

在制定该法案时，需要开放的视角，使用不含太多行政压力的市场主导的方法。如果我们希望实施不仅能够应对当前威胁还能应对未来隐患的认证机制，这种灵活性则非常关键。

欧洲认证领域的开放模式应当清楚、透明并基于这种行业和市场主导的方法。没有适合所有行业、设备、服务、基础架构、软件和硬件的万能解决方案。

必须承认每个方法对成功解决网络安全问题都至关重要。进行适当的风险评估后提出候选认证机制也很关键。这应当依赖于不同保证级别的风险分析的结果。

建立认证的模式

欧洲委员会提出了借以建立认证的三种风险级别：高、实质和基本。我们必须考虑这些级别并确定是否需要保证级别的严格定义。另一个挑战是如何处理自我评估概念。谁确定风险以及这将如何完成？驱动因素是什么？便利性/自我评估还是基于网络安全重要性的明确要求？

网络安全认证的规范、标准和技术要求应当由专家和行业利害关系人来讨论。这首先应当在欧盟网络与信息安全局（ENISA）设立的专家工作组层面进行，ENISA 将会定义每个候选认证机制。

针对与网络安全需求有关的价值问题，拥有一个实际合作平台要好于拥有更普遍的顾问小组。同时，寻找认证机制最优模式的实际工作应当在网络安全认证小组层面完成，由国家监管机构的代表负责认证。

网络安全认证小组的共同持久工作将使其能够协调认证的条件。这是最平衡、最有效的联合两个关键利害关系人成员国和企业群体的唯一方式。

成功不可或缺的条件——网络安全意识

为什么联合成员国和企业群体对改进网络安全如此重要？

首先，如果我们要提高对网络安全问题的

认识，就必须让所有各方参与进来，并给他们分配适当的角色。每个公司，无论规模大小，无论所部署的 IT 解决方案层次如何，都应当开始分析其网络安全风险。所有公司都必须有能力管理这些风险。各行各业都应当对共担许多领域的责任持开放态度。

此外，作为个人，我们也必须参与到网络安全领域的自我保护中。降低风险通常有赖于我们的习惯、我们的知识和对网络安全问题的了解、我们日常选择以及我们的个人网络安全卫生。

最后，必须为人们提供这个方面的技能。网络安全卫生原理应当作为关键部分纳入欧洲所有国家的所有教育课程中，每个人都应当接受适当的培训。

网络安全协调并非易事

在欧盟，网络安全不一定是集中发起的，这需要协调，而且我们必须确定哪些机构应当协调欧洲层面的网络安全政策。或许通过在欧洲成功做好这件事，还可以为在全球实现类似目标提供一个框架。

《网络与信息安全指令》(《NIS 指令》)阐述了泛欧协调的许多目标和要求，这是欧盟第一部专门着重于网络安全的法律，2016 年施行[1]。《NIS 指令》包括三个部分：

- **国家能力。**欧盟成员国必须拥有单个欧盟国家所拥有的某些网络安全能力，例如他们必须拥有国家计算机安全事件响应团队（CSIRT），进行网络练习等。
- **关键部门的国家监督。**欧盟成员国必须监督国内关键市场参与者的网络安全：对关键部门（能源、交通、供水、医疗和金融部门）的事前监督；对关键数字服务提供商（互联网交换点、域名系统等）的事后监督。立法也规定，到 2018 年底，我们将在每个国家指明那些负责关键基础设施安全的市场参与者。
- **跨边界协作。**欧盟国家的跨边界协作，例如通过整个欧洲的 CSIRT 网络联手快速应对网络威胁和事件；以及成员国之间的战略 NIS 合作小组，任务是支持战略合作和信息交换，发展信任和提高信心。

由于这个法案，欧盟澄清了制定网络安全战略以及在所有欧盟国家的政府、军队和企业机构之间适当划分责任的重要性。

复杂的旅程

我们必须承认《NIS 指令》只是解决欧盟在数字时代面临的网络安全挑战复杂旅程中的第一步。

在欧洲层面，ENISA 的能力应当足以应付新的措施和任务。欧盟必须支持 ENISA 行使职能收集网络安全事件数据，根据《NIS 指令》赋予 ENISA 的角色为上述泛欧 CSIRT 网络和合作小组提供支持。

增加网络威胁信息共享意味着更了解各种形式和模式的网络攻击，更好地识别攻击意味着制订更多的防御设备和系统的安全解决方案。鉴于这个网络安全法案规定的新使命，ENISA 应当作为欧盟负责网络安全问题的机构发挥关键作用。

显然，ENISA 需要与所有伙伴合作，当然包括企业，正如本章通篇所述。ENISA 还应与欧盟不同的负责安全的机构合作，例如欧洲刑警组织；还应与国际伙伴合作，例如北约网络战争部门；并与学术和其他重要机构的专家合作。

不可或缺的因素——创新网络安全研究

如果不利用共同、现代和持续的研究努力培养不同行业之间的信任与合作，我们就会在针对网络犯罪的斗争中冒失败的风险。

我们需要新的研究项目，这些项目具有创新性，并且着重于实施通常被称为的“基于设计的网络安全”的规则。我们需要为利用 AI 支持风险分析的功能、网络攻击的可预测性以及危机管理流程中新工具的建立等建立一个框架。

欧盟的投资应当支持对网络安全至关重要的技术解决方案的改进。2018 年 5 月初，欧洲委员会宣布下一个欧盟研究与创新框架项目的拟定预算为1000亿欧元，这个项目名为Horizon Europe（2021—2027）。与此同时，这些技术投资应当用于发展欧洲的网络安全行业，许多公司都有在网络安全领域拥有全球领先地位的巨大潜力。当然，这一网络安全项目应当不仅着眼于欧洲的目标，还要着眼于全球。

为什么需要网络安全路线图

本章讨论的所有问题都与网络安全法案存在某种关系。欧洲议会希望尽快敲定这个法案并开始与欧洲委员会对话。

但这并不意味着工作结束了。我们仍然刚开始解决所面临的社会和业务挑战。因此，必须考虑应采取的其他措施以及何时采取，并制订一个网络安全路线图，以确保在所有这些过程的所有层面上让所有利害关系人参与进来。大家都参与对我们的成功至关重要。

如何绘制这个解决方案的制度维度？以何种视角能够切实加强欧盟机构与成员国之间的合作与承诺？我们每个人能够采取哪些措施来建立实现目标所需的信任？

简而言之，为了建立真正解决我们共同利益的欧盟网络安全环境的基础，我们个人和集体所能做的事情是什么？下面是一些建议：

- 向我们和其他议员以及欧洲委员会和理事会提出意见。
- 与本国政府沟通。
- 确定如何与 ENISA 接洽。
- 告诉我们你作为个人和公民为改进网络安全所能做的事是什么。
- 帮助我们了解你需要的东西——教育、认知、指导、最佳实践或任何其他东西。
- 引进其他国家的思路，包括能够帮助培育全球合作的思路。

结论

在欧盟，我们拥有难得的确保数字时代安全的机会，但是成功解决我们（包括在欧盟和在其他国家）所面临的网络安全挑战的唯一途径就是合作和建立信任。

由于处在数字革命这个新阶段的黎明时期，我们都必须认识到已经交给我们的共同责任和机会，让我们确保自己能够克服分歧，建立一条把我们所有人绑在一起的道路。

---

[1] NIS Directive, European Union Agency for Network and Information Security (ENISA), enisa.europa.eu

22

超越合规：网络弹性中人的因素

Ria Thomas——Brunswick Group 网络安全合伙人和全球联合主管

过去几年，由于出现了大规模数据泄露并引起了公众强烈抗议，各国政府不断加大监管要求，其中最知名的可能是 2018 年 5 月 25 日执行的欧盟《通用数据保护条例》（GDPR）。

对这种法规的要求以及满足其要求而做出的复杂努力突显出企业在解决围绕其义务的问题时的准备有多么不足。但是，GDPR 只解决企业网络风险的一个突出方面——企业有义务保护的个人数据及其隐私有可能丢失。

与 GDPR 一样，大多数网络法规的目的是防止社会出现可能导致负面影响的行为。这些法规可能植根于以往攻击的经验，可能并未延伸到其他问题上，直至修改某些做法的需求得到足够广泛的认可。

因此，仅仅合规并不能解决企业因网络攻击而面临的业务风险和影响。

企业可以通过努力了解人的因素，超越合规。通过改变企业文化和行为，企业可以采取适当的措施来确保其正在采用正确的网络安全方法，进而保护其估值和得来不易的声誉。

对任何组织的领导者来说，无论是高管团队还是董事会的成员，改进网络安全都需要延伸到你所投入使用的人、流程、技术和文化，而无论法规是否要求。

做好准备不只是指实现或保持合规，而是指确保企业中的人随时能够处理任何不测事件的文化，而且这也包括你。董事会和执行委员会层面对网络安全积极负责并在整个企业优先处理对于实现企业范围的全面网络弹性不可或缺。

了解网络弹性中人的因素

在如今的业务环境下，网络安全是对人和系统的综合挑战，需要公司高层领导的密切关注和参与。首先，进行必要的技术投资十分关键，这不仅是为了保护你的公司，而且也能够证明你了解技术风险，并且在可行的范围内寻求缓解风险的办法。

也就是说，必须承认网络风险是人导致的，而且防止风险的方案同样由人来进行。如何防止和响应网络攻击始于了解所涉及的人。在处理网络安全时我们需要考虑以下三大类参与者：

- **攻击企业的人。**这些是将要损害你的组织或人，而无论出于谋利、地缘政治利益、恶作剧、引发混乱还是任何其他原因。正如本书其他章节所述，这些攻击的性质在不断改变，包括它们的动机和攻击方法。需要记住的一个要点是：无论动机、方法或攻击机制是什么，你需要面对的都是站在攻击背后并且其行动通常无法预测的人。
- **企业内做出响应的人。**将网络攻击的运营、财务和声誉影响降至最小的能力并非掌握在企业内的一个人或一个小组手中。相反，它需要纵向与横向的领导和协调。

  就公司领导层如何准备和响应网络危机来说，董事会成员制订治理战略，并掌握追究问责的钥匙。高层领导负责建立文化，进行关键投资，确保危机结构整合了公司的信息共享与响应协调。他们也在网络危机期间做出关键的战略决策。但是，如果没有下属，董事会和管理委员会都不会成功。这些人是他们要想准确及时了解攻击的技术、运营、财务和声誉影响所要依靠的人。他们是从整个公司抽调的，应当包括网络/IT、法务、人力资源、市场、政府/监管事务等。

  参与准备意味着知道整个企业需要拧成一股绳，不仅要了解企业所受影响的综合状况，还要协调能够最小化潜在影响的方案。这要求每个人都了解其角色、责任以及网络危机期间对他们的期待。
- **受到针对企业的网络攻击影响的人。**在面对网络攻击时保持弹性的一个关键要素是证明高层领导了解网络攻击对其有义务保护的人的影响。这些人不仅有企业内的，也有企业外的。

  如果某个攻击影响你的基础架构，你可能无法向客户提供服务。如果你处在某个关键行业，例如银行、公共设施、医疗或交通，那么对于那些依赖这些服务的人来说，造成的结果可能是灾难性的。如果你处于其他面向客户的行业，则可能会损失销售和客户信誉。如果你遭受数据泄露，客户的重要个人记录可能会在暗网上被曝光，这可能会导致身份被盗、财务损失和其他后果。

  公司领导不能只根据最适合公司底线的东西制订决策。应当证明其正在最小化和缓解那些直接受到网络攻击的人所受的影响，这个重点最终将影响你的底线。

建立“超越合规”的企业网络文化

就公司如何解决某个法规要求解决的具体网络风险而言，采用额外的措施来确保合规可能是一个关键的转折点。

但是，千万不要假定仅仅合规就能使你的企业免受网络攻击的广泛影响。相反，重点应当放在上述人的因素的各个方面上。

鉴于不断演变的网络威胁与风险的范围，公司领导者（无论董事会还是高管成员）的第一步就是花时间了解公司的威胁环境，包括潜在业务风险和潜在业务影响。

评估威胁环境不只要涉及技术风险，还要了解你的各种战略业务决策为何可能会增加网络攻击的风险。例如，在你进行新的商业创新、收购或合作时，或者在转入新的国际市场或围绕某个尖端技术建立关键知识资产时，有意攻击你企业的人是谁？他们在谋求实现什么？他们会造成什么类型的损害？

下一步是与企业的所有关键成员接洽，这些人需要综合了解网络攻击的影响，需要合力协调公司范围内的响应。他们知道网络危机期间领导层对他们的期望吗？他们知道自己的角色和责任吗？现有的危机结构（无论正式还是非正式）能否应对多维度的网络攻击？

作为网络危机前准备工作的一部分，公司领导层投入相关资源提高员工意识也很关键，员工不仅要意识到网络风险，还要意识到领导层希望他们为保护公司免受网络威胁而采取的行为。

上述措施将允许你在网络危机期间保持弹性，因为能够将长期影响尤其是声誉影响降至最低的人已经在你的公司了。创建公司范围的网络弹性文化不仅需要他们的积极参与，而且需要他们的认同和支持。

最后，在网络危机期间，你应当考虑大多数法规的精神：如何确保大家明白你的优先对象是受攻击影响最大的人？这些人不仅有你的客户、合作伙伴和员工，还有普通大众。你借以领导公司度过网络危机的原则是什么？这些原则是否正在保护你的业务运营和估值？或者你的行动和语言是否能够表明你理解处于危机另一方的人对你的企业所给予的信任的分量？

网络攻击及其影响可能不在某个特定法规（例如 GDPR）的范围之内，但仍可能对公众产生巨大影响。公众如何反应与合规几乎没有关系，一切都和这个看法有关：你是否做了正确的事情，即便法律并不要求你这样做？

为此，你需要确保已经采用了正确的策略，以反映你在事件发生前已经筹划并考虑过这些事情。这种准备方法就是正确的文化可以影响机构的肌肉记忆。你无法提前把一切都想清楚，如果你的核心小组了解他们的角色和责任，你就能够更好地去做正确的事并积极塑造公众的看法。

结论

仅仅合规并不能确保网络弹性。相反，企业克服网络危机各种影响的能力始于了解网络风险、潜在影响以及为了保持渡过危机的能力而需要采取的措施。如果不考虑处于威胁、响应或影响核心的人，就无法成功。

实施公司范围的网络弹性方法

如何确保你的组织网络安全文化超越合规而具有弹性？那么下面是针对网络弹性方法的每个关键方面所要考虑的更多建议和问题：

1. 评估网络攻击的风险：
   - 你是否全面了解由网络攻击带来的技术、运营和战略威胁而面临的业务风险？
   - 你会如何定义最糟糕的情形？例如可接受运营中断的时限、市场影响的类型、政府关注程度、公众/媒体注意力等。
   - 你是否正在解决有关缺乏高技能网络安全员工的挑战？
2. 了解网络攻击的影响：
   - 为了解跨部门的网络攻击或网络与物理组合攻击的影响，你部署了什么方案来应对？
   - 你如何优先处理或兼顾相互冲突的国家或国际监管要求（例如 GDPR）？

- 对内外部利害关系人（包括员工、客户、合作伙伴和监管机构）的责任和义务划分是什么？
- 针对由有权访问你的业务和客户关键数据或网络的心怀不满的员工发起的攻击，你是否部署了相关计划来评估其影响？

3. 规划和执行你的网络危机响应方案：

- 针对给你带来网络风险的各种网络攻击，是否有公司层面的事件管理计划？
- 公司的高层领导是否了解各自的角色和责任？他们下面是否有一个支持团队来确保他们能及时获得所需的信息？
- 是否部署了员工认知计划来提高员工对网络威胁和良好网络安全实践的了解？包括与其社交媒体活动相关的威胁和实践。
- 你需要通知和/或警示的内外部利害关系人是谁？你如何将他们按优先顺序安排？
- 你如何解决各业务部门共享信息的冲突以及如何协调何时与谁共享多少信息？

4. 与内外部利害关系人沟通：

- 与针对与你的网络风险有关的网络攻击情形，你的战略沟通计划是否包括预先授权的规定沟通内容？
- 是否有可以通知雇员和外部利害关系人的流程，尤其是在电话、电子邮件等因网络攻击而被破坏或中断的情况下？
- 在重大网络攻击期间，你公司的“代言人”是谁？他们是否已接受媒体培训？他们是否已做好以身作则的准备？

23

为什么公司治理在网络安全中如此重要

Paul Jackson, GCFE——Kroll 网络风险总经理，亚太领导人

在针对网络攻击的不懈的激烈斗争中，企业的注意力和精力主要放在了技术解决方案、监管合规以及平衡风险与机遇上。

公司治理得怎么样？高管和董事会层面的监督在确保强健网络安全方面扮演什么角色，以及他们应当扮演什么角色？

大多数人在想到公司治理时，往往会把它与财务完整性、招聘实践、法律与监管保证以及公司战略联系起来。但是网络安全带来的日益关键和复杂的问题现在已上升到必须把网络安全作为全面公司治理框架核心部分的程度。

而且这一刻不会等太久。

例如，越来越多的证据显示，在把网络安全优先作为一个关键治理的问题上，董事会正在追赶中。麦肯锡 2018 年对全球 1000 多位董事会成员进行的调查表明，仅在 37%的董事会的议程上，将网络安全作为一个“潜在业务中断”议题。好消息是，这个数据过去两年增长了近 50%；坏消息是，在评估对业务运营的潜在影响时，网络安全仍然是董事会了解非常少的一个领域。事实上，只有 9%的董事会成员表示其董事会非常了解网络安全影响业务运营的潜力。[1]

我来举一个这种脱节的实际案例。作为其假定的例行尽职练习的一部分，一家亚洲大型供应商公司请我们对其网络进行彻底的渗透测试。我们发现一个昂贵的监控解决方案并不能实现其意向目标，并且未得到适当管理。很快显现出的问题是，攻击者可以完全控制其网络，包括 CEO 系统的完全访问权限，并且可能严重损害业务伙伴的系统。领导层获悉此事十分震惊，要求立即考虑如何重新设计网络治理和不再依赖内部 IT 团队来解决安全问题的方案。

这就是领导层（包括高管和董事会）必须加紧使网络安全成为公司治理中的一个更突出因素的原因。但是应该怎么办呢？

我认为在网络安全方面，公司治理需要演进的主要领域有四个：

- 倒置网络安全领导责任。
- 采用并“保持”正确的网络安全框架。
- 解决组织结构问题。

- 睿智一些，这样企业领导者就能提出正确的问题。

倒置网络安全领导责任

最大的问题之一是，传统上网络安全一直是采用自下而上的方法而设计的。在这种模式下，一般由负责保护IT系统的人员来确定保护基础架构、应用和数据的技术解决方案。企业在技术上投资巨大，结果只能发现这并不足以遏制威胁扩大、漏洞增加和创新攻击者的影响。

这不禁让人想起一句流行的谚语："如果所有问题看起来都像钉子，那么所有解决方案就必须都是锤子。"

这种自下而上的思路催生了围绕技术工具开发的网络安全防御、检测和响应对策，而没有考虑业务需求或运营影响。相关指标会告诉CSO拦截了多少攻击及这些攻击的来源，而真正需要关注的却应该是哪些攻击未被拦截，企业的哪些部分受到了影响，以及财务、法律、监管和声誉代价是什么？

网络安全治理模式需要转向自上而下的方法。领导层对这种方法的基本定义如下：

- 了解和识别挑战与机遇。
- 确定优先工作。
- 促进围绕解决方案的协作与创新。
- 以身作则。

领导层需要全面、透明和实时了解所面临的风险以及所采取的保护企业的措施。如果这些信息没有清楚地传达给高管和董事会，那么领导层就需要设法确保提供正确的信息，在目前的公司框架下通常由CISO或CIO提供这些信息，或者也可以找其他愿意的人。

如果实施得当，自上而下的治理框架将会消除大多数威胁，并为保护敏感数据提供一个成熟、合理和灵活的结构。另外，它还有助于确保合规，建立良好的法律保护，在员工、合作伙伴和供应商之间鼓励建立良好的网络安全卫生环境。

采用并"保持"正确的安全框架

安全框架之所以重要是因为它们考虑了实现良好的网络安全所必需的整套问题：业务运营、法律、监管、风险管理和技术流程。

虽然可供领导层评估的良好框架很多，但请记住所有框架都应当根据每个组织的独特业务状况进行调整。最贴切、最具可操作性的框架来自美国国家标准与技术研究院（NIST）。这个NIST框架在全球得到了最广泛的认可和实施，它有五大支柱：

- 识别要保护的资产。
- 运用适当的措施保护这些资产。
- 快速、可靠、全面地检测事件。
- 以能够最小化影响的方式应对事件。
- 尽快和尽可能完整地恢复运行和业务运营。

企业能够并且应当在其网络安全治理模式下部署的可操作措施和最佳实践有许多，例如确保适当的安全补丁得到应用，确保寿命终止的系统已被停用，确保强大的加密与访问控制工具已经到位并且正在使用中。这些仍然是技术解决方案，大部分通常由安全与IT部门处理。

从治理角度看，NIST框架的真正威力是，它创造了一个机会，或者根据你的紧迫感，它为高管和董事会在内部下达命令和追究业务部门的责任提供了一个灵活的框架。NIST框架作为一个自我评估工具的重要性在于它把网络安全目标置于企业总体业务目标的环境之下。该框架的内在灵活性可以指导业务领导人和负责网络安全的技术管理人员专注于如下行动：使企业做好管理其独特网络风险的最佳准备，把资源转向对企业影响最大的领域。

解决组织结构问题

人们常说，通过观察组织结构图，就能对企业的优先工作了解许多。在网络安全治理领域，尤其如此。

公司领导人逐渐通过重新思考和重新调整负责网络安全的人以及这个角色在企业内的定位来推动变革。物理安全、内部调查和网络安全应当合并成一个，**直接报告给董事会**。这一观点越来越受欢迎，并且它本身的确有许多优点。当然，独立性是这种方法的一个重要动机，但它也促进了将人、业务职能、优先工作和技术因素考虑进去的更完整的安全方法。

毫无疑问，报告结构调整的公告会引起人们的关注，其中一些属于办公室政治，但主要透露的是什么东西和谁在企业内越来越重要。

本书其他章节就如何识别和招聘最优秀的CSO从而保持一个满足业务和技术要求的谨慎网络安全治理框架提出了一些精彩的建议。在高管猎头公司海德思哲撰写的一章中，作者提供了一些头脑清醒的建议：

“在确定雇佣谁，如何设计他们的角色和责任，上哪里招聘他们以及为了找到最佳候选人要做出哪些平衡等方面，董事会需要比以前更恪尽职责。”

Adobe公司的CSO Brad Arkin为董事会和高管提供了有益的建议：密切倾听你的网络安全领导人如何谈论问题和解决方案。他的实用观点是：如果你得到的是许多技术行话，而不是围绕业务目标进行讨论，那么你就找错了沟通对象。

睿智一些，这样企业领导者就能提出正确的问题

正如本书反复强调的那样，安全是一个业务问题，而不是技术问题。虽然我们需要正确的技术工具来识别威胁、防范威胁和纠正其影响，但必须针对业务基准来规划、衡量和治理网络安全实践与政策。这需要业务领导者和董事会持续的强有力的支持。但是这也要求高管和董事会成员投入更多精力和资源，拓展自身对网络安全业务影响的了解。

请记住：如果询问的问题错了，那就不能得到正确答案。或者，如果不知道应当治理什么，那就无从治理。

现在，没有人建议CFO或市场经理回到学校获得网络安全高级学位或每个董事会成员都要通过“Security+”认证考试。但是将网络安全职责留给技术人员的时代早就一去不复返了。监管和立法改变了问责商数，正如我们太多次看到的一样，企业的声誉——以无数资金通过数十年精心培育的声誉，在一次网络安全差错之后就会烟消云散。

有些人甚至大胆地建议，为了使CSO保持诚实，每个董事会都至少应当有一位成员具备深厚的网络安全专业知识。这个观点可能有些价值，但它仍然是让大多数董事会成员和高管求助于“会议室里的一位智者”。

企业领导人和董事会成员不会在金融危机袭来时简单地让CFO出面，他们不认为在出现尴尬的诉讼时首席法务官或外部法律顾问能够搞定一切。在这种或其他情形下，高管和董事会成员会全力投入，因为公司治理要求他们这样做。

现在网络安全也是这样。

企业领导人更睿智和询问更好的问题的一个重要途径是拥有一个常用的业务问题棱镜，通过它来分析和讨论网络安全问题并采取行动。例如，就分布式拒绝服务攻击等议题与CSO进行的讨论应当围绕以下方面进行：企业在宕

机时，生产力、收入和利润损失等方面受到什么样的影响以及是否应当重新审视网络安全投资优先项目。

当然，这是一条双行道。不仅董事会成员和业务领导人需要采取措施来更好地了解网络问题，而且 CSO 和其他技术领导者也需要重新想象和重新设计对业务方的陈述方式和陈述内容。那些“想当然”的东西（例如 CSO 的 PowerPoint 演示文稿的效果或企业改变其公有云服务使用政策的原因）必须始终限定于业务视角，最好与企业的核心价值和业务优先工作一致。

董事会现在应当采取的行动

为了定期获得监控与检测方面的安全指标，董事会应当采取什么行动？

首先，董事会需要了解企业内存在的网络威胁是什么。良好的起点是获得影响其行业的最新网络威胁报告和一些推荐的保护措施。重要的是，在暗网上对已经曝光的任何数据的搜索——密码、个人数据、保密文档或财务文件等都应当由可靠的第三方来进行，并且风险控制措施应当做到位。

其次，记住员工几乎总是被攻击的目标。董事会成员需要通过诸如受控网络钓鱼练习之类的措施定期获得员工安全意识水平方面的最新信息。为了强调良好安全习惯的重要性，董事会也必须询问管理者是否完全致力于这种类型的网络卫生训练。

最后，应当部署内外部资源定期搜寻已经在网络上但未检测到的威胁，而不是单纯依赖已检测到的安全事件方面的指标。经验告诉我们，在实际损害发生前，攻击者往往已经潜伏在网络中好几个月了。这些搜寻应当基于可操作的情报和当前威胁的实际知识。

结论

随着监管力度加大，董事会成员更积极地参与，在日益复杂的业务环境下需要怀疑和支持并举等，在问题的推动下，最近几年公司治理发生了很大变化。

网络安全可能是几十年内重塑公司治理的最大的事情。

遗憾的是，我们并非足够清楚公司领导者为了确保企业及其数据的安全而从一开始就能执行的可操作建议。但是通过采用更加面向业务、自上而下的包容性网络安全方法，公司治理将大大有利于实现我们各自组织的目标。当网络安全被视为业务问题，而不是需要由技术人员使用技术工具解决的孤立的技术问题时，我们将明显拥有更大的成功机会。

---

[1] “A time for boards to act,” McKinsey, March 2018

第三部分

确保你现在得到安全保护

24

欢迎来到业务与网络安全的前沿

Pablo Emilio Tamez López——蒙特雷科技大学首席信息安全官

数字转型、物联网、大数据分析、云计算、人工智能、机器学习，我们总会把以上这些创新看作未来，看作下一代商业的权威技术，以及世界经济论坛恰如其分地将其描述为“第四次工业革命”的基础。

你猜如何？未来就是现在。

现在，以上每种技术都在实际应用中。在谷歌键入一项搜索，你马上会看到与这个搜索有关的广告。这是自动发生的，你甚至可以说是以不正当的方式发生。所有让我们的世界发生转变的基础技术和业务模式就像无形之手，指引着我们在数字时代所做的几乎每一件事。

但是，我们要花点时间从另一个角度看待它。从我们的对手的角度，包括那些会为了利益、地缘政治战争、自我意识或只是为了制造痛苦而伤害我们的人。对于他们来说，数字转型、物联网和大数据分析意味着更大的攻击面；云计算、人工智能和机器学习无非是更多地用来对付我们的武器——从这一点来说是更复杂的武器。

这种情况有可能在不远的将来变得更加危险，除非领导者现在立即采取行动解决这个问题。消费者和企业对物联网和移动设备的投入越来越大，其增长是指数式的——连同所有这些生成信息和（在另一方面）增加额外攻击面的互联设备。所有 CSO 必须了解这种不断演进的风险环境，以及如何处理这些数据和如何保护他们的资产。因此，针对一个增长中的攻击面实施各种适应性强、可扩展的技术很重要，无论是在云中还是在实际的数据中心都是如此。

现在正是采取行动的时候

与大家分享这一观点并不是要制造恐惧或提出警告，而是为了确保我们都能意识到当今的现实和紧迫性。本书的读者代表商界、学术界和政府的领导，他们不仅直接受到网络犯罪的影响，而且也被赋予应对网络犯罪的权力。

在本书的第一部分，我们关注的是未来。在第二部分中，我们关注的是从当今世界中得到的教训。在第三部分中，我们关注的是利用这些教训，根据正在发生的事，我们如何把握现在快速发展的威胁局面，以及（也许最重要）我们如何为下一步做准备。

业务领导和董事会成员所处的位置独一无二，他们批准各种投资，引领数字转型的眼界，力图促使创新和创造各种机会不断涌现的环境，这也意味着他们处在网络安全的前线。

你不是技术专家也能理解网络安全在当今业务中所起的重要作用，或者为你的组织所提供的领导力。事实上，正像书中许多作者所表达的，你必须提供领导力。如果不是你，又能是谁呢？

很久以来，似乎我们的对手总是抢先我们一步。现在是时候扭转这个趋势，让对手转攻为守了，让他们在攻击我们的数据、隐私、选举、基础设施、业务运营或任何他们想要的我们的薄弱环节的时候变得更困难、成本更高、风险更大。

确保我们今天得到安全保护，明天也是

我们要怎么做呢？我们现在怎样才能确保今天得到安全保护而且还要打好基础——人、流程和技术方面的基础，以便我们有最好的机会保护我们的未来以及实现第四次工业革命的承诺？

这些深刻的、具有挑战性的、至关重要的问题的许多答案都包含在下面的章节里。在本书第三部分，我们听取了整个网络安全界的领导们——企业高管、政府官员、法律专家、技术专家、首席信息官及其他人的意见。

每位作者都分享了自己的经验，从而共同产生一种激励我们行动、沟通和创新的强大引导力量。希望所有的组织，无论其规模、地理位置和所在行业如何，都能利用第三部分包含的智慧和实际建议，做好更充分的准备来应对数字时代的各种挑战。以下想法肯定能引起共鸣。

- **信任**：如何确保信任不再是用户要考虑的问题？
- **沟通**：如何让业务和网络安全领导达成共识，说同一种语言？
- **监管**：企业如何与监管者通力合作？
- **技术**：好人如何利用技术创新来挫败坏人？
- **准备**：如何为应对各种攻击做好准备，并且在攻击实际发生后减轻损害？
- **业务赋能**：如何把网络安全从业务风险转化为业务优势？

结论

我们已经在较短的时间内取得了长足的进步，现在到了数字时代的紧要关头。许多正在采用相关数字技术对行业进行重新定义的组织甚至在十年前还没开始营业呢，而现在其中一些企业市值已达到数十亿美元。

我们的世界正在迅速变化，数字技术正在改变我们的生活和工作，在这个时刻，我们必须确保网络安全不会阻挡我们的进步。这就是为什么今天，此时此刻，是我们旅程中至关重要的时刻。如果能够想在数字时代安全地前进，我们必须确保今天我们得到安全保护。谈到应对网络安全挑战，我们的未来就是现在。

25

在当今世界，每个公司都是网络安全公司

Mark Anderson——Palo Alto Networks 总裁

本书第三部分和最后一部分的主题是“确保你现在得到安全保护”。在后面几页，你将看到与技术、法规、沟通、进步和人有关的内容。你将听到来自领导者的心声，他们曾遭受数据泄露、曾帮助制定法规和开发创新性网络安全解决方案，而且依然以各种方式留在进步前沿。

在你前行的过程中，不论是继续阅读本书其余章节还是在你的组织中作为领导者解决所面临的网络安全挑战，我都要叮嘱你牢记一件事：如果你的组织受困于传统结构，如果你做事的方式与五年前甚至两年前一样，那么现在是时候重新审视你在做的事了。为了确保你现在真正受到保护，你必须向前看，面向未来，而不是倒退到过去。

对待网络安全不能后知后觉。必须从根本上把网络安全融入企业的优先事项。网络安全不仅仅只是关于风险管理，它必须与业务促进相关，它不能仅仅体现技术优势。在当今世界，网络安全人人有责。尤其是业务领导和董事会成员必须设定议事日程、树立榜样。

针对这一点，还有更多的案例，不过本书中很多章节都能很好地解释和说明我们所有人目前所面临的网络安全挑战，无论我们是在私营企业、政府、学术界、技术部门还是网络安全部门。但我还是想跟大家分享一些看法，探讨商界领袖现在该如何推动组织前进，来确保现在你不但受到保护，而且已做好应对已隐约浮现的网络安全挑战的准备。

让网络安全成为业务的核心部分

几年前流行一句口头禅，大概意思是“每个公司都是软件公司”。现在是时候以相同的方式考虑网络安全问题了。就像 Mark Rasch 在后面一章中所讨论的，业务的每个方面都与网络安全相关，因为业务的每个方面都涉及数字技术。

对待网络安全不能后知后觉，它不能是附加部分，也不能是孤岛。那些都是把你搞垮的陈旧结构，要以未来的眼光看待你的业务。最重要的结果是什么？你想在哪方面投资？你想创建什么样的企业文化？

当你设定那些优先事项并构建那些未来结构时，特别是如果你正在评估或已经在通往云

的旅程中，网络安全必须是每个事项讨论和决定的一部分。你在考虑对未来业务进行规划时不会不考虑销售、市场或客户服务。难道网络安全不如你的未来和成功重要吗？

不要再从风险管理或合规的角度考虑网络安全，开始把它看作所有业务的核心能力。在当今世界，每个公司都是网络安全公司。

调整组织结构

为了让网络安全真正成为业务的核心能力以及潜在的竞争优势，你可能需要在组织中做一些改变。再次说明，需要去除陈旧的结构，因为在过去的结构中，信息技术和操作技术（OT）通常是独立的孤岛。

网络安全人人有责，这句话没错，但是OT和IT团队几乎比其他人都有更大的利害关系，这也是事实。他们并不仅仅是技术解决方案的使用者，他们还是建造者。如果他们不能构建适当的网络安全保护，就会给整个组织带来风险。

有了物联网、机器学习和人工智能等创新技术，OT和IT团队之间的关系比以往任何时候都更加错综复杂，而网络安全必须是把它们联系在一起的强大纽带之一。如果你的组织依然把OT和IT看作两个分开的孤岛，你会依然受困于我们一直在讨论的那些陈旧结构。

孤岛促进地方主义，而地方主义是与当今的网络罪犯作斗争的失败策略。你需要所能得到的所有内外部合作。如果组织内的人不合作，你就不能确保现在和将来得到安全保护，需要立即解决这个问题。

确保你有适当的员工，而且确保对每个人进行培训

仔细观察已到位的网络安全领导。他们是否有前瞻性思维？他们是否喜欢与整个组织的其他团队和领导互动？他们是否看重培训、意识和开放性？他们是否讲业务语言？他们在会议室时是否与在计算机屏幕前一样舒适自在？

当今的网络安全挑战需要与过去不同的领导力。惧怕改变可能出于保守考虑，但我们处在一个改变不可避免的环境中。当今的网络安全领导应当乐于改变而不是被吓倒。在过去可能对CISO很有用的技能可能不再是帮助你的公司走向未来的技能。

这不仅仅涉及直接负责网络安全的人员，它还涉及每个人，涉及创造和维持一种使网络安全无处不在的企业文化。如果要让网络安全成为组织的核心能力，就必须这样对待网络安全——自上而下，贯穿每个层面，到达每位员工。

你必须在培训方面付出努力，为你的员工配备最好的工具并定期进行测试，对结果进行衡量，并记录所取得的进步。如果没做到每个季度都有改进，这是不应该的，你应该考虑一下你的培训方法是否得当。

说到技术，向前看而不是向后看

真正阻碍组织前进的一个因素是固守陈旧的技术。如果你的态度是“我们既然付钱了那还是用它吧”，那么你就真的有问题了。固守无法应对当今威胁环境的旧设备要付出高昂的代价，不仅会导致效率低下，还会给你一种受到保护的错觉。另外，它可能会使你暴露在更大的危险之下。

关于前瞻性技术，有以下几个关键要素：

- **自动化**：这个概念在本书中多次被提及。我们不能用人来对抗机器。我们的对手越来越自动化，我们必须也像他们一样。
- **人工智能与机器学习**：这些技术与自

动化类似。我们的对手正在利用这些技术形成他们的优势，我们必须利用这些技术来保卫自己。

- **SaaS（软件即服务）消费模式：**你不能买回来新工具然后把它们一个个往上摞。正像 Nir Zuk 在他的文章中说明的，网络安全需要以快速、轻松和具有成本效益的方式消费。软件即服务是一种赋能技术。
- **网络安全即平台：**开放性对促进网络安全创新和让我们与对手保持同步至关重要。平台模式支持开放的环境，而且大大加快了我们消费创新的能力。

鼓励开放性文化

采用网络安全即平台模式是利用开放性的一个方面，但是它可以走得更远。另一个在本书中多次出现的理念是，我们都处在网络安全中。

我们的对手心安理得地在暗网上共享信息、工具和攻击方法。是不是应该有同等的亮网，在这个网里我们是否可以相互合作，找出让我们所有人都能成功的方法，在各种行业公开讨论最佳实践并共享与新出现的威胁相关的实时信息呢？

有一个名为网络威胁联盟的联合体，由 15 个以上的各种安全供应商组成。这个组织本着开放共享的精神而成立，相信没有任何公司可以单独做好这一切。我们必须相互合作，共享策略和威胁数据，始终领先于我们的对手。这个组织为每位成员提供剧本、分析和报告，供成员消费并从中获益。如果你的安全供应商不与 CTA 共享威胁情报，那么现在可能是时候找更加开放并且对以这种方式服务于我们的群体感兴趣的供应商合作了。

结论

把网络安全作为附加功能的时代已经过去了。对于任何固守旧网络安全模式的组织来说，利害关系太大，事情变化太快。无论在人员、技术还是流程方面，能确保你当今取得安全保护的唯一方法是就展望未来，为明天做准备。网络安全必须植根于公司的基因中，这样才能在未来几年产生与你的客户、员工和股东预期相符的结果。

26

应当如何扩大你的网络安全人才库：一堂供需课

Ed Stroz——Aon 旗下公司 Stroz Friedberg 创始人兼联合总裁

这是一个与供需有关的故事，讲的是如何在全球压力、复杂性和影响加剧的情况下解决关键资源不平衡的问题。我说的不是经济商品的供需，而是下一代网络安全人才的供需。

几乎每个读这本书的人都或多或少地了解组织中的内部团队需求（相比网络安全服务提供者），与有头脑、有创造力、有才华的人才供应之间存在巨大缺口，据估计，未来几年全球网络安全人才缺口超过两百万人。[1]

毫无疑问，你的 CISO 已经申请增加预算来识别、招聘、雇佣和培训网络安全人员。你可能已经认真听取了他们的意见，而且你可能不仅仅批准了他们的至少一项请求。然而，网络安全行业当前为填补这一缺口所做的尝试根本不起作用，将我们一直在做的事不断加码也不能解决这个问题。

这个问题有两个方面：要解决不断增加的网络安全挑战和充实人力资源，我们需要在供应端和需求端两方面增加人才。在网络安全世界，供应端由第三方网络安全公司构成，他们提供有关分析鉴定、数字调查、第三方供应开发、网络风险评估和威胁情报的专业知识。网络安全需求端贯穿整个网络安全世界，需求端由网络安全能力及其他安全工具和服务的消费者组成，包括受雇安全专家，他们既与内部业务人员合作，也与外部网络安全供应商合作。两方面都需要改进定义、识别和吸引热点人才的方式。

供应端网络安全

现在，坦率地说，我们公司是供应端网络安全服务供应商之一。我们很幸运能雇佣大量非常有头脑、有才华又敬业的人才，他们帮助我们的客户多次避免潜在灾祸；他们中的一些人已经在供应端转向重要的网络安全和业务领导角色。

但是我不骗你。虽然我们过去的成绩实实在在，但跟上人才需求的步伐已经变得越来越难了，而且我们认为我们在寻找新的人才、开发新的流程为重要时刻做准备方面已足够聪明。因此我们必须更新我们所做的事、做事的方式，以及我们的目标人才类型，你也应该这样。

对于需求端的企业来说，发生了很多变化，例如我们所经历的变化让我们重新思考如何才能培养和雇佣新一批网络安全专业人才。20 年前，网络安全还是一个很不成熟的领域。单个网络安全从业者能做很多事帮助客户，因为当时的技术还没有那么发达。也许你有过数字鉴定方面的培训经历，也许你尝试过专家鉴定；对于很多供应端企业来说，那是最尖端的技术了，不需要张开太大的网就能获得适合的人才。

现在，网络安全已完全改变。我不需要跟你讲威胁不断扩大，漏洞增加，风险管理已得到强化，也不用说需要把网络安全从成本中心转变成整个企业的竞争优势，想必你也清楚。我们必须雇佣更多的专家，就像律师事务所和诊所雇佣各领域专家满足多样化需求一样。这意味着与我们类似的组织需要创建周密的规划，把新技能引入组织，从而为客户带来更大的价值。

但是，那并不意味着我们只是去寻找拥有网络安全专业或同等专业学历的更多大学毕业生。在网络风险加大的时代，这种方法根本不能填补缺口，我们需要的是新的不一样的人才。

并不是说我们不需要具有深度技术能力的人才；很明显，我们的客户正是希望我们具有比以往更快解决更多问题所需的技术。当你考虑信息技术在所有组织功能中高度整合的作用时，以及在控制关键基础设施的情况中，确实是这么回事。但这还不够。

我们已经补充和拓展了传统的理念体系以招聘在业务、经济或法律领域有学习经历的人。即使是不学技术的大学生也选修了技术课程，让我们面对这一情况：与我们这些出生在 20 世纪的大学毕业生相比，出生于 21 世纪的人对技术的领悟力和对网络风险的认识要强很多。而且这也不限于最近的大学毕业生。我们认为，雇佣具有良好判断力等适当的“软技能”、求知欲和独创性替代解决方案偏好的人，并且让他们在经过深度技术培训的人身旁工作会带来巨大的效益。

当然，我们有详细的培训计划，该计划不仅涉及技术问题，而且涉及客户的业务挑战。我不能强调培训对我们这样的企业，以及对于你们这些在需求端的企业有多重要。毕竟，你们不会雇佣耶鲁法学院的毕业生（他们才能卓著且教育背景深厚），让他们在美国最高法院面前就某个案子据理力争。

我们自然想雇佣那些所具有的技能和专业知识正好符合招聘目标的人。不过，对于雇佣那些可能在靶心之外一两圈的人，也并非不可。

需求端网络安全

在需求端——从遍布各种行业的全球性公司到网络安全风险不断增加的小公司，招聘和培训下一代人才也一样困难，原因跟我以上所讲的需求端的情况一样。大量内部安全组织以各种方式成立了，它们就像内部安全服务供应商那样，把它们的业务用户看作“客户”。内部收费以及限制性安全政策和程序等事项进一步促进了网络安全人员与业务人员有所“不同”的观念。这种观念需要转变。我认为转变的方式之一就是扩大在网络安全需求端招聘、雇佣、培训和培养人员的范围。

我们需要摆脱内部安全运维团队的传统定义，不再把它们看作让业务团队的工作变得更困难的技术人员或“安全警察”，因为是我们总在限制他们能做哪些不能做哪些。我们应该把内部安全运维人员看作是有责任实现业务目标的业务伙伴和同事。我们应该寻找新型人才，他们的首要技能包括商业头脑、解决问题的思维、平衡风险与机会的能力，以及公正合理的判断力。这种人才可以从最近的网络安全毕业生中找到，不过也可能找不到。

与供应端的情况类似，需求端网络安全缺口应该由更多的业务人员来填补。当然，具有专业技术能力很好，也很有必要，但这不应当成为限制潜在人才的障碍。在需求端，你可能已经获得丰富的技术人才，而且你可能已经雇佣了一些具有专业技术知识的外部安全服务提供商。

需求端组织应更加看重识别和招聘具有业务知识的问题解决者；你始终都可以让那些能够打破僵尸网络或利用自动化监控工具查明高级持续性威胁的人协助他们。

需求端组织更有能力寻找具有非传统背景的新型网络安全专家，我认为这么做是非常必要的。残酷的现实是，大部分业务人员都在受困于数据泄漏、分布式拒绝服务攻击或勒索软件的组织中工作，他们太了解这些及其他威胁对业绩的影响，他们也知道某些安全政策如何缺乏必要的操作环境来减少用户摩擦和改进业务敏捷性，因为每个人都被要求每月改一次密码。

还记得我之前说过我们这样的供应端企业需要把人才目标范围扩大到靶心外一到两圈吗？在需求端，人才招聘范围还应该进一步向外扩大。实际上，现实世界的经历告诉我们，过于看重解决方案的技术方面可能妨碍你看到企业层面的实际问题。这有点像医学，近年来，医生们总被批评治病治的是症状而不是病人。医生们觉得自己在治疗癌症，但是他们还需要治疗躺在床上的病人。

我还谈到网络安全的专业性不断增加，就像医学和法律的专业性不断增加一样。虽然这在供应端是适当的，但我认为我们在需求端需要更多的通才。我所说的通才显然不是指技术卢德分子，我指的是更专注于通过新方法（通常是通过与业务同事和技术专家紧密合作）识别和解决问题的人。

那么你要怎样做呢？

作为业务领导，你不能只是坐等 CISO 进来请你批准另一项更大的高校招聘预算或授权增加员工薪资以吸引其他公司有经验的人才和留住现有人才。你有许多事可以主动去做也必须去做，从而打造你的网络安全人才通道。

无论是在需求端还是在供应端，现在都应该重新考虑需要哪种类型的人才填补不断扩大的网络安全人才缺口，或者如何识别和重新培训非网络专家以便他们可以承担新的职责。

雇佣聪明人。从识别聪明人，即使是那些没有深厚的技术专业知识的人开始。你可以向聪明的员工充分地讲授技术细节，以便他们可以和更具有技术背景的同事展开讨论。但是，如果最好、最聪明的安全工程师没有业务技能基础或者没有好的业务指导者的话，靠他们自己可能不会有什么作为。聪明人总会找到解决问题的办法。

企业文化很重要。你的企业文化在决定以下问题时至关重要：①你是否能够留住人才；②你是否能够吸引外部人才；③你是否能够把网络安全人员定位为关心提高公司业绩而不是只关心寻找漏洞的可信的同事。重视这些人，对他们进行奖励，让他们参与早期业务规划，把他们看作极其重要的人，而且他们确实是极其重要的人。

创建一个多样化的人才与技能生态系统。

在组织内部，你需要一个由关系和能力组成的网络来解决越来越多样化、越来越令人头疼的网络安全挑战。新型网络安全人才正越来越多地来自于法律、经济、统计、会计、经营和金融等专业，你需要让他们与组织内外富有智慧的技术人才紧密融合。

看重经验而不仅仅是专业知识。想想你有多少次坐在会议室里或高管会议桌前讨论问题。你过去是不是经常被人群中经历过这个问题的人吸引？这种经验在网络安全中是无价的；你的组织能否从曾在处于危机中的索尼、塔吉特或艾奎法克斯等公司工作的业务专家中学到点什么？

重新画出你的靶心。让你的人力资源主管和网络安全主管坐下来看看你刊登的所有职位描述，让他们想想如何根据快速变化的网络安全情况重新定义这些职位。现在和不远的将来，你“理想的”求职者的样子和做事方式可能与几年前不一样。

不要（过于）担心成本。雇佣网络安全人才是很贵的。被侵权的后果也代价高昂。如果想取得投资回报，首先就要进行投资。并不是每个人都在多份录用通知书之间权衡比较；某些人只是想知道他们工作的地方是否重视他们的付出和贡献，是否能为他们提供最好的机会做好工作，让他们因成为组织的一部分而感到骄傲。

---

1 “技能缺口巨大、成长最迅速的工作：网络安全”，《福布斯》，2017 年 3 月

语言

27

如何阐明网络安全的业务价值

Mark Rasch——网络安全与隐私律师

今天，业务的每个方面都有 IT 安全要素。如每种业务关系、产品、雇佣决定和营销计划；每次客户互动、沟通、产品设计和行政决定；还有供应链管理、制造、分销、客户服务；甚至是金融、人力资源、保险、产品安全、工人安全以及员工合作都有 IT 安全要素。

实际上，读过这本书的每个人都很难想出一个以某种至关重要的方式不与计算机或计算机网络（因此是网络安全）连接的业务活动。

然而，在太多的案例中，我们看待网络安全的方式与合规专员看待网络安全的方式相同，即看作必要之恶。法律总顾问把它看作与遵守合同约定或其他约定相关的成本。首席风险官可能会采取基于风险的方法对待网络安全开支。参与保险或防损事务的人可能把网络安全及其相关数据保护和隐私保护概念看作可管理的潜在损失。

所有这些方法都不能达到对网络安全资源和管理的充分关注。如果网络安全的目标仅仅是预防可报告的个人数据泄露事件，那么公司很可能采取最小的努力来防止或缓和这种事件。如果目标仅仅是满足法律或监管标准，那么我们只会做必要的努力然后诚实地说我们合规了。

在针对稀缺的企业或政府资源（金钱、技术、人员和关注度）的竞争中，我们在看待网络安全时依然没有思考如何用它来推动业务和创造竞争优势。我们倾向于在评判首席信息安全官（CISO）及其他安全专业人员时，所依据的不仅包括他们在促进业务发展方面表现的有多好，而且包括他们击退了多少次钓鱼式攻击。

有些东西必须拿出来。我们必须转换我们的视角，确保我们在讨论和思考网络安全时所用的语言已嵌入业务目标中：盈利能力、留住客户、企业文化、品牌声誉和产品创新。我们必须创造衡量网络安全团队有效性的新方法。当你从预防损害的角度严格审视网络安全概念时，你所能达到的就那么远。这并不是说风险消减是坏事。但是，说到网络安全，它不是唯一。

我们如何改变语言、调整网络安全文化以及转换我们的视角？我们如何更新看待网络安全的方式，从容应对当今快速变化的世界？我之前认为你从不会问。

我们来自哪里？去向哪里？

将 1960 年代的工作场所与 2010 年代的工作场所相比较。想想如实描述之前时代的美国电视连续剧《广告狂人》。很多经过适度培训的低薪工人在搬运邮件、打字、整理文件，进行速记。邮件收发室有一群群的秘书、一排排的办事员，以及其他人员。快速发展到今天，所有这些工作都消失了。

你现在看到的是 IT 和安全专业人员实际上已经取代了上面那些人。IT 总监、首席信息安全官、首席信息官，这些都是 1960 年代并不存在的工作。以前是 20 位秘书和 30 位办事员拿着低工资，而我们现在是较少的员工拿着高工资。唯一要说的是，我们现在对他们以及他们为我们提供的技术的依赖性高了很多。

但这一进步已导致了我们可以称为“技术专家专制”的现象，技术成为我们的最大资产和最大潜在负债。计算机安全的目标不是保护计算机；保护计算机很容易——拔下插头，把它们锁起来。安全的目标是信息安全，这是总体信息管理的一部分。信息管理的目标是业务赋能。

如果你制造新产品，则需要 IT 做各种事，包括从工资单和内部沟通到业务流程，供应链管理、生产自动化、营销、销售、人力资源、招聘以及客户界面在内的每件事。首席信息安全官要问负责的安全实践如何支持效率、产品、服务和客户，而不是问信息安全如何确保合规。

首席信息安全官需要让指标和目标与核心业务的指标和目标一致。因此，首席信息官可以展示有效的 VPN 解决方案如何实现远程办公，这样能减少宕机和提高效率以及（你猜怎么着）卖出更多的新产品。安全的虚拟化平台可以让移动工作人员和客户访问数据，这样能提高客户满意度以及（等一下）卖出新产品。安全的支付系统允许在线订购以及（你猜到过）出售新产品。安全能促进销售，提高效率，实现强化产品的业务流程，降低成本以及确保合规和降低风险。但最主要的是售出新产品。

由于技术嵌入了业务，你可以采用新的业务模式。你可以在三分之一的员工在家里工作的情况下依然维持临界员工数量、社会参与和协作。你可以在世界任何地点和任何时间向客户提供专项服务。你可以在持续的实时信息和高级分析回路中连接你的供应链。实际上你可以做所能想象的任何事，就像我们看到的优步、爱彼迎公司等，他们利用网络技术打破了有几十年历史的陈旧业务模式。

但是，实际上，只有在连接和数据流得到保证的情况下才能做那些事。这意味着网络安全实现了合作、效率、生产率、敏捷性、成本降低、产品开发和创新。安全性能让组织通过以新的方式利用数据来增加收入和利润。在过去《广告狂人》的时代，一旦你销售做完了，难做的工作就做完了。现在，销售仅仅是关系的开始。数据收集、存储和分析变得至关重要，安全性也一样。

让网络安全向业务目标看齐

如果最后的工作是让网络安全策略和投资与业务目标保持一致，那么大多数公司都还在探索如何实现飞跃。这项挑战的一部分与我们衡量首席信息安全官的绩效时使用的指标有关。

当我们根据硬件与价值比较来制定预算时；当我们按照与减轻的实际风险或提供给企业的总体价值无关的标准衡量网络安全绩效

时，这成了一个问题。如果我们能阻止 98%的攻击，我们的工作做得好吗？但我们漏掉的 2%是不是毁灭性的？如果我们阻止了 90%的攻击，但剩下的 10%没带来任何冲击，我们的工作做得好吗？

当涉及预算和网络安全指标时，我们往往不能对我们作为一个企业最为看重的事情进行正确估价。这里，问题的一部分是数据安全的“火炉烟囱”：太多，或者更准确地说，太多不同的首席官员。我们有首席隐私官、首席信息官、首席信息安全官、首席风险官、首席执行官等，每位“首席”都有自己的保护领域，而他们的职责往往是相互重叠的。每位首席官员都认为自己的问题或解决方案对公司最至关重要。

首席执行官以及最高到董事会不得不平衡这些相互竞争的关注点。最近的美国证券交易委员会指南提示，网络安全应成为企业董事会的主要关注点，负责网络安全的人应直接（或更直接）向首席执行官和董事会报告，而后者应定期听取企业的网络安全情况汇报。

但是在进行情况汇报之前，首席信息安全官和安全人员需要学习如何讲首席执行官和董事会的语言，或者教会他们讲安全人员的语言。

作为一个群体，我们依然不知道如何估算业务某些重要方面的价值，特别是涉及网络安全时更是如此。我想说，大多数企业对于把数据收集、处理和分析赋予价值都没意见，但对于重视隐私等更隐秘的东西却很纠结。

我们不重视隐私是因为我们没对隐私赋予价值。我们当然可以评估数据泄露的代价。我们可以说数据泄露的代价是每条记录 15 美元，如果有 100,000 条记录，这次数据泄露的代价合计就是 150 万美元。这样算是有帮助的，但并不完美。

我们需要为隐私估价开发正确的度量指标，因为如果我们不对隐私赋予价值，就意味着我们不会重视保护隐私。我们是根据不保护隐私的代价而不是它本身的价值来衡量隐私。隐私保护——真实、持久的隐私保护——增进信心。信心促进信任，信任促进销售，销售促进 CISO。

关注业务赋能

在网络安全领域之外，业务赋能通常是几乎每一个决策中的因素。比如说一个公司正在考虑在从来没做过业务的国家开个工厂。管理层要解决一系列的问题：风险都有哪些？政府是否稳定？是否有充分的电力和交通？是否有大量的工人储备？这项决策将如何影响我们的盈利能力、收入增长、客户关系和伙伴关系？

网络安全必须包括在每项讨论中。这个国家有网络安全方面的法律吗？该国是否追究网络罪犯的刑事责任？数据保存要求有哪些？我们能否在互联网上安全地做生意？我们能否雇佣这个地区的网络安全专业人才？是否有保护我们的数据机密性的法律结构？如果我们受到攻击，执法部门是否与我们合作？我们能否取得适当的保险？我们的合作伙伴可靠吗？他们能保护我们的数据吗？

我们应该更进一步，将网络安全要素附加在为公司带来价值的每件事上。在开发新产品时，我们必须嵌入与下列问题有关的决策：收集哪些数据、数据如何流经服务、如何保证和监控这个过程、我们如何管理安全支付以及哪些风险与数据损失相关。

隐私也一样。我们把安全和隐私看作是分开的需要自担风险的关注点。虽然你不保护隐私也有安全（你可以安全地侵犯隐私权），但你不能在没有安全的情况下保护隐私。这是政府签约和数据隐私法律中“隐私设计”要求背后的原则。

这意味着专注于产品、服务、解决方案和新技术并询问：正在收集什么数据？如何收集数据？收集、存储和处理这些数据有什么影响？如何使用数据？这些数据存活多长时间？从安全角度看，这是否意味着询问谁能访问数据？我要怎样审核数据访问？数据是否已全部或部分加密或有保护？如何保护数据的机密性、完整性和可用性？

如果业务赋能是目标，那么我们必须使用业务语言。安全能降低成本，因为安全能提高数据移动效率和实现协作。安全能加快上市速度，这意味着我们可以赚更多利润。安全让我们有能力做现在每天都在做，而几年前还不能做的事。安全能够让我们聘用最好的人才，因为我们不会受限于地理位置的约束。安全能让销售和市场部门利用分析，更快响应客户的需求。

业务赋能的语言

我们不应停止谈论风险消减和合规。这些对于网络安全团队的成功是至关重要的。但是，如果首席信息安全官开始讨论降低公司的总体风险，讲业务语言会有效得多。

如何改变对话？这里有一些针对 IT 安全专业人员的建议：

1. **仔细审查业务的总体目标**。确定安全功能如何适应业务的内容和经营方式。开发一个框架阐明网络安全在关键业务功能中所起的作用——招聘、经营、销售、营销、分销等。
2. **展望未来。**公司要走向哪里？网络安全如何促成业务？公司是否准备利用机器人、物联网、人工智能和大数据分析？公司是否准备进军新全球市场？也许有一种新的安全技术可以让公司做之前不能做的事。*让安全推动对话。*
3. **以更大的视角看待监管环境。**也许你的组织现在不在欧盟内经营，因此有一种想法认为你不需要担心 GDPR。但是你可能有在欧洲做生意的业务合作伙伴；你可能决定在欧洲开设办事处；你可能在那里收集数据。要有意识，要综合全面，要有扩张性。不要将隐私分开讨论，而是要把它嵌入你的安全态势。
4. **谈业务。**关注销售、利润、创新和企业文化。如果安全团队的工作做得好，没有出现泄密现象，什么会促使企业管理层对安全加大投入？卖点不应该是什么都没发生，而应该是安全能够助力业务取得这些具体的可计量的结果。
5. **量化风险消减的价值**。在某种情况下，对话将不可避免地转变成风险。当首席信息安全官可有效量化风险消减的价值时，他/她就可以在解释总体投资回报时更清晰更有见地。当你对风险消减附加真实数字并让它结合与利润、销售、上市速度、招聘、产品开发和经营效率提高有关的价值时，你就真正改变了对话。

结论

通过网络安全实现业务赋能不是数字时代的一个选项，而是必须。这是经营过程中无法改变的事实。如果你和其他公司打交道，他们会要求你有全面的网络安全计划。没有这样的计划意味着你不能做业务，就是这么回事。然而，如果你只是把网络安全放在“经营成本”或“风险消减”的桶里，你可能会错失手头的真正机会。

网络安全可以而且也应当关乎促进收入，提高利润率，吸引和留住新客户，更高效地经营，促进创新，雇佣最好的人才，改造工作场所。只有在从这些方面考虑网络安全时，我们才真正获得了数字时代的力量。

如果我们尝试做的唯一一件事是不失败——这并不一定意味着我们正走向成功，现在是时候改变我们的语言、思维和视角了。谈到网络安全，无论我们在董事会、管理层还是前线，所有人都应该讲业务赋能语言。

28

与董事会和高管沟通的方式能够成就或破坏你的网络安全

James Shira

在一个安静的周日，早上四点，你的香港办事处突然掉线了。一个边缘政治团体非法侵入了当地输电网络，切断了当地数据中心风机和冷却系统的电源。所有生产系统都停了。

结果你的全球银行业务无法使用，死机了，不起作用了。公司的钱每秒都在流失。

作为组织的首席信息安全官，你会收到令人恐慌的半夜打来的电话（你经常为此做恶梦)，六个月之前精心设计和编制的网络安全剧本生效了。通过周密规划和严格实施，灾难恢复和业务持续方案启用了（最好是自动启用）每个人都立即着手查找问题的来源，进行修复，防止损害扩大。

当你联系老板，让他们知道发生了什么事并且避免了一场大灾难时，要记住你接下来要说的话可能是保证企业安全以及你的事业安全的最重要一步。

你向公司的业务领导说什么以及怎样传达消息，必须让他们相信你：

- 知道发生了什么事。
- 知道这件事如何发生。
- 可以确定和衡量对业务的影响。
- 有清晰、可靠的建议确保它不会再次发生。

你在讲话的时候不能使用大量的技术词汇和专业术语，也不能说“别担心，我已经解决了”。

网络安全不是技术。不要这样谈论它。

不幸的是，上面描绘的情景发生得太频繁了，而且往往结局都不好。太多的组织把网络安全看作技术问题，一种最好由技术人员利用针对技术威胁的技术解决方案解决的技术问题。多数首席信息安全官与技术人员而不是与受尊敬的业务经营者谈论网络安全。

网络安全并不是指防火墙、入侵检测、认证、恶意软件预防或威胁情报。不过以上都是一个好的网络安全框架的重要组成部分。但是首席信息安全官总是做不到——他们的组织因此受损，因为他们只是从技术角度看待网络安全并从技术角度与业务领导谈论网络安全。

我强烈要求（不，我恳求）你作为公司防范网络风险的防火墙，重新考虑如何向最高管理层和董事会谈论网络安全。你说的话应有助于弥合技术基础与业务影响之间的鸿沟。你首先要知道的一件事是，CEO 或董事会没有义务到你这来跟你说他们想知道什么。

这是你的责任。

你必须采取第一步（以及第二步、第三步和无论多少步）来消除非技术高管们的知识缺口。你不使用通用的沟通语言就做不到这一点。

例如，让我们回到本章开始时我们的噩梦式场景。当 CEO 或董事会成员问你“发生了什么事”时，不要谈论不曾预料的数据泄露、缓冲过载或 IRC 控制的僵尸网络，这一点很重要。你的回答重点应该是操作失误或技术故障的业务影响，例如在线银行服务关闭两小时导致我们的呼叫中心呼叫爆棚和 4%的收入损失。

作为首席信息安全官，你必须从业务角度而不是技术角度实施网络安全。你必须以植根于业务结果的通用语言描述组织正面临的问题。你必须能够监控、衡量和改进这些结果，由你负责把网络安全转化为战略讨论，而不是对他们都没有真正理解的问题的技术响应。

你选择的措辞以及你如何与董事会及其他业务领导沟通将成为你可以采取的某些最重要的步骤，这样你将被看作业务经营者，就像财务、运营、市场营销、法律及其他功能性领域的主管一样。如果你不使用正确的语言，你作为首席信息安全官是不会成功的。

让你的听众做好准备

在与私营和公共部门的许多 CISO 共事的过程中，我了解到基于最适当语言的良好沟通主要通过遵循下面一句熟悉的话辅助实现：了解你的听众。

作为一名 CISO，你要和整个组织数量众多的各种决策者、同事和有影响力的人谈话。因此有必要知道让你的听众理解你是最好的。一个重要的方法是，问问自己是否正在和“读者”或“倾听者”说话。

读者通过视觉获取信息，在董事会会议或高管聚会上阅读意见书、案例研究、情况分析和近况更新。在为会议做准备时，读者以相关事实、意见和预先准备好的选项武装自己，讨论各种选项和后果。

相比之下，倾听者喜欢个人化的讨论，经常是与 CISO 进行面对面讨论，因此他们可以直接听到你在说什么并且处理你跟他们说话时提出问题。对于倾听者，私下提前见面是个好主意，这样他们可以做好准备与同行们进行范围更大的讨论。

有句话说“所有政治都是地方政治”，那么，一个好的 CISO 应当记住“所有沟通都是个人沟通”。准备好根据正在处理你说的话的人的需求来定制你的语言。

语言的力量

有趣的是，有一个地方的网络专业人员和非技术领导了解这个要求，并已采取重要步骤通过语言来实施网络安全，这个地方就是美国军队。安全已进入正常命令链条，因此是美国军事分支机构承担的核心职能的一部分。这不是留在运营框架边缘的 IT 活动；每个人都说“任务保证”语言，而不是讨论“任务保证”。

CISO 还能怎样在正确的语境中使用正确的语言才能被看作真正的业务经营者而不是技术人员？

首先，不要屈服于许多业务主管对 CISO 形成的刻板印象，他们把 CISO 看成技术负责人，觉得他们或许有点古怪，而且可能偏向于不考虑业务实际情况的技术解决方案。这意味着你应当尽量少用首字母缩写，不使用夸张的语句，杜绝流水句，重点关注网络风险如何影响业务经营。

其次，了解组织所处的业务环境以及所有业务职能的主管人员。对竞争优势与弱点、客户行为、销售与利润趋势、分销渠道和品牌等各种问题都有自己的见地并能清楚地表达。

再次，基于个人同理心与同事建立专业纽带。了解同事的业务挑战，从他们的角度进行网络安全对话和提出建议。谈谈你建议的投资如何让电子商务应用的有效性提高 20%，确保企业不会像竞争者上个礼拜经历的那样因订购平台停运两小时而损失很多收入。或者谈谈现代化的数据保护方法如何让法律部门在诉讼案件的取证阶段更容易、更快地编制文件。

最后，记住你必须支持自己说过的话并且“有自己的解决办法”。当你向董事会谈论网络安全投资或新政策建议时，要有对实施和问责的控制权：“在你的支持下，我已经准备好要做这件事。” 你不能是那个明白做什么但是还没准备好去做的人。

语言技能将成为未来 CISO 的主要要求

我们每天在做业务的过程中自然会竭尽所能。毕竟我们因为有能力才取得那个职位。如果 CISO 把自己看作网络安全技术人员，他们说话和走路的方式都会体现出来。

但是我现在看到 CISO 招聘出现了重要的新趋势。例如，我完全相信会有越来越多的 CISO 来自顶级 MBA 专业而不是计算机专业。我还相信 CISO 将从内部培训、辅导和招聘，也就是在组织内部从财务、经营甚至销售和市场营销等非技术部门选拔 CISO。

这是因为未来的 CISO 需要有更强的业务技能，特别是需要有更强的沟通技能进行必要的联合与协作，从而使技术和非技术部门携手共进。如果没有他们，企业很难以前瞻性眼光正确识别风险源，权衡可能的解决方案，评估这些因素对业务经营的影响，并就最佳技术修复以外的因素做出艰难抉择。

沟通技巧将变得尤其重要，因为 CISO 是技术派和业务派之间的“翻译”，而且要向 CEO 和董事会汇报平衡业务机会与业务风险的情况。要让知识成为力量，必须让知识容易理解。对于安全，我们往往把它变得不容易理解。你的听众（例如 CEO 和董事会）缺乏技术知识，所以他们不得不信任向他们讲述技术问题的人，这往往意味着他们会错过提出正确问题的机会，而这些问题本来可以避免灾祸的发生。

在网络安全背景下，需要良好的沟通技巧来促进更好、更快、更有效的决策。CISO 需要以清晰、有说服力的方式沟通的最具体的事通常以适当的投资需求、共同承担网络问题和崇尚在危机发生时采取行动为中心。提高你的沟通段位至关重要，这样你才能把网络安全从一种被动模式转化为前瞻性战略学科。

最后，CISO 需要成为整个安全频谱（不仅包括信息安全，而且还包括实体安全）的总经理。再次说明，这是 CISO 的强大业务技能（沟通、选优、政治敏锐性、委托和协作技能）派上用场的地方。作为 CISO，你需要显示出管理 DNA，而后者突出对安全承担运营责任的合理水平。

这里还有其他一些要牢记在心的话（可能具有争议性）：现在很多在职的 CISO 以及这个职位的候选人都不想要运营所有权。

很多 CISO 依然把自己的作用看成在与信息安全相关的领域提供技术领导力。在他们看来，这个职位涉及防火墙、高级持续威胁和身份管理。太多的“传统”CISO是在安全威胁通常众所周知且业务影响有限的时候学到的技能。

不会再有这种情况了。任何躲避运营责任并且不与组织内所有业务职能紧密结合的CISO都要自己承担风险。

从今天开始，如果想成为一名成功的CISO，就不能在强权面前退缩。你必须要让组织为在风险与创新之间取得更明智、更有效的平衡承担责任。而且你不能表现得好像你是房间里唯一理解数位和字节的人。你不想被看成是愿意进入下个炒作周期的CISO。

最后，记住最成功的CISO要说明“为什么做好准备”。当坐在会议室里，或者与CEO共进午餐时，你可以准备好就工具、培训或员工方面的新投资进行辩论。你可能有权威的数据来强调某个问题或预测下个威胁。和这些事一样重要的是，除非且直到你能阐明为什么你的建议是合理的，否则你不会成功。作出那些决策的人将要求你能够为自己的建议提出论据；他们一般不会给你想要的，因为你的技术才华让他们眼花缭乱。

在这本书的其他章节，USAA首席安全官Gary McAlum采用一种特别恰当的方式描述如何弥补CISO说什么与业务主管或董事会成员听到什么之间的差异。他把这个称为“那又怎么办？”，他解释说每个人必须准备好解释任何问题、建议或行动过程对业务的重要性，从而确保绝对可靠的网络安全。

你所解释的“为什么”必须简明、清晰并具有业务效益方面的依据，要与企业的战略目标一致。如果不是这样，重新改进。

结论

在本书第1部分，SAP首席安全官Justin Somaini讲了一个很重要的事，说的是他如何着手通过请求加入SAP的销售部门而与业务部门的同事建立牢固的关系并促进信任。

Justin阐述的理由很精彩：“保护公司免受安全攻击和确保合规并不能准确地描述我的工作或这个地球上我的同行和同事的工作……如果我不了解销售，我怎么能促进销售？”

作为CISO，重要的是应后退一步并承认，最终，你的工作是确保你的组织达到最重要的目标。你可以通过降低和管理网络风险来达到目标，就像销售主管可以通过开拓新的销售渠道或像物流主管通过理顺全球供应链来达到这些目标一样。这是到达终点的手段——不是终点本身。

29

利用正确的证据来制定正确的网络安全决策

Mischel Kwon——MKACyber 创立者及首席执行官

安全：一直在演进。某些时候，网络安全领导需要很费力地讲清楚情况，因为事情很复杂。另外，我们要把事情通过整个组织传达给高管，他们具有非常不一样的技术理解力和非常不一样的领导重点。

过去很多时候，安全专业人员主要讲令人恐惧的故事。我们还讲过对与错、黑与白的故事。别误解我：故事常常很可怕。但这种方法事与愿违，因为它脱离了安全团队良好的分析性思维，不让聪明人参与重要的业务对话。

我们知道安全专业人员需要改变他们对业务领导讲话的方式，因为我们需要取得业务领导的信任。在安全方面，我们是数字化业务的贡献者和数字化收入新来源的促进者。我们需要参与这一对话，为此，我们必须采取基于证据的方法进行交谈。

经典的业务决策都是基于分析事实做出的，通常是基于某些统计分析，并采用度量指标来衡量。多年来，安全专业人员总是说这几乎不可能。我们本来应该提供有意义的措施和衡量指标，但我们说的却是关于对手和攻击的故事。虽然这部分内容毫无疑问也很重要，但却不能帮助企业理解如何做出正确的网络安全决策。

业务领导需要安全专业人员提供真实、有意义的证据，而不是告诉他们恶意软件有多糟糕、恶意软件的来源国是哪里或者用户做了什么事导致被感染。在查看、分析和呈现 IT 与安全统计数据时，应确保领导可以了解风险。主观做出的安全决策必须让位于真正客观的想法、方案和政策：要以可量化的威胁和风险为依据；要以企业高管似乎熟悉的方式进行。

那么为什么之前没这么做呢？安全主管们专注于教育非技术同事，但是缺乏必要的数据形成有意义的度量指标对网络安全进行衡量。但是，时代已经变了。我们的 IT 系统往往甚至不在我们的网络上，但是今天，在云中，它对业务的重要性比以往任何时候都强。IT 系统是数字化收入的骨干。在首席信息官（CIO）和首席信息安全官（CISO）的办公室里，他们的职责已经从交付角色转变成为企业收入和收益做贡献的角色。当这些角色改变时，安全团队已完成或需要完成的工作呈现方式也必须改变。

安全主管必须采用标准化的有序报告法说明网络中发生的事，最后将越来越不需要讲故事和进行持续教育。不需要花费太长的时间就会让人们认为网络安全报告的焦点完全就是这些具有高风险的系统、人和数据。消息必须表示为使用案例而不是更吓人的“攻击类型”。CISO 及其团队应避免讨论与企业的业务模式和威胁情况无关的易引起恐慌的事物。

从高层报告直至驻留和经过你的网络的数据，安全和业务主管们都必须采用这种使用案例组织。它将改变安全部门，因为每件事都要映射到这些使用案例：报告、安全控制、工具、分析过程，当然还有数据本身。这种方法将产生大量统计资料，而这些统计资料可以让组织衡量网络安全性和生成相关度量指标，最终为基于事实的业务报告提供证据。

遵循这一蓝图的安全负责人只不过是从他们的业务同僚中学到一课，试图了解领导实际想要知道什么，向他们提供想要听到的事实以便他们可以了解企业的风险。让我们看一下首席财务官（CFO）的角色。他们采用关键业绩指标报告流动性、生产力和盈利情况。我们作为安全专业人员如何针对网络安全呈现这种画面呢？**技术、安全支出和风险状况。**对于财务人员，你看流动性情况，这基本就是现金的情况。现金是业务经营之王。如果你把这个道理用到网络安全上，那么我们可以说数据是**技术状况**之王。**安全支出**可以通过使用案例来阐明，解释技术支出和人员如何提高安全能力或降低风险暴露，而之前是基于合规性阐明风险。

根据使用案例来组织一切（包括安全控制）将会使基于数据的事实形成合规和风险报告。了解哪些使用案例影响哪些系统以及业务和收入的某些部分如何受到网络攻击的影响是至关重要的。如果你的安全领导可以阐明这一点，那么把网络安全事务上报高管和董事会将变得更容易也更系统化。哪些业务领域正在受到安全事件的影响，哪些系统被定为攻击目标，哪些使用案例导致的问题最多，你在哪方面需要改善以及差距在哪里，这些问题都变得清晰很多。业务主管应期望 CISO 和网络安全团队总会提供完善报告的建议，展示安全人员与 IT、法律及其他业务部门协作的方式，从而完善这些安全进展的可度量指标。

当然，这种方法也存在挑战。获得必要的数据确立这种客观的报告方法很难。将各种数据映射到对应的使用案例也不容易，但有一种经过检验的称为“成熟度模型矩阵评估”的方法，它可以让网络安全部门了解和看到是否能以正确的格式在正确的地方访问所需的真实 IT 数据来检测每个使用案例。

如果映射监控每个使用案例所需的数据并确定其对组织的影响，你很快就会确定无法访问所需的某些数据，而且你的工具并不总是与你想要从安全角度做的事一致。你要把它看作好事。从新奇事物综合症转变为花费大量金钱获得最新最好的工具将是组织和调整 IT 与安全数据的绝妙附带利益。作为业务领导，你可能之前要求 IT 部门提供这些数据，但并没有收到数据，因为系统可能没有被设计为能够检测这些使用案例。

这种评估模式是一种以基于事实、不情绪化、非对抗性方式提升这些问题的接近完美的方法。几乎完全肯定的是，工具、架构和流程修正将需要在探索基于使用案例的检测过程中完成。这就是为什么我总是建议从可见性项目路线图开始。然后你可以就这份路线图的执行进行报告，之后在逐渐成熟的过程中，你可以慢慢开始用真实的基于使用案例的安全报告来取代路线图更新。

当你的威胁情报以及你为安全架构和安全信息事件管理器（SIEM）创建的防御内容全部贴上使用案例标签时，当你能把策略、技术和程序（TTP）映射到妥协指标（IoC），以及你在必要时把这些进一步映射到相关通用漏洞列举（CVE）标识符时，你的天堂来了。如果每件事都井井有条，你就可以真正优先安排漏洞扫描，缩小需要寻找的威胁的范围，把安全控制映射到每个有问题的 CVE。那么你将得到真正的全貌。一旦完成所有这些映射，你就可以衡量统计数据，得出新的东西——运营合规。

使用案例成为你真正的关键绩效指标（你的证据），它不能通过进行审查、审核或访谈得出，而是通过分析数据得出。理想的情况下，你会有一个仪表板，你可以在仪表板上看到系统卫生、业务风险和使用案例检测，它基本可以显示薄弱环节在哪里以及如何改进，以图表的形式显示进度。

在这个新的数据中心驱动的网络世界中，保持对所需数据的访问可能是个挑战，这个网络世界与传统组织中的内部企业网络看起来很不一样。这种资源分配是个挑战，这意味着安全从没有像现在这样成为团队工作，网络安全专家需要与其他业务单位合作来确保适当的网络可见性。因此，评估应当定期进行（我建议每季度一次），你可以评估或重新评估对企业不断增加的各种技术（无论在营业场所、云中还是其他人为你创建的某些企业 APP 中）的访问权限。

让我们使用一个假定的医疗机构（一个由医院、研究人员、内科医生和教育工作者组成的联合体）做例子。他们会报告高风险使用案例，例如勒索软件、数据泄露、分布式拒绝服务攻击、钓鱼式攻击和恶意软件。他们有一个网络，包含四家企业。不存在细分情况，他们根据入侵检测系统（IDS）警告来检测各种事件。他们有大量关于卫生信息流通与隐私法案（HIPPA）的调查结果，这些调查结果与他们所面临的实际事件无关。这看起来好像不可能，就像灭火时水用完了，最后不可避免地，CISO 将失去工作。我们已经听过或经历过这种情况很多次。

他们首先应该采取的行动是识别使用案例。之后他们可以审查漏洞扫描并把扫描情况映射到 IOC，而 IOC 映射到他们正要检测的使用案例。这使他们能够专注于最高优先级使用案例。之后他们可以通过评估模型将其 SIEM 中的数据映射到使用案例，该模型可显示他们在哪里漏掉了关键数据。有 CIO 团队的帮助，他们可以审查其所有工具和架构状态，共同设置路线图，从而进行完整的使用案例监控。在重新调整工具来支持使用案例的过程中，他们将不可避免地发现大量节省。CIO 和 CISO 可以着眼于架构和工具，以改进可见性、检测和衡量这些东西的能力。在有可报告的明确使用案例之前，他们会报告架构改进情况。

一旦安全团队能够按使用案例进行检测，可报告的内容将不仅包括他们能检测什么，而且包括哪里看不见，从而展示他们的总体能力以及如何改进。当缺乏可见性妨碍他们的检测能力时，他们可以像事件贴标那样表示出来并且保留这些盲点的统计数据。

进而这将成为其检测能力报告中的有用数据。一旦他们将漏洞扫描情况映射到 IOC、CVE 和安全控制，他们的审核重点也将改变，专注于高风险和要求立即修复的东西。

最后，他们的报告将来自于组织的实际职能部门。使用案例协议，整个组织内目标的协调。这种方法能根据事实、数据、统计、指标和改进情况在组织的所有层级形成清晰有意义的报告。

随着时间的推移，这个假定的医疗保健机构将收获许多利益。更完善的架构最终将带来一个分区更合理的网络。他们可以将业务的某些方面移到云上。他们能像团队一样工作，在企业修正 IT 和安全工具支出时提供支持。他们还能最终联合向董事会报告，提供一个全面的技术报告。

实际上这不仅仅是一个关于报告和证据的故事。这个故事是关于协调企业、组织安全和确保所需数据可供安全团队提出基于事实、有影响的补救建议。它的副产品是领导层可以放心他们正在基于实际可衡量的数据就其数字业务做出正确的网络安全决策。

30

CISO 与业务领导人之间建立共鸣和信任

Brad Arkin——Adobe 副总裁兼首席安全官

伟大关系的标志是信任和信心。确实是这样，无论我们讨论业务、地缘政治还是个人关系，这些都需要强大的信任感和信心才能站稳脚跟并发展壮大。在一段关系中建立信任和信心，所有各方都必须对其他人的感受和需求有强烈的共鸣。你能想象如果没有共鸣，企业间的谈判会怎么样吗？夫妻之间呢？

网络安全也是这种情况，付出努力后结果成功还是失败取决于 CISO 与业务部门特别是最高管理层和董事会的关系。毕竟，技术推陈出新，威胁不断发展，而且为了应对新的漏洞和不断变化的业务重点，经常需要重新制定战略。

但是如果技术和业务领导之间没有开放、坦诚的双向沟通，是不可能产生共鸣的。如果没有建立在共鸣基础上的关系，以最佳网络安全就绪状态为目标取得的进展将转瞬即逝。我们该怎么做呢？

弥补差距

想一想，如果发生了重大安全事故，谁将是需要向高层业务主管进行解释的人？问题可能像“你是否检查了所有服务器以保证它们设置正确？”一样简单。安全主管需要耐心解释世界上有成千上万台服务器，即使把 Excel 电子表格全展开也只能打开大约 64000 个单元格。为了帮助产生共鸣，安全主管想找到一种方法弥补业务领导知道什么与需要知道什么之间的差距，以便我们共同做出巧妙的决策。除非我们找到一种超越某些知识和语言壁垒的方法，否则就会陷入怀疑和误解的境地。

技术细节让非技术管理者感到力不从心和困惑，因此最好尝试避免进行技术研讨。技术讨论可以用类比法来代替，你可以把不熟悉的事物说成业务领导和董事会成员更熟悉的非技术的东西。例如，在试图避免讲述安全的细枝末节时，一个可用的类比是家居装修，这是很多人都熟悉的事。房主不需要知道承包商使用什么工具或者做了什么来满足工程师的要求以符合当地区划法规。承包商要做的是让房主感觉他们的工作达到了其目标——更开放的空间，现代化的设计，更大的衣柜。这全是关于让他们放心，相信承包商的工作做得好，从而提高其未来再次承接业务的可能性。

当心警告标志

当最高管理层和董事会不相信 CISO 拥有反映业务目标和现实的安全实践与政策时会发生什么？除了某些可能令人不适的对话，各方对组织的网络安全就绪状况有很大的困惑。这一现实往往妨碍对安全预算、治理和监督责任、合规状况问题和法律风险做出决策，这些都是业务领导不愿意花费时间、金钱和精力的话题。

对于业务主管和董事会成员，有一些常见的危险信号要识别。例如，业务主管可能听到不同职能的成员阻挠 CISO 的政策，就像工程团队反对 CISO 有关嵌入最新产品的重要安全特性的建议一样。非技术领导可能无法判断哪一方是对的，但这个程度的显著摩擦在主管看来将成为大问题。如果安全领导的要求合理，而且如果 CISO 和工程领导在谈判中因有共鸣而产生信任和信心，那么产生摩擦的可能性会小很多。

这不意味着工程师们不会没有一点儿抱怨，但是他们可能不会说 CISO 是个白痴。

当安全领导不能就提议的投资如何带来理想的业务结果进行清晰的说明时，这是技术派和非技术派之间针对安全问题缺乏信任的另一个征兆。如果 CISO 到你这里要求大额支票，他们说的第一句话是他们需要钱把修复僵尸网络攻击的平均时间减少到 2 小时以下，没有人会觉得 CISO“靠谱”。但是如果他们提出的要求可以理解又中肯，例如“最近的监管指南要求我们在发生个人信息泄露时通知监管人员和受影响的人员，所以我们需要升级到这些监控和报告工具”，董事会会理解的。长期来看，网络安全“关系”的更重要意义在于，这将建立信任的基础，因为每个人都会展现出一些同理心。业务派理解 CISO 需要它使组织得到保护、合规并避免受到法律和品牌方面的损害，CISO 感觉业务领导重视他/她并尊重他们的建议。

最终，董事会和最高管理层肯定会感受到 CISO 关心业务结果而不是试图通过讲大量的技术专业术语骗取他们想要的东西。如果高层领导没有那种感觉，他们会很快意识到他们正在和错的人说话。

建立共鸣语言：这不仅关系到你说什么，而且关系到你做什么

每个人都听说过“行动比语言更有说服力”。在帮助一个人建立同理心并最终产生信任和信心的过程中，我们说什么无疑是重要的。但非口头语言也很重要，也许比人们意识到的更重要。

帮助或损害 CISO 的非口头沟通的明显例子是报告结构。如果 CISO 向 CIO 报告，你说“安全是个技术问题，最好是交给技术人员”。但如果 CISO 向 COO 或 CEO 报告，或者如果他们对董事会有直接接触，会让每个人深刻认识到网络安全是个业务问题。另外，顺便说一句，它会强化 CISO 的那种看法，CISO 现在也更相信董事会已经明白了。

还有其他建立信任和信心的非口头沟通方式。治理结构、预算批准和财务监督只是很少的几个例子。还有其他不那么具体但有意义的例子。

在 Adobe，我们使用“高管气场”这个词来描述行为举止满怀信心并产生一种庄重气氛的人。我 25 岁时作为一个学技术的书呆子如果

知道这一点有多重要就好了，但那时我没有良好的沟通技巧，特别是不擅长向听众表达我的想法。那时就像是我自己在对自己说话 – 这对于一个人的职业生涯不是好事，也不是展现同理心的方式。

在与 CISO 交往的过程中，业务领导想看到他们已准备妥当，他们能够掌控任何问题，他们对自己和团队能够以清晰、简明的业务语言回答问题充满信心。业务领导应该高度警惕试图通过回答一个困难的问题把他们吓住的 CISO。如果 CISO 简单地说："我不知道，但我可以为你取得那些信息"，情况会好很多。

如果你的 CISO 是个容易神经紧张的人或者在发现安全事件后容易过度激动，业务主管和董事会成员就不会安心，不会相信问题已解决。正像我们都知道的，业务领导就像好的扑克牌玩家一样：他们指望有人"告诉"，任何有关不安或困惑的微妙迹象，即他们不了解事情的全貌。

如何确认成功?

成功关系的征兆通常容易识别：双方经常互相表达爱与尊重，愿意彼此相守的一段长久婚姻。宿敌之间的历史性和平条约。各政党之间为了国家利益达成的政治妥协。

有类似的 CISO 与业务领导之间成功建立信任关系的措施，其中有些就像同理心一样抽象。

例如，当你的 CISO 已建立并保持对业务同行和组织领导的尊重，你将能够"感受到"对 CISO 因其所做工作而产生的信任。

这在包括 CISO 在内的同事进行业务规划等事务时（不是 CEO 要求这么做）或在他们就新业务服务的实施向董事会进行联合演示时就会显现出来。当董事会成员看到 Tom 和 Mary 站在会议室前面，轻松愉快地配合彼此，听对方把话说完，他们会马上感到对 CISO 和他们与业务派之间的关系更有信心。

当然，CISO 也要不负众望。他们必须确保他们实际上正在保护组织免于出现不理想的结果，但当不好的事情确实发生时（不可避免会发生），CISO 必须采取正确的步骤确保情况不会失去控制。

为促成这种结果，我们可以确定几个必须要采取的重要步骤，从而促使信任和信心的产生和增加。

- CISO 是否提出了有关安全投资的合理论点，董事会同意了，甚至更大的要求也同意了？
- 适当的安全措施是否在整个组织而不只是数据中心或 SOC 内实施？
- CISO 是否取得所需的上报各种事项的权限？他们是否正与同事以及高管和董事会成员"协商"？
- 高管们是否觉得需要对 CISO 进行微观管理（不仅仅因为他们可能是强迫性的微观管理者）？

最后，有一些我们都认识的硬指标：CISO 识别威胁、弥补漏洞和修复问题的速度有多快？他们通过使系统和应用保持运行或者通过确保客户对新服务的信心带来了多少利润贡献？

但是，即使这些也要针对"软"行动进行权衡，例如在发生数据泄露后如何进行事后分析，或者他们是否可以说服开发团队在新产品发布前把安全要素设计到新产品中。

讲究信任、信心和同理心

在所有关系中，经常会出现十字路口，这时路可能走对也可能走错。一对夫妻可能会面临财务困难，这迫使他们缩减开支权衡某些非常艰难的选择。或者，两个宿敌本来正要握手言和，迎接睦邻友好的新态势，但边境上无意中的一次交火让他们再次剑拔弩张。

网络安全也一样。总是会有考验业务领导与 CISO 之间关系的安全事件、数据泄露、高调勒索软件攻击及其他潜在的破坏性事件。

有关各方为建立坚实的信任和信心都做了什么主要取决于他们建立同理心的能力。是的，事情可能现在看起来糟糕，但是我相信你，我知道你也相信我。

策略

31

要领先于网络安全威胁，就要重视准备和可持续性

Heather King——网络威胁联盟首席运营官
Megan Stifel——律师；Silicon Harbor Consultants 创始人；Public Knowledge 网络安全政策总监

每个人都知道自然灾害是难以避免的。飓风、龙卷风、山洪暴发、山林火灾及其他极端天气状况时常发生，严重性各有不同，对经济、人和社会的影响虽不是毁灭性的也是巨大的。因此，社会各界的代表应就击退任何威胁或风险的进攻共同承担起责任，这是刻不容缓的。

最终，个人和集体都做好准备，促成一个更强大更容易恢复的社会。达到这一点意味着每个人都要赶在问题的前面为大量潜在威胁做好准备，确保在潜在灾祸发生多次后有持续性的保护行动和防御措施。

潜在灾祸一波未平一波又起：听起来像是当前的网络安全状况，是不是？

我们都必须重新考虑我们的策略，以确保我们的组织和社会可取得和保持更强大的网络安全状态。这些策略必须建立在弹性以及准备就绪性和可持续性这两大支柱的基础之上。除非领导者具备强调长期规划和可持续网络弹性的思维，而且从任何已发生的事件中取得教训，否则我们将持续越来越落后。

在任何其他制度架构中，我们都不会接受这种没有任何有意义改变的下行趋势。如果公司的销售和利润有下降趋势，我们会想办法制定计划走可持续道路让财务回归正常。如果我们的家总是遭遇抢劫，我们会安装报警系统或搬家。如果一个国家的经济和社会状况恶化，我们会看这个国家的就业培训、教育机会、进出口战略以及整体的政策和计划情况。

有太多的组织很晚才认识到当他们要解决网络安全问题时已经落后了，然而却依然固守陈旧、低效、被动且最后导致失败的方法。由于所有组织都经历过事故或入侵，很多首席信息安全官经常疲于应付，这并不奇怪，为做好准备，他们需要采取大量行动。

到了应该改变的时候了。

准备就绪性和可持续性

很多组织依然从周边安全的角度看待网络安全，他们关注的是保护网络抵御入侵者，这是陈旧的城堡加壕沟式的方法。太多的组织建立了网络安全防御措施，重点解决个体问题或应对具体威胁。不幸的是，这产生了无数的网络安全孤岛——针对高级持续性威胁的解决方案，针对移动恶意软件的解决方案，针对网络钓鱼的解决方案，以及针对具体地理位置或垂直行业威胁的解决方案。入侵者和内鬼利用了这种方法产生的缝隙和缺口。因此，它效率低下、不起作用、不可持续。

今天，我们必须大大拓宽网络安全的焦点，这样不仅可以保护我们的网络，而且能保护其他企业、组织和个人使用的我们的产品和服务。我们讨论的不仅是数百亿联网事物的影响，这几乎是我们利用技术进行工作和互动的每个方面。另外，为了改变我们的策略，这是有关我们如何思考和如何做业务的转变/转化。例如，思考“安全入市”而不是“首先入市”，高度重视提供最安全的产品和服务。我们针对如何提高网络弹性提出的建议的核心是准备就绪性和可持续性的概念。

准备就绪性是指不仅走在当今网络风险的前面，而且还要预测接下来可能发生什么。这些步骤合起来可以帮助组织确定网络风险的潜在业务影响，让他们落实更高的业务持续性计划和事故响应计划，这些计划通过培训和练习来检验并定期更新——不仅仅在最近的事故发生后。

可持续性的概念与准备就绪性密切相关，因为它也承认需要利用好今天来确保明天有相同或更好的机会。可持续性管理扩大了公司产品的孔径——无论是硬件、软件还是服务——从它们即将进入市场到公司为产品投入资源。采用可持续性管理实践的公司涉及所有经营范围，他们评估供应链、互操作性和规模、消费者参与以及监管合规，确保今天走向市场的东西可以经受明天的考验以及产品的生命周期完全可知。

一个组织的网络安全准备必须持续下去以应对新的威胁和快速变化的业务要求。这就像不要从 IT 获取的角度看待你的业务流程，要把供应链风险管理延伸到你的全部业务运营——真正了解你的供应商是谁，他们依赖谁，了解你的产品的生命周期，以及你将如何支持它，包括管理数据收集、保留和使用的漏洞与补丁。

严酷的现实是我们的业务领导对于组织当前的网络安全弹性现状过于乐观了。因此，就像他们开发长期产品路线图或多年市场开发计划一样，他们经常不能看到开发网络安全策略的优势。最终，组织肯定要把网络安全整合到这些以及其他的业务操作中。领导们现在还是经常把网络安全看成业务成本而不是为提高客户体验、增强劳动者生产力、保持客户的信任或保护组织的品牌而采取的措施。

要抛弃这种思维，业务领导和董事会成员要杜绝有人提议采取网络安全措施时太常说的“这需要花费我们多少成本？”，而是问“网络安全投资如何提高我们的业务竞争力并实现更高的投资回报率”。

为支持这种转变，我们需要在网络安全方面采取整体方法（包括准备就绪性和可持续性），从其他部门的成功方法中获得启发。当我们的组织为我们所能想象的各种可能性做准备时，当我们以长远的眼光看待保护组织和数字资产时，我们将开始重新掌控所面临的挑战。

另外，除了改善环境、社会和治理评级，采用可持续的业务管理实践有助于组织获得更高的利润。显然，对可持续网络安全实践有更广泛认识的组织可以更快、更有效地预测不断变化的威胁向量并适应它，因为他们的网络安全框架建立的基础包括全面准备、敏捷性以及随情况变化调整计划的能力。可持续性网络安全方法支持这些弹性特征，因为它的形成因素不仅包括生活方式、企业和供应链风险管理，而且包括用户互动和预期经历。

重新思考和重新构建网络安全方法

经验告诉我们，对于组织能否在准备就绪性和可持续性概念的基础上建立新的网络安全战略，信息共享是根本。没有任何组织可以依靠自身力量实时识别风险并作出反应和进行修复。如果组织的领导不承诺与同事、合作伙伴甚至是竞争对手合作共享相关威胁信息，我们将继续落后于对手。

在网络威胁联盟，我们认识到信息共享有利于组织的准备工作并最终有利于组织的弹性。实际上，信息共享（无论是人与人还是机器与机器之间接近实时的自动共享）都能显示组织对自己产品和服务的信心。另外，不要再问一个组织能访问多少数据，而是问他们的产品可以用数据做什么。另外，它传达了一个事实，即威胁以指数方式增长，组织再也不能独自应对这些威胁，但是我们要共同承担起责任，共享来自不同视角的信息，应对数字生态系统面临的挑战。

例如，CTA 通过其会员在竞争激烈的网络安全提供商之间实现接近实时的可操作网络威胁和事故信息共享。这些竞争者自动走到一起改善数字生态系统的网络安全，以便让客户更好地做准备和得到保护，并在理想的情况下实现一个数字弹性更高的世界。他们都相信这种协作将强化而不是削弱其盈利能力。另外，CTA 的信息共享也能促进旨在挫败作恶者、启动更有效的集体防御行动以及迫使对手对新基础架构和行事方式投入金钱和时间的分析。

2018 年 5 月的 VPNFilter 是把信息共享作为一项准备行动的典型例子。思科的 Talos 小组（与帕罗阿尔托网络、Fortinet、Check Point、McAfee 和赛门铁克共为 CTA 的创始会员）向 CTA 通知了以全世界网络设备为目标的 VPNFilter 威胁，并且与 CTA 会员共享分析和恶意软件样例。由于通过 CTA 进行事故信息共享，所有 CTA 会员都能为客户迅速开发保护和缓解措施并迅速击退威胁。

另外，正像 Megan 在“保护现代经济：通过可持续性转变网络安全”中写的，依靠技术完成企业、家庭和社会中的关键任务和日常任务只会越来越迅速。如果不对组织准备和可持续性付出努力，组织和个人以及相关生态系统将面临更大的风险，因为我们将暴露于越来越多的信息安全问题公开实例：“保持公众对技术的信任在很大程度上依靠所有维护网络安全的利益相关者。”[1]

由于组织有基于准备就绪性和可持续性的网络安全思维，高管和董事必须相互挑战，重新思考与技术使用和网络安全弹性相关的基本假设。例如，他们必须：

1. **让网络安全成为最高管理层的首要考虑事项并积极参与其中。**许多章节已讨论过为什么网络安全应成为最高管理层的优先考虑事项。但他们的积极参与是至关重要的。这始于在管理会议、全体员工甚至你为上市公司编写的报告中传达，在事故或泄露发生时以及在你将产品、服务或设备推向市场时，你认为组织面临的网络安全威胁有多严重以及最终你将如何让组织做好准备并持续下去。对于管理话题，我们都知道，当高层领导重视并积极参与某件事时，就会产生一种紧迫感。

2. **在日常业务运营中使网络安全变得十分直观。**组织应最大化工作场所内教育和提高认识的机会，从而使员工“在工作”时更好地保护组织以及了解他们“不在工作”时可以怎样减少自己的数字风险。软件供应商需要证明其拥有安全的开发流程，由软件材料清单支持。之后，组织应传达对员工的期望，要求在企业环境和随后的产品部署中采用最佳实践并鼓励在家采用。组织可以开发“网络公民”计划，强调使用双因素验证和密码管理器，在点击可疑链接前仔细思考，以及谨慎对待他们贴在网上的与自己和家人的身份和活动有关的内容（例如限制有关旅行的通信）。

3. **承认网络安全是所有业务运营的基础。**Siân John 在本书中指出，安全是业务问题，不是 IT 问题。因此，要记住，伟大的风险管理框架将技术解决方案与业务目标整合到一起。在所有业务运营中首先考虑安全可强化对产品、服务开发流程的信心，催生更好的产品和服务，对品牌提供支撑，最终导致利润增加。不能把安全贯彻到整个组织将损害保密性、完整性、准确性和真实性，这不仅涉及企业内的信息，而且涉及组织借以赚取利润的产品。

4. **告知你的网络安全规划方法最坏情况下的后果是什么。**在评估网络安全风险时不仅要考虑企业网络，还要考虑它所依靠的一切（供应商、员工、电力、实体结构）及其附属品。除了采用国家标准与技术研究院发布的《网络安全框架》管理企业风险，还要按顺序取得事故响应和可持续性计划，定期练习，以及适当更新计划、政策和流程。获得物和计划必须由组织内所有业务部门合作开发，而不是仅仅由 CISO 开发。不要忘记在这些“末日”情境中加入产品与服务安全升级和补丁。

5. **积极参加一两个信息共享组织。**业务领导往往不愿意与他人共享信息。但是就像本章之前提到的，在快速发展的网络安全世界，这种不情愿不再得到宽容。现在要投资于学习关于何时、何地以及如何共享哪些信息的某些最佳实践，因为单打独斗不再是个选择。Sherri Ramsay 在本书她写的章节中清楚地写道：坏人都联合起来了，为什么我们不合作呢？

毫无疑问正如你会想到的，组织思考和处理其业务的方式产生这种整体、综合、全面、深思熟虑的改变，需要每个组织从底层到高层经理团队的支持和积极参与。我们不仅试图增加对需要以更具前瞻性的端到端方式应对威胁的认识，而且还提供了可行的方法让组织在准备就绪性和可持续性这两大基本支撑的基础上挑战自己的假设并创建更具网络安全弹性的组织。而且，高管和董事拥有这种思维是必须的；否则，风险就会让你的组织因处于总是追赶作恶者这种防御姿态而消耗无数的资源。

结论

业务领导在网络安全方面依然常常采取城

堡加壕沟的方法。但是，采用本章讨论的准备就绪性和可持续性原则来更新这种理念是非常必要的，因为它能让高管们环顾四周并预测业务运营方面的现有和新增威胁的影响。

由于我们让这种思维制度化并在我们与客户、投资者、员工、供应商和第三方的讨论与互动中强化它，我们采取了几个主要步骤来达到具有主动性、分析性和自我强化性的更加弹性的网络安全态势。这就像为极端天气状况做准备一样。你的计划越充分，落实到位的措施越多，不只是针对某个时间点的事件而是为长期考虑，它就会变得越来越平常，最终你的组织在管理网络风险方面会越来越成功，并因此实现自己的使命。

---

1 "Securing the Modern Economy," Public Knowledge, April 2018

32

学习和利用“那又怎么办？”的智慧

Gary McAlum——美国汽车协会（USAA）首席安全官和企业安全高级副总裁

由于网络威胁变得更频繁、更复杂，对业务运营的影响越来越大，如果组织想要理解什么是不确定和令人困惑的未来，就需要采取务实的态度。

确实，很多业务主管和董事会召开会议，与首席信息安全官和其他高级IT主管商讨，考虑进行财务投资和改变业务流程。很多这样的讨论充斥着大量的专业技术术语和入侵检测系统、UEBA、多因素认证、下一代防火墙、网络分割、机器学习（这里仅列举几个）这样的话题。你的首席IT和安全专家毫无疑问会让你相信他们有深厚的技术知识，并向你提供一系列解决方案“进行周边防御”并建立“多层安全框架”。每个供应商都有你的安全技术堆栈中“需要的最后一块拼图”来解决你的所有问题。

当这些专业术语开始到处飞、缩略语充满讨论内容时，你的反应和应答应当是简单的：

“那又怎么办？”

我的意思不是要你无视或贬低CISO或CIO的技术专业知识，或者不理会他们提出的巧妙甚至可能大大增加安全预算的请求。“那又怎么办”恰恰是需要妥善处理的一系列问题的引子。就像在建立更强大的网络安全时技术解决方案很重要一样，业务领导和董事会成员关注网络安全挑战对运营的影响并让技术问题深深植根于业务非常必要。

- 这种威胁如何产生影响或如何影响我们的业务？
- 我们的客户和合作伙伴将受到何种影响？
- 威胁的财务、运营、监管、法律和品牌品牌是什么？
- 我们的风险暴露是什么？残余风险是什么？
- 怎样知道是否在保护最有价值的资产中取得成功？
- 如何知道接下来会发生什么？
- 最困难的问题：如何衡量成功？换句话说：那又怎么办？

USAA如何学到“那又怎么办？”这个教训

几年前，金融服务业受到了攻击——不是

戴面具的盗贼趁着夜色破门而入进入保管库或者我们的分支机构发生了砸窗抢劫案。它是网络攻击——分布式拒绝服务（DDoS）攻击，确切地说是以美国金融服务业为目标的攻击。攻击导致了混乱。

表面上看，没有哪个金融服务组织可以幸免，也包括我当时工作的机构。事实上，我们被攻击了两次。相信我，我们有很多同伴这个事实不会让我们好过一点儿。

随着第一波攻击击中我们所在行业的所有组织，我们看到了灾祸降临的预兆。媒体开始注意到攻击事件，每天都有报道，恐惧感、不确定性和怀疑（FUD）不断增加。我们当时知道这将成为董事会层面的问题，他们想要清楚的答案，他们想很快得到。因此我们开始准备汇报材料。

我和我的安全运维团队坐下来，向他们提出一个开放性的指令："给我一个董事会的简短文稿，不超过三张幻灯片"。我知道这是一个具有挑战性的要求，而且我觉得这正是时候教我的团队如何收集他们认为适合高层领导的信息，并且给他们一个机会发展战略沟通技巧。

当团队带着一个有关僵尸网络、如何发生、他们做了什么以及所有技术问题的技术演示稿回来时，我并不感到惊讶。有大量的关于正在发生的DDoS攻击类型的细节：UDP Flood、Ping of Death、NTP Amplification、HTTP Flood 等。简报中不包括基本问题的答案：那又怎么办？就是说，我们告诉董事会钟表如何工作，但没说几点了。

由我来给他们明确的指导更容易，特别考虑到时间的紧迫性更是如此，但是我觉得我们的团队看到和"感受"到不在正确的情况下提供正确的信息有什么影响至关重要。我让我的小组中的某些领导走出去和业务团队交谈，去了解掉线（比如说）八小时在财务、运营和声誉方面的影响。实际上，我提出业务持续团队是一个很好的起点，因为他们的年度业务影响分析是有价值数据的权威来源。

他们的课学得很好。他们回来的时候带着一个严谨的业务导向型演示稿，在技术细节方面很简短，但在业务影响方面很充分。

顺便说一下，这只有一张幻灯片。他们将"那又怎么办"浓缩成精华，这就是我们向董事会呈现的东西。他们基本上回答了那个问题"如果我们的客户八小时无法使用在线账户，那又怎么办？"业务损失、无法服务客户、资金转移交易的影响等都有非常确定的答案。他们明白任何由于 DDoS 造成的宕机无论类型如何都是大事。

我们知道他们明白，因为我们能以金钱的形式轻易演示不采取行动将产生的业务影响，演示如果我们不采取更有力的措施，客户会受到什么样的损害。更重要的是，它让对话变为"我们是否准备好处理这个问题？如果不是，需要哪些资源？"

采用"那又怎么办"的方法创建网络安全文化

在本书的另一章，Patric Versteeg 非常有说服力地论述了在整个组织内创建强大的"网络安全文化"的重要性。我觉得他恰巧想到一个重要的要求，而我们的"那又怎么办"的讨论也可以在网络安全文化领域应用。

利用我们的"那又怎么办"标尺，业务领导和 CISO 如何创立与培育网络安全文化？我有一些可能对你的组织有用的建议。

- **证明它是一个自上而下的战略举措。** 分发备忘录和批准有关良好网络环境的政策是可以的，但缺乏"那又怎么办"的效果。你的组织需要看到领导

“说到做到”，比如从一开始就让安全团队成员参与新产品开发团队而不只是在新产品快要上市时让他们盯着看你的新物联网举措。

- **真正的领导力不仅是能开支票。**再次说明，让业务领导和董事会成员批准重要的网络安全投资是必须的。但它不能产生让你的 CISO 向 CIO 链条之外的高管报告或与董事会定期交流等步骤的“那又怎么办”效果。
- **作出正确的人员决策意味着一切。**这可能听起来违反直觉，但是我们相信，减少而不是增加专注于网络安全的全职员工——只要他们都是精英，我们得到的服务往往更好。也许这是我在军队的习惯，但我总是想要精英而不是大量平庸的人，而后者只是有足够的人手盯紧和管理安全事件。业务领导完全有权问 CISO“那又怎么办？”，而 CISO 会按要求扩大自己的团队。那么，这种扩张要怎样进行才能降低风险、改善业务运营或增强产品和服务？
- **高管团队和董事会成员需要致力于持续的安全教育。**定期向董事会提供演示文稿以及与业务主管持续对话很好，但是董事会和高管们最好是主动行动。不要只是坐在那里跟你的 CISO 要简报；主动带头教育他们做这件事。现场访问安全团队并提出问题，花些时间与你的 CISO 查看威胁情报报告。参加会议和听播客。美国企业董事联合会等专业组织围绕网络安全提供越来越多的培训和教育。你的董事会和高管如果不努力超越网络感知并真正以网络为中心，他们就不会知道如何评估“那又怎么办”这个问题的答案。就那么重要。
- **采取“安全设计”的方法。**这种方法应当应用到从新产品开发到如何利用技术处理日常事务的每一件事。像每个季度修改一次密码这样的政策会让你的员工感到恼火，主要因为他们没有听到他们的“那又怎么办”的提问得到回答。你的系统工程师和应用开发人员也一样。他们会阻挠你出于好意（例如为了加强新的在线贷款审批申请）发布的法令，除非你让他们理解安全防御措施受到侵犯或客户账户被盗用后的影响。

设计“那又怎么办”问题以取得最佳结果

这在几乎每种关系中都是适用的，你是否能让每个人坐上“那又怎么办”的花车主要取决于如何传达你的讯息。在“那又怎么办”信函接收端的不同的人可以不同的方式解释这句话，结果可以从立即学习和拥抱“那又怎么办”精神到敌对、困惑和恐惧。

你说的内容是重要的，但是你怎么说也许更重要。

- 你的“那又怎么样”讯息是否有启发性、挑战性、教育性和利益导向性，或者是否具有恐吓性？
- 它的框架是否考虑业务影响，例如财务影响、运营效率、公司风险或品牌信誉？
- 我们是否需要通过增加财务和人力投入来强化我们的防御措施？或者可以重新优先考虑使用现有资源？

到最后，“那又怎么办”事实上是围绕以下三个关键点的操作方法的隐喻：

- 这种安全状况的业务影响是什么？
- 风险影响是什么？
- 我们在这方面正在做什么？

对于高管和董事会成员来说，你不想要或不需要的是不断增加的一连串的报告、仪表盘和指标。CISO 已经有大量有关漏洞和风险的信息发送给业务利害关系人；仅仅把更多的资料甩在决策者的桌子上是不管用的。董事会成员和高管需要在取得“那又怎么办”的答案和沉湎于战术细节之间把握好分寸。而且，时间总是有限的。

一个有用的方式是业务主管和董事会培训技术主持人（CISO、CIO 或向业务部门提供安全信息的任何人）而不是把人群拉到战术性技术讨论中。董事会成员的时间很有限，而且他们需要对负责确保组织及其资产安全的人有信心和信任。辅导你的 CISO 及其团队，教他们如何对“那又怎么办”这个问题给出战略性答案。

携“那又怎么办”方法前进

对网络安全采取“那又怎么办”的方法并不是低估风险或轻视智能技术投资的重要性。相反，这是一种实用的方法，可以按轻重缓急安排如何、在哪里以及何时利用关键资源（金钱、时间、人员、技术）找到问题并防止其影响业务运营。

我在空军服役时首次遇到了“那又怎么办”的问题，我得承认当我的上级以这种方式挑战我时，我有点不舒服，偶尔还有点不安。如果你专注于技术，你会以你最了解的方式（技术）进行思考和回应。但是 CISO 及其团队必须迫使自己以不同的方式思考和提供信息，即使这对他们并不容易。我知道这对我并不总是那么容易。当你坐在 4 星上将前面解释为什么支持主要武器系统的计算机需要打补丁（这意味着风险）很重要，你很快就学会减少技术细节回答“那又怎么办”的问题。

最终，业务领导和董事会成员应采用“那又怎么办”方法巧妙地、有策略地、客观地帮助 CISO 及其他安全专业人员过滤所有技术细节，仅呈现快速制定明智决策所需的信息。对于业务领导，问“那又怎么办”可能不是个容易的过程。你的技术领导想给你讲整个故事，告诉你每件事。你必须帮助他们缩减一下。

毕竟，DDoS 攻击可能即将来临，没有人想听到有关僵尸网络和 ICMP 溢流攻击如何起作用的故事。

33

丢掉行话：当今世界，用钱说话

Diane E. McCracken——银行业执行副总裁兼首席安全官

对于当今世界的网络安全，要用钱说话。

大多数网络安全专业人士（就像我自己）都有技术背景。我们会很自然地谈论起硬件、软件、网络、应用、数据库、下一代防火墙、云计算、人工智能、机器学习等。某种程度上讲，这是我们的母语。

但是在与业务领导特别是董事会成员沟通时，技术语言对我们不利。实际上，我们在会议室里讲技术用语讲的越多，我们对领导提出有关网络风险的建议就越不成功。这些业务领导虽然是技术的消费者，但并不具有实际的相关技术知识。

在当今的环境下，网络安全专业人员需要学习新的语言。即金钱语言。你用钱说话董事会成员和行政管理层才会关注。他们对收益感兴趣，需要知道投资的钱真正买了什么以及能否保护组织。

要说到做到，你必须先说明白

对于 CISO 和其他网络安全专业人员来说，学习与董事会互动的唯一方式是与董事会互动——朝着一个伟大的目标经常与他们互动。在我的组织中，我每月和董事会谈一次话。

正像任何关系一样，必须建立信任，并随着时间的推移在角色、问责以及最重要的预期方面进行商谈并达成共识。只有通过持续的互动，你和董事会成员之间才能开始讲相同的语言。这种演变对每个组织都是独一无二的，CISO 必须要推动这个过程。

对 CISO 的建议

快点变聪明起来，学会如何讲业务语言。什么都不会像风险对业务收益的影响那样让董事会成员和高管们坐在会议室里交谈。准备好数据回答他们的问题。就像一位好律师那样，预测他们会问什么，准备好答案，警惕意想不到的问题。

对高管和董事会成员的建议

建立一个定期机制，该机制应包括会议中的安全话题。坚持要求安全团队提供信息的语言和格式应清晰、容易理解、可靠并以对企业的价值为重点。

支持你的网络安全领导。他们代表你和一

个未知的对手斗争。他们每天需要对几千次，而坏人只要对一次就够了。为了在网络世界取得成功，双方必须同步，只有通过这些对话才有可能。

如果用得上，就用泰勒•斯威夫特做例子

除了讲业务语言之外，你要使用所能使用的任何话题与领导进行有意义的交流。我给你讲一个例子：泰勒·斯威夫特是一位巨星和社交媒体女王。当我制作演示文稿向董事会讲解把某些运维转移到云上的风险时，我能在我的案例中引用她的名字。

你能想象吗，我跟董事会说，如果我们的徽标照片出现在泰勒·斯威夫特撑开的一家饭店的伞上面。她在社交媒体上有 2.4 亿粉丝。她的粉丝会查找我们的品牌，甚至可能选择我们的某个产品。按我们现有的基础设施，我们不能一次容纳那么多业务。它会使我们的系统停机。

但是，转移到云上可以让我们有充分的灵活性满足那个要求，同时不需要我们对硬件和人员进行巨额投资。我讲的是灵活可扩展性，但以董事会可产生联想的方式说出来。

对话的第二部分讲风险，因为风险和成本都需要管理。对于云，我们所表达的观点是，并不会因为我们实际上把环境转移到第三方就意味着我们也在转移我们的风险。事实是我们始终会有风险，无论实体基础设施在现场还是在云上。这是指妥善管理风险并确保我们始终能够控制我们的数据和洞察环境，而无论它在哪里。

利用新闻

作为 CISO，有许多方法可以获得董事会的关注，但是你必须花时间了解什么让他们动心，什么让他们受到鼓舞，什么让他们害怕，以及什么让他们直起身集中注意力。

我在与我定期互动的董事会成员身上发现一件事：他们跟踪新闻，无论是《纽约时报》、《华尔街日报》、《彭博资讯》、《新闻 60 分》、CNN 或 CNBC。如果上半个版面、屏幕下方滚动条或新闻杂志大纲突出显示中有关于网络安全的消息，我知道这就是董事会成员要提问的话题（特别是所报道的内容是否影响我们的业务）。

在我们的讨论中，我确保讲到新闻并把它引回我们对组织正在做的事。他们想知道：“这里是否有可能发生类似的事？”答案一般是“是的”。我预先解释我们有什么能击退它以及如果它对我们有直接影响，我们如何做好准备应对类似事件。我总是以个人方式表达并使用业务语言——钱、风险、声誉、客户关系、员工士气、生产力及合规。

网络安全教育 101：风险消减

在业务语言中，有两个总会共振的领域：一个是风险及其后果；另一个是业务赋能。

说到风险，我经常把网络风险与保险单相比较。例如，当你在买汽车保险时，你是在减轻一旦发生事故后风险的后果。但是你没做任何事从实际上减轻风险或事故实际发生的可能性。

网络安全投资是不同类型的保险单。通过对网络安全进行投资，你实际上是在采取措施防止不好的事情发生并对业务予以保护，而不仅仅是减轻后果。这与保险单不一样，保险单是为你减轻风险而不是转移风险。

从与董事会相关的角度解释，那是什么意思呢？我告诉董事会成员，我们投入大量资金获取最新技术，但是如果没有正确的投资，只

要我们组织中的某个人点击了错误的电子邮件链接，我们就会不堪一击。

如何防止这种情况呢？你需要多层次的网络安全保护，重点是人、技术和流程。如果有人点击了恶意软件链接，你必须把所有的工作都做到位，确保这件事不会对业务造成负面影响。你需要一个用技术检测异常行为的事件响应周期，做出响应的流程，以及训练有素的人进行调查和采取必要步骤解决问题。

这就是董事会需要付钱的事情。我还建议为董事会进行网络事件响应练习预演。这尤其有助于他们了解真实事件的后果和你已经做到位的工作——利用他们的资金——进行防御和响应。

网络安全教育 102：业务赋能

业务赋能是总能获得董事会关注的另一个领域——如果 CISO 对它有适当介绍的话。在我们的组织中，我们在内部进行软件开发并确定安全生命周期管理和保证的需求。这是一项复杂的事业以及在技术、人员和流程方面的必要投资，从头开始建立这个项目。

在提出需求之后，我们的重点是钱。我们让董事会看到在开发周期开始时解决潜在安全问题付出的成本比在即将上市前解决问题付出的成本低很多。如果应用安全团队不把项目看完，那么它可能是个搅局者。它可能在问题得到解决或恶化时拖延上市，导致企业可能发布有漏洞的产品。

我们努力让董事会相信，如果问题在一开始就出现了，那么解决它，将产品推向市场，这才符合商业理念。我们显示了在开发周期早期、中期和结束时的纠错成本，董事会全额资助了我们的项目。

在这样的案例中，很明显 CISO 的角色像是一位业务赋能者。我们的工作不是说“不”。我们的工作是针对风险提供建议，让控制措施落实到位，从而限制风险。当业务需要董事会签字同意时，我必须能以董事会成员理解的语言讨论风险问题。

结论

在我们的组织中，应董事会成员的请求，我们把董事会成员加到我们向员工发送的有关如何保护组织和自身免于网络安全风险的邮件中。他们不但想知道我们和其他团队成员的共享内容，而且也想改善自身的网络风险状况。

由于我们已经花时间教育董事会认识网络安全问题并说他们的语言，他们理解每个人对这件事都有责任。这实际上是让人们参与的唯一方法——确保他们了解这对他们有直接影响以及他们作为互联网用户有义务保护它的每个部分。

我们的安全团队努力让组织中的每个人参与网络安全。我们确保我们的语言没有太强的技术性也不会充斥大量术语。对于业务领导和董事会，钱才是通用语言。但是，我们作为安全专业人员有义务清楚地阐明网络风险，无论听众是谁。

34

零信任：阻止数据泄露的策略性方法

John Kindervag——Palo Alto Networks 现场首席技术官

应对当今的网络安全挑战需要采用一种新方法，一种注重战略更甚于战术的方法。在高层，战略思想家同意有四个基本的参与层次：

1. **大战略**：这是任何对手的终极目标。对手的大战略方向（无论是公司还是国家）在最高层确定。对于国家来说，这件事由总裁和首相来做；在公司中，这由 CEO 和董事会成员来做。大战略为企业提供愿景和方向。
2. **战略**：正如大战略目标中所定义的，这是实现最终目标的大思维。它在实体中的下个层级完成。对于国家，它由机构负责人、立法者或上将来完成。在企业中，副总裁和业务部门负责人提供战略愿景。战略提供的思想能够为大战略愿景提供有形动力。更重要的是，要具有战略性，思想必须与组织最高层的理念一致，同时完全可以在下层实施。
3. **战术**：这是我们用来执行大思维的东西，能够让我们达到最终目标。大部分人都分不清战略与战术：有时他们觉得属于战略性的东西实际上是战术性的。战术在组织中的较低层级实施。
4. **操作**：指我们使用我们所拥有的物品的方式。操作方面往往容易被忽视，因为我们关注的是战术，但并不理解操作整合的重要性。战术和操作在这个层面达成一致以执行大战略思想，从而实现大战略目标。

那么，处于网络安全社会中的我们怎样才能向我们有责任保护的实体的大战略目标看齐呢？

首先，我们必须阐明数字时代网络安全的大战略目标，这个目标必须是：**杜绝数据泄露。**

为杜绝数据泄露，我们必须更新我们所认为的泄露行为。我们常常固守旧的城堡/壕沟类比法：“有人攻破了城墙，他们到了里面！”这实际上是入侵，而不是泄露。

“泄露”现在是法律法规行业的术语。不妨考虑《通用数据保护条例》。当数据从组织的网络或系统中流出到达非授权实体特别是恶意行为人的手中时，就构成数据泄露。因此，要在网络安全方面取得成功，我们必须防止敏感或受监管信息落入错误的人手中。为此，我们需要一个策略。

这个策略就是零信任。

破碎信任模型

我们行业有一个在“信任但要验证”原则基础上建立的破碎信任模型。这样一个将网络人格化并为之赋予信任属性的模型是今天我们在网络安全中的基本问题。信任就是漏洞。对于你的组织，它无益于任何目标。信任不是在网络中移动数据包所必需的东西。

唯一能在信任我们系统的过程中获益的用户是出于恶意目的利用这些系统的恶意行为人。如果我们希望保护敏感数据和资产免受恶意行为人的利用和入侵，就必须从我们的数字系统消除信任的想法。为此，我们必须采用零信任模型。

我将更详细地描述零信任背后的各种概念。首先，我们来说说为什么有关网络安全从成本中心转化为业务赋能者的章节是必不可少的起衔接作用的部分。为实现这一转化，业务和技术领导需要以几种重要的方式重新考虑其对待安全的方法，包括：

1. 安全必须与业务职能一致。
2. 安全必须嵌入网络和应用设计。
3. 安全必须是敏捷的、动态的，具有改变设计的灵活性。

通过零信任模型，我们可以实现所有这些目标及其他目标。在零信任的情况下，组织可以摆正自己的位置，未来他们对威胁不是采取不变的被动模式，而是把网络安全嵌入自己的技术、文化和运营中。

为什么是零信任，为什么是现在?

今天，业务层面的决策者必须超越其IT和安全团队面临的挑战，特别是这个重要的模式转变：关于网络安全，从业者面临的最大问题是基于“信任但要验证”方法的传统信任模式已被打破。

在这个模型中，网络分为两面，一个外面（将组织连接到公共互联网的网络）和“信任面”，即所有内部用户可接入敏感资源的地方。在早期防火墙接口上贴标签最能说明这一点。防火墙通常有两个接口：一个接口贴着“可信”标签，另一个贴着“不可信”标签。

这种普适模型意味着几乎所有负面安全事件（包括数据泄露）都是对那个信任模型的利用。外部攻击者知道，如果能让代码数据包通过“信任”边界，他们就会获得特权（信任）——基于数据包穿越网络时的位置。

另外，来自恶意内鬼的威胁是个大问题，但是网络安全专业人员习惯于认为内网“安全”互联网“邪恶”。内网资源用户甚至被称为“可信”客户。但是，我们时代某些最显而易见的事件（包括Chelsea Manning[1]和Edward Snowden[2]数据泄露事件）就是由所谓的“可信”用户在所谓的“可信”内网上产生的。

零信任的基础是，在整个基础设施中，安全必须无处不在。该模型的设计必须在组织的最高层达到战略共振，而在战术上应由从业者采用商业化现成技术来实施。零信任的概念很简单：

- 所有资源无论位置如何都以安全的方式访问。
- 访问控制遵循“按需知密”原则并严格执行。
- 对一切通信进行检查和记录。

- 网络从内向外设计。
- 网络被设计成验证一切且从不信任。

零信任旨在杜绝数据泄露。杜绝数据泄露必须是网络安全的远大战略目标，因为数据泄露是让 CEO 或公司总裁遭到解雇的唯一 IT 事件。因此，零信任是唯一的网络安全战略。其他都只是战术。

转变安全模式

从内向外重建安全意味着零信任模型以整个组织无处不在的安全处理代替传统的周边防护。当评估如何以最好的方式重新设计网络时，公司往往选择零信任框架，因为：

- **安全必须与业务职能一致。**工作环境需要安全与业务职能一致。大多数组织都分成不同的部门，并不是所有团队都需要相同数量的特权。必要时执行严格的访问权限并高效实施是采取零信任实体的首要选择。
- **现代组织需要弹性和随改变进行设计的能力。**不同的 SLA、管理员、审核要求、法规和认证需要审核人员和管理层灵活透明。基础设施和安全团队所需的架构应考虑到不受控制措施和复杂性妨碍的迅速变化和优化。
- **零信任不是刻板的。**零信任的另一个重要方面是它没有一个单一的方法。它不是一刀切的模具，它可以专门围绕组织需要保护的数据、应用、资产或服务来设计。

业务驱动力

今天，企业正在着手利用技术调整其内部技术管理以提高安全性和可管理性。许多组织正试图在传统周边以外重新构想安全性并重新定义安全实践，从而应对当前威胁和满足不断变化的业务需求。

但是要从这里到达那里，组织必须重新考虑旧的网络安全，让它变得更简单有效。当企业尝试这些类型的转型项目时，一般会面临严峻的挑战。零信任举措有助于以下列方式解决这些挑战：

- **成本管理：**安全团队经常面临财务、预算和组织资源方面的明显约束。零信任举措有助于资源最大化。很多公司在开始零信任之旅时采取初创模式。因此，他们非常小心地用钱，确保资金的使用在可管理性、可维护性和可扩展性方面符合团队的核心能力。
- **人力资源：**工作团队已经很精简了。公司面临人事问题，大部分员工都已经接受日常运营需求培训。零信任团队必须从小规模开始，利用现有的架构和技术以新的方式应对环境。
- **旧的架构：**传统 IT 效率低下。大多数现有网络以有机方式成长，但并不设计为能够灵活有效地满足业务需求。云计算和用户移动性等新创新意味着组织可以不再局限于旧的 IT 能力。零信任利用技术和架构形成自己的优势，使 IT 成为业务促进因素而不是业务抑制因素。
- **云赋能：**服务器虚拟化和云服务改变了游戏规则。大多数组织希望通过利用虚拟化和公有云基础设施来瓦解网络基础设施，减少服务器数量。这些技术转变的安全方面依然具有挑战性。你如何在虚拟环境中设置安全控制？流量如何管理？应用和数据在多个云中时会发生什么？如何保持可见性和控制？零信任网络架构是虚拟化的、云友好的。

结论

保护我们的数字化生活方式的基本原则之一是防止敏感数据泄露。它是依赖网络数字技术的所有业务战略的一个核心。为此，应采用零信任模型确保所有资源都能以安全的方式访问，所有流量得到记录和检查。有了零信任模型，我们可以再进一步，相信网络安全可以成为业务成功和差异化的真正促进因素。

---

[1] "Everything you need to know about Chelsea Manning," ABC News, May 16, 2017

[2] "This is everything Edward Snowden revealed in one year of unprecedented top-secret leaks," Business Insider UK, September 16, 2016

零信任模型案例

- 破碎信任模型是当今网络安全面临的最迫切问题。
- 所有用户都有效地"不被信任"。
- 安全必须嵌入整个网络，而不是停留在周边。
- 必须根据网络中需要保护的要素从里到外设计网络。
- 网络的设计必须合规。
- 所有资源必须能够安全访问。
- 通过网络的所有流量都必须检查和记录。
- 零信任是网络安全的未来。

零信任模型的业务价值

- **可见性与安全性：**新基础设施可以让网络管理员非常清楚地洞察用户和系统。由于可见性增加，资源的监控和分配环境更宽松了。除了更高的可见性之外，零信任也强制应用、系统和安全团队更有效地进行合作。零信任鼓励部门间沟通，打破了阻碍创新的孤岛。
- **成本效益：**部署零信任的公司通常会看到有形的资本和经营成本效益。零信任网络需要更少的人管理庞大、复杂且更安全的部署。公司的人员和设备成本降低了，而设备的正常运行时间和故障率却改善了。
- **评估与合规：**实施零信任让审核变得更直接、简单、迅速。零信任网络的审核结果中发现的事项往往更少，因为审核人员更容易理解和概念化它们。很多合规项目都以默认方式嵌入零信任网络，很多当前的审核要求旨在提升旧的网络，不适用于零信任环境。

人

35

现在调整董事会，确保未来网络安全

Kal Bittianda——亿康先达公司北美技术部主管
Selena Loh LaCroix——亿康先达公司技术与通信部全球主管
William Houston——亿康先达公司技术与通信及产业部顾问

到我们公司的网站上点击“我们做什么”的链接。你看到的前三个词描述了将我们的工作范围限定为管理顾问与猎头专家的关键动因：

全球化；融合；破坏。

我们可以轻易把这几个词应用于网络安全的混乱状况，特别是每次董事会会议面临和争论的独特要求。实际上，毫不夸张地说，网络安全正在重新塑造董事会评估风险、实施治理、对管理层提出建议以及确保组织长期可见性与繁荣的方式。在网络安全中，全球风险正通过技术融合以前所未有的速度加速，对我们的工作、生活和社区造成无数破坏。

而且，就像所有其他形式的重大变化一样，董事会成员面临很多关键问题，这些关键问题将确定董事会及整个组织能在一个网络风险加剧的时代茁壮成长还是被碾压。

正像董事会一般会做的那样，理顺各种问题，讨论各种选项以及形成最适当的建议涉及询问重大问题并取得答案。但是现在董事会不能只是简单地向管理层提出这些问题，而是必须自省并向自己提出这些问题。

但是在我们多年来为高管和董事会成员提出建议的过程中，我们学到了一件事：并不是每位董事会成员都能轻易接受这种变化。在某些情况下，完全接受不了。做好准备吧。

为什么董事会层面的改变是必要的

让董事会适应网络安全风险方面的巨大变化是一个战略问题，需要大量思考、审议、辩论、哄骗甚至一点好运气。针对董事会如何运转采取正确的行动可促进风险管理。塑造网络安全问题的技术正在经历巨大变化——人工智能、机器学习、区块链、物联网等。技术风险越来越复杂和动态化，但同时，它们反映了重要的新商机，不能仅仅因为有新的/更大的风险就避开这些机会。

正确的董事会构成，与设置领导和行动的

正确授权相结合，是董事会成员产生最大影响的最好方式。这指的是做出正确的选择而不是安全的选择。

毕竟，没有任何事情是零风险。董事会始终需要处理地缘政治、财务、监管和产品方面的风险，网络安全是最近增加进去的。董事会的经验、专长、思维和态度对应付经典的风险/回报方程至关重要。

这里有另外一个重要因素——至少是有点“微妙”的因素。虽然在过去二三十年中，技术变革的步伐很快，但这完全无法与未来几年我们将要经历的技术变革相比。驾驭这种变革对任何人（甚至是经验丰富的人）都相当困难。现实情况是，在许多组织和行业中，董事会成员的平均年龄缓慢上升，任何人想继续超越变革正变得越来越困难。然而，随着威胁越来越多、越来越复杂，出现了新型恶意行为人和威胁向量，需要具备现成运营经验和新观念以及更适应技术变化的人帮助引导政策和优先事项。

虽然很多董事会知道需要用全新的视角武装自己，但没有足够多的董事会成员知道怎么做。随着网络攻击对组织的财务状况、监管情况、法律暴露和客户信赖度造成实质影响，这个问题可能变得越来越紧急。要掉下来的另一只靴子可能是，直接针对董事会成员在网络攻击情况下未能履行受托责任而提起的最后胜诉的法律诉讼。如果你是董事会成员，这无疑会让你直起身子集中注意力。

这是董事会动态变得非常重要的地方。如果董事会成员诚实、开放且愿意听取“不同”意见，那么应对网络风险的不确定性和严重性就容易得多。董事会成员应毫不畏惧地提出可能看起来非传统或甚至激进的问题。这是辩论和变革的强大力量，即使董事会构成不适当也是如此。

如何知道你正在取得成功

说实话，只有很少几个企业主动找到我们，要求我们帮助他们以面向未来的眼光确定其董事会构成。对于正在为网络安全风险的影响做准备的董事会，我们认为非常有帮助的第一步是承认需要制定一个有序的董事会继任计划，之后安排 2～5 年期限的执行计划。明智的董事会主席通过围绕即将到来的退休和离职精心规划来满足不断变化的需求（例如网络安全风险评估与治理）。

成功的董事会过渡始于形成文件的战略计划，其中确定了期限内董事会将招聘的董事会成员类型，有时甚至确定了要接近的具体/抱负远大的人。不幸的是，只有很少的组织真正思考这些并为此投入时间和精力。董事会经常会意识到“哦，这个人明年退休，我们需要找一位审核委员会主席。”或者他们可能被 ISS 或 Glass Lewis 评了一个很低的多样化分数，从而开始寻找一位女性董事会成员。

经验也告诉我们，成功的过渡计划涉及在会议室中形成和保持协同效应以及强大的工作关系。虽然这不意味着每个人都需要在会议室外进行富有成效的沟通，但却意味着避免敌对或对抗性的会议，不能让人身攻击和斤斤计较妨碍生产性工作的进行。慎重思考董事会的知识、人员和政治动态。

毕竟，董事会成员坐在座位上到光荣退休时经过的 20 年转瞬即逝。这是惊天动地的时刻，需要一个愿意探索新思想和新方法以取得成功的更具前瞻性的董事会。

要记住我们并不是建议你精心策划一场宫廷政变推翻现有的董事会。我们都见过这样导致的后果有多乱、随后形成的环境没有价值甚至敌对的例子。对于董事会的发展，头脑中应想好未来的理想状态，应与对受影响董事会成员周到、尊重和个人化的管理方式相结合。

不要犯错：这件事必须做好。组织的未来和成功完全取决于它。

针对董事会...关于董事会的重要问题

我们经常看到，最能成功预测和应对网络安全重大变化的董事会愿意自省并询问非常棘手而且通常是令人不快的问题。有四个问题进入脑海：

正确的人是否在我们的董事会？一个成功的董事会从围坐在会议桌两旁的正确的人开始。但是，“你有正确的人吗？如果不是，正确的人应该是谁？”这个问题的答案变化很大，取决于组织的类型和董事会当前的经验组合。

- 如果你决定为董事会带来一位网络专家，除非你实际上扩充董事会，否则你只能把董事会的位子让给专家。如果拥有那种专长是你所在行业（例如技术、金融服务）的战略差异因素，或者如果你想大大改变公司的网络状况，这可能是个明智的决定。
- 但是如果组织认为没有那么多网络风险，你可能不想把那个位子让给专家。而你可能决定重点确保公司有一个拥有强大网络安全证书（以及相匹配的商业头脑）的世界级组织，包括将定期与董事会见面并进行汇报的强大领导。

你是否拥有评估和治理网络安全风险的正确委员会结构？委员会和下级委员会对评估审核、人力资源、监管、战略规划、风险和网络安全等职能非常重要。

- 如果在你所处的行业，网络攻击风险可能对公司造成毁灭性影响，那么你可能需要一个技术委员会。
- 在传统上对技术的依赖程度不那么深的行业（例如零售和货车运输），董事会为一个专门的技术委员会辩护可能更难。具有讽刺意味的是，他们可能是最需要技术委员会的人，因为他们在组织中可能不具有充分的技术才能。
- 网络安全也可以纳入一个现有的委员会（例如风险或审核委员会）。

董事会成员应谈论什么？董事会围绕网络安全进行的讨论必须具有前瞻性且集中于以下问题：

- **组织结构：**CEO 和 CISO 是否已调整好组织的结构以解决信息安全问题？我们是否拥有最优的报告结构和将正确的人安排在正确的位置？
- **投资：**我们是否正针对当前和未来的风险情况分配正确的预算资源？我们是否正进行正确的预算安排，是否知道我们能从这一投资中得到什么？（提示：设定安全经费水平不是数学练习。）
- **问责：**我们是否有正确的人担任 CISO 职务？他们是否有正确的目标？他们是否渴望取得想要的结果？
- **提高：**怎样知道我们的“未缓解”风险足迹在缩小？使用哪些度量指标来确定这一点？这些指标还合适吗？（例如：哪部分问题可一劳永逸地解决？解决时间逐渐减少吗？）

当然，董事会还需要回答前瞻性问题：哪些威胁即将来临有待我们解决？如果我们丧失在线接单的能力一个小时，我们的收益会怎么样？一天呢？一周呢？

董事会其他人的职责有哪些？即使不是董事会的常驻网络专家或不是负责网络安全监管与治理的相关委员会一员，你也可以扮演关键的角色。

- 每位董事会成员都需要参与围绕网络安全进行的讨论和商议。
- 你可以决定让你的同事带头处理问题，但是你依然可以而且必须问适当的问题。
- 不要以为，由于一位董事会成员在自己的公司中经历过零日攻击，他就是唯一有资格询问组织的威胁检测、预防和补救做法的人。
- 我们看到的某些董事会采取的明智做法是，让不太具有技术背景的董事会成员花一天时间（至少每年一次）与网络团队在一起，观察他们做什么，问问题，并从前线人员中获得实用教育。

36

创建网络安全文化

Patric J.M. Versteeg, MSc.

在组织内创建网络安全文化不仅是可行的，也是必要的！

说到网络安全，文化是件大事，也是创建更安全的组织的真正要素。组织内的所有人，无论职能如何，都有责任保持警惕并采取正确步骤安全地使用技术和流程。

网络安全文化的定义和经历需要从两个不同却相互依存的视角看待问题——发件人的视角和收件人的视角。

组织架构中的**发件人**是领导——企业的高管、CISO 和董事会成员。他们制定政策，执行过程，确保管理，以及为组织的其他事项设定大方向。另外，对于**收件人**，在网络安全文化方面有两件重要的事要记住。

- **首先，对于网络安全，文化既不是民主，也不是专制。**发件人确立作为组织网络安全基础的要求，不仅要与业务目标保持一致，还要与文化价值和行为保持一致。在基准得到实施之后，发件人应与收件人展开对话，讨论整个组织将要达到的下一个网络安全层次。
- **其次，领导必须学会倾听，或者作为对组织专家 Simon Sinek 的尊敬，应学会最后发言。**业务领导（许多 CISO 也一样）往往带着已充分形成的想法进入组织："我们做这件事要进行访问和身份管理；做这件事要进行验证；根据 X、Y 和 Z 改变所有流程。"发件人向组织中的其他人证明他们的观点很重要是必要的。伟大的思想和有效的政策必须是多方观点融合的结果，每一方都有一个独特的视角。先听，最后说话。

收件人是接受、处理和实施发件人确定的指令和优先事项的人。重要的是，他们把自己看作积极参与网络安全文化开发和发展而不只是被动接受规章制度的人。

- 在网络安全文化中，收件人也参与游戏。他们的日常职责由旨在保持网络卫生的各种政策、流程和程序来塑造。那些步骤还必须保护他们的数字安全，因此他们不会依赖网络安全技术和流程来确保自己和组织的安全。如果发件人的工作做得好，收件人就不是网络安全链条中最薄弱而是最强大的环节。

了解收件人如何塑造并最终融入一种网络安全文化并不容易，我们知道任何两个人之间在如何解读流程以及为网络安全文化建设和维护做贡献的动机上似乎都有无限的差异。幸运的是，有几个有效的模型可以帮助我们理解如何在组织中定义文化。一个是 Quinn & Rohrbaugh 的竞争价值框架。这个框架与组织在创建网络安全文化过程中面临的挑战之间有重要的协同作用。

例如，图 1 中的 Quinn & Rohrbaugh 模型显示如何定义组织的文化。根据组织的文化（特别是关于该文化如何影响人们接受改变的能力）相应形成网络安全文化。这个模型的核心是四个不同但又相互交叉的组织文化模型：

1. 开放系统模型：这个模型基于有机系统，强调适应性、准备就绪、成长、资源获取和外部支持。这些流程带来创新和创造力。人们受到启发而不是控制。[2]
2. 理性目标模型：这个模型基于利润，强调理性行动。它假定规划和目标设定带来生产力和效率。阐明任务，设定目标，采取行动。[2]
3. 内部流程模型：这个模型基于层次结构，强调衡量、文档和信息管理。这些流程带来稳定性和控制力。当要完成的任务得到正确理解且时间不是重要因素时，层次结构似乎最能发挥其功能。[2]
4. 人际关系模型：这个模型基于凝聚力和士气，强调人力资源与培训。人们不是被看作孤立的个体，而是同一个社会制度中相互合作的成员，对发生的事情有共同的利害关系。[2]

采用 Quinn & Rohrbaugh 框架，可以定义在支持公司文化因而塑造最有效网络安全文化方面带来最积极结果的领导角色（图 2）。

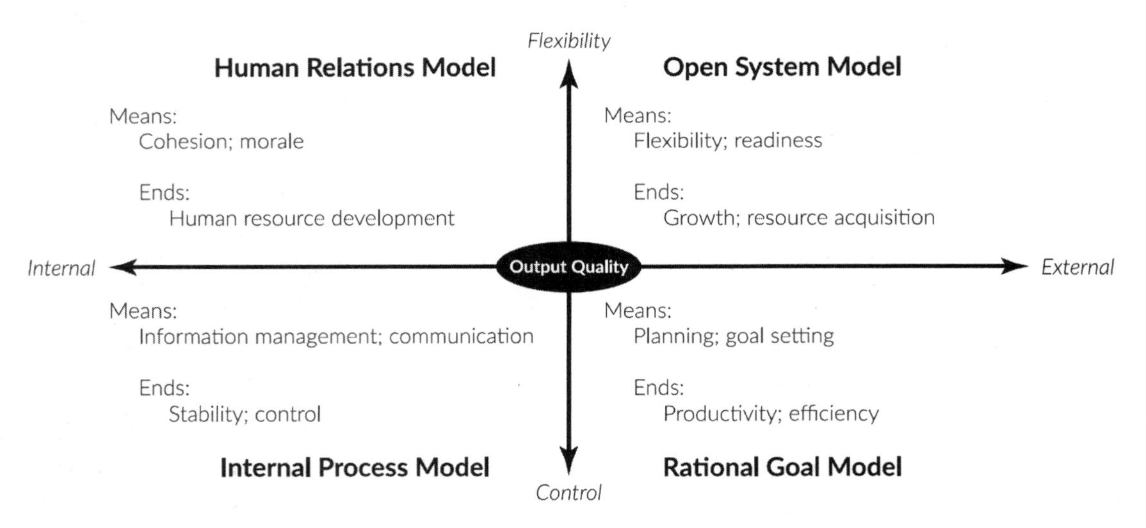

图 1　Quinn 和 Rohrbaugh 的竞争价值模型概览 [1]

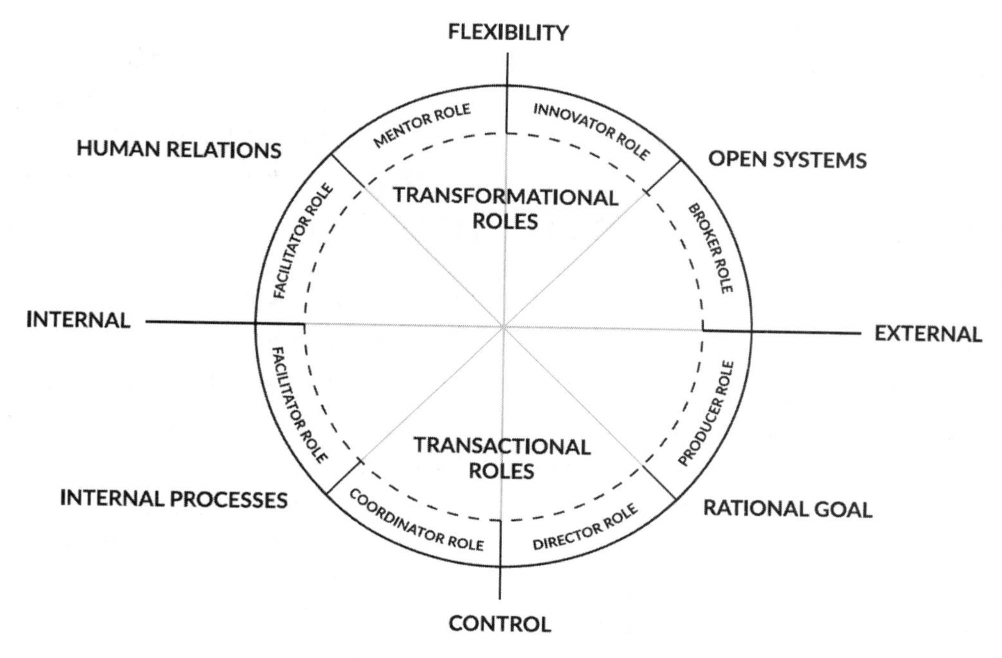

图 2 Quinn & Rohrbaugh 模型中映射的领导角色[3]

所涉领导角色（创新者、突破者、产生者、主管、协调者、监控者、促进者、导师）的确切定义已超越了本章的范围。但是为了更好地了解，不妨想象一下，在采用人际关系模型（图 1 左上方）的公司中，如果顶层（发件人）的语气受主管角色（图 2 右下方）驱动，收件人就不太容易接受。

这些模型表明，定义和理解组织文化是更好地掌握如何让组织形成网络安全文化的必要步骤。

变革管理的力量和必要性

虽然大多数人的意图是好的，但很多网络安全项目因业务部门和技术部门都不愿意变更而逐渐衰落或彻底失败，无法保护组织及其数字资产的安全。正是这种不妥协才是阻碍人们就网络平衡与业务机会保持微妙平衡达成一致的最大障碍。

毕竟，人们都是习惯的奴隶。我们都喜欢以一定的方式做事，高级管理者往往可能是最固执己见反对改革的人。“我一直以自己的方式管理企业，它运行良好，我们没有任何问题”，我听过无数次这样的话。不幸的是，涉及网络安全，这种态度经常就要翻译成类似这样的话：“我们做不了那个”或者“不，这不允许”。

澄清一下：我们需要改变组织规划、实施和衡量有效的网络安全的方式，因为威胁向量总是在扩大，网络攻击者胆子更大了，资源更强了，甚至比以前更有合作性了。如果想让企业持续经营下去，我们的变革速度必须超过他们的变革速度。

网络安全文化就是要从高管开始进行自上而下的变革管理。无论我们是否承认，很多人都渴望变革，否则我们就会停滞不前、乏味厌倦并丧失竞争优势。我知道我需要它：每隔几年，我来到一家新公司，让我自己学习新的事物，把我的技能应用于不同的环境和不同的文化。如果作为企业领导不愿意改变，我就会走向可怕的失败。

在如今紧张的网络安全环境下，失败是不可接受的！

取得肯定回答

最后，思考网络安全文化的最好方式之一是讨论我所称的取得肯定回答。这种方法听起来与对网络安全的直觉不符，因为网络安全的重点一直是不能做什么以及为什么不能做。

但是领导者在创建网络安全文化时必须要对抗这种趋势：我们必须设法让人们认为他们能做某件事，让他们认为自己被允许甚至被鼓励做某件事、采取行动以及最小化对技术和流程的依赖。

在创建网络安全文化时，领导者（发件人）要制定标准［记住，要倾听他们的团队（收件人）而不是对他们讲话］，要听他们说能做什么、怎样做、在什么情况下做。领导者应更关注目标而不是战术，更关注促进而不是设置障碍，更关注结果而不是细枝末节。

如果领导者建立并促进一种鼓励团队制定明智决策（评估且考虑风险和回报）的文化，就更容易对网络安全中什么能做什么不能做施加合理的限制。确定了你的文化需要你从肯定的回答开始，我们就更容易发展到“是的，如果在以下情况下有以下 XYZ 控制措施的话”或者“是的，但是要以这种方式”。

当然，你的网络安全文化不能做也不应允许做某些事。你不能向数据掮客出售病人的个人信息；你不能违反法律；你不能让组织承担法律风险。但即使是那些事，也有可以做出的选择。

我来讲几种假设情况。假设你的 CISO 或其老板获悉某个组织发生了由公有云文件共享服务安全漏洞引起的数据泄露。如果你有强大的取得肯定回答的文化——提倡积极的行动和谨慎的风险承担，高管们可能已经制定了数据存储政策，在一端的风险与另一端的灵活性和授权之间取得明确的平衡。

但是如果你没有这样的网络安全文化，没有肯定的回答，高管们说的话可能就是对最新的公有云安全攻击新闻的下意识反应：“没有人能使用文件共享服务。”

提出有关安全的问题是可以的甚至必要的，但是当领导者（发件人）不考虑影响或其他可能性就发布指令时，就会对网络安全文化造成损害。这极有可能造成最终可能带来更多风险的（个人/收件人）影子 IT 项目。

要帮助团队获得肯定回答，领导者应思考目标，在这个例子中，目标就是有安全、有效的方法在企业之间或与客户之间传输文件。但是，你要相信下属可以想出适当的解决方案来平衡风险与业务机会。这不是指停止使用文件共享，而是指管理风险。

开始朝着网络安全文化前进

为促进变革和推动网络安全文化，高管和董事会成员需要考虑某些基本问题。例如，业务领导应确定哪种文化对于收件人来说在组织中最有影响力；这将对确定如何在整个组织中提出和传达消息、指令和政策大有帮助。

同时，体会高层（发件人）在讨论网络安全时的基调以及确保领导风格与组织如何接收信息和实现理想的网络安全文化相一致也很重要。

董事会成员和高管应将统计分析工具和旧

式的“走动式管理”相结合，对发件人和收件人如何或者是否一致进行定量和定性评估。

这种一致性对建立一种有生命力的网络安全文化至关重要。毕竟，如果发件人设定了一种指令式、独裁式和过于自上而下的基调，这可以促进收件人的被动响应，条件是他们已习惯人际关系模型组织文化。

采用参与式和交互式会话有助于发件人体验各种情况和理解收件人的反应，从而使发件人更好地理解其行动的影响。

我确信，当人为因素是网络安全链条中最牢固的环节时，网络安全文化就可以实现，但是只有你说“是”的表达方式与组织文化相配才可以。如果不相配，你说的“是”可能被误读为确定的“否”。没有人喜欢听或接受“否”。

结论

任何好的风险投资人都会告诉你，在评估所收到的所有投资提议时，他们认为最重要的事是领导团队的质量。毕竟，产品推陈出新，市场不断演变。但一个伟大的团队应预测各种变化并与之相适应，确保组织为达到目标不断前进。

创建网络安全文化也一样。业务主管和董事会，需要与网络安全和 IT 主管一起，理解和塑造组织的文化，以便形成正确的网络安全思维，甚至在围绕网络安全制定政策、流程和优先事项之前就做到这一点。

我们杜撰的文件共享故事是说明文化如何抑制或促进智能、成功的网络安全的典型例子。建立和培育正确网络安全文化的组织将会找到更快实现目标的方法。与不能理解发件人和收件人共同建立的文化在这种努力中所起的关键作用的组织相比，他们的成本效益更高，敌意和政治问题更少。

让我们都来寻找获得肯定回答的方法。

---

[1] Quinn, Robert E., and John Rohrbaugh. "A Spatial Model of Effectiveness Criteria: Towards a Competing Values Approach to Organizational Analysis," Management Science 29, no. 3 (1983): 363-77. http://www.jstor.org/stable/2631061

[2] “Competing Values Framework,” University of Twente https://www.utwente.nl/en/bms/communication-theories/sorted-by-cluster/Organizational%20Communication/CompetingValuesFramework/

[3] “Competing values leadership: quadrant roles and personality traits,” Alan Belasen and Nancy Frank (2007) https://www.researchgate.net/publication/242337141CompetingvaluesleadershipQuadrantrolesandpersonalitytraits

37

识别、发展和部署良好的网络安全习惯

George Finney——南卫理公会大学首席安全官

我是美国一所重点大学的首席安全官。我热爱我的工作，虽然我的工作充满疯狂、不可预测的迂回曲折。我每天都要感谢我的幸运星，因为我的工作一点都不无聊，我知道当我出现在办公室或登录我的电子邮箱时会有什么出现。

这并不是我做的全部事情。说真的，我是位作家。我写过书、短篇小说、犯罪小说和剧本。但是由于有人告诉我，作家应该写自己最了解的事，所以我最近的四本书全是写网络安全的。在我最近的一本书“不再有魔杖：事关每个人的转型性网络安全变革”中，我以我知道随着我们继续对抗网络对手将变得越来越重要的东西来介绍主题：

“如果安全是每个人的工作，每个人都要有正确的工具来实际做好这项工作。不是其中的某些工具，不是很少一部分工具，而是所有工具。”

任何人（无论是首席战略官、首席执行官、董事会成员或利用技术做几乎任何事的任何人）都可以拥有的最重要的工具之一是好习惯。是的，下一代防火墙、自动化监控和威胁情报服务都是任何组织的网络安全武器库中的必备品，但这还不够。你还需要组织中的每个人以及组织在防火墙外面打交道的每个人都拥有长期形成的精心部署的网络安全习惯。

这是因为网络安全不是可以学习的技能，也不是一种能力素质。我是怎么知道这些的？很简单，因为我总是认为让员工接受网络卫生方面的培训会产生更好的结果。那没有发生，没有体现于任何方式、形状或形式。

网络安全是一种习惯，就像早晨早起进行锻炼，对你的孩子表现出亲近，在变线之前调整汽车后视镜。当你通过那个视角看待网络安全时，让你的员工看安全方面的短视频不会改变他们的行为一点都不会令你感到惊讶。这就像读一本跑步机使用手册。这不会令你变得更健康。

准备开始：确定好习惯

我在早期从事网络安全事业时没有领会到这一真谛。就像几乎其他任何事情一样，我得

通过不断尝试和犯错才能学会。多年以前，我们在做每个人都做的事，提供在线网络安全培训视频、午餐研讨会和模拟钓鱼式攻击消息。但是我们还是会遇到网络安全事件（当然就像其他人一样），因此我们知道我们漏掉了什么。

我的脑海里浮现出两件事。首先我想起了儿时学习跆拳道的经历，特别是当时我意识到仅仅是学习动作不会使我走向成功。最后我领会到只有训练才能改变现状，必须付出时间和刻苦才能看到真正的进步。

其次，我的人力资源同事和我决定围绕我们知道已经成功的事：健康项目来进行网络安全培训建模。如今，大部分人力资源部门都把卫生与健康项目确立为员工福利 – 部分原因是很多员工喜欢努力掌控自己健康的理念，但主要原因是这些项目确实有效。健身训练取得成功在很大程度上是因为我们可以教育和影响员工，让他们不仅知道健康饮食或锻炼的好处，而且知道如何让它成为习惯。他们使用自由假期等激励措施给员工更多的动力来建立新的日常习惯。这些项目取得成功是因为它们促使人们面对和承认健身是习惯而不是技巧的理念并付诸行动。

为使健康卫生在网络安全领域发挥作用，我们必须注意确定好的网络安全习惯并让人们不断练习。这些习惯需要制度化，要从高管和董事会成员开始，而不只是每月有一次午餐研讨会的 CSO。如果高级管理人员不买账并发出强烈信号，认为网络安全无论对组织还是对员工都是潜在威胁，那么我们不得不应对重大挑战。

好的网络安全习惯有哪些？

不要被动反应。不要看到什么事就开始行动。试着花些时间观察细节才能“看到”发生了什么。如果这听起来像是“只见树木不见森林”，你是对的。如果花时间观察全貌的话，有可能你看到的不仅是一两个孤立的事件，而是可观看的超高清图案中的数据点。自动化网络监控能够出色地帮助识别系统内外的异常数据运动模式，但是在把大量文件转给乌克兰之前，我们依然需要依靠机智、敏锐、好奇心强的人来审查信息。

相信你的直觉。直觉是强大的防御机制——如果我们注意它的话。我不是说你对任何事都想太多，陷入“分析性瘫痪”模式。但是如果来自 CFO 的电子邮件看起来与过去的通信有点不一样，不要只是觉得这是合理的。以问题来回复邮件，或者最好是拿起电话或走向大厅。

依靠团体。在单位或家里我们经常犯的一个大错误是害怕寻求帮助，甚至只是确认。我们不想让人们认为我们对知道的事不够相信，或者我们可能感觉，如果让其他人进入我们的思考过程，我们就放弃了在事业中取得成功所依靠的某种“竞争优势”。我们并不孤独，在涉及网络安全时，了解其他人的看法要好得多。例如，组织应考虑加入网络－情报共享联盟。不要担心，你不会失去公司秘密，但是你可能会学到自己不知道的东西。

放慢速度。由于很多因素（包括技术变革的步伐）正在加速决策过程，我们往往感觉需要“准备，开火，瞄准”。我们经常根据企业领导信奉的“贵在行动”理念制定决策。贵在行动很好，但如果过于相信贵在行动，为了早上市而根据不完整的信息做出糟糕的决策就不好了。当你的产品开发团队想要推出业内首个物联网产品，他们还没形成安全协议时，想想这个问题。

没有什么是随机的；让计划成为一种习惯。当不好的事发生时（财产犯罪、枪击、机动车事故及其他），我们问自己：“我们做什么才能跟现在不一样？”这种反省只有在使情景规划成为周密、系统的过程时才有效果。例如，我们的员工和访问我们专有数据的第三方必须凭适当的许可安全登录 WiFi 网络。每个人还必须小心谨慎地更改密码，避免把密码遗忘在屏幕的便利贴上。做好规划（重复好习惯）至关重要。

我来讲一个我正在说的这件事的真实例子。最近我遇到一位曾写过网络安全文章的商业记者。我们谈论起这个主题和我对好习惯的看重，她激动地跟我讲了昨天晚上发生的事。

她丈夫从 PayPal 上收到一条消息，警示他一项 1000 美元的交易已在他的账户里完成。他一开始很不解，之后马上感到很生气，确信有人在 PayPal 上弄错了。他告诉坐在餐桌对面的妻子发生了什么事，说：“我要看看他们在谈论什么。”正在他要点击文本中的 PayPal 链接，妻子尖叫起来“等等！”然后从丈夫的手中夺下电话。正像你现在所想到的，她良好的网络安全习惯提示她好像哪里不对劲，她丈夫差点就中了网络钓鱼式欺诈的圈套。

在我们的组织中，这种事毫无疑问总在发生，从最大的政府和跨国公司到小型零售店都利用技术管理财务、跟踪存货和给员工发工资。无论是企业中的每一件事还是个人生活，我们现在已变得如此依赖技术，以至于我们有时会放松警惕，但往往会导致灾难性的后果。

企业领导能/应当做什么呢?

虽然个人可以形成和磨炼好的网络安全习惯，但高管和董事会依然在促进这种好的行为方面起很大作用。

首先，牢记 Patric Versteeg 在他的章节中谈到的关于创建网络安全文化的事。Patric 提出，文化由管理层塑造，由组织中的人和过程具体体现。谈论采用自下而上的方法解决问题很时髦，很多时候还很有道理。但是不要骗你自己；我们还是非常倾向于层级结构的组织，高管们在企业中依然是最有权力和影响力的。高管们需要显示“意向性”，这基于他们所做的事，他们说的话，他们怎样问问题等等。

其次，不幸的是，有太多的高管在涉及网络安全习惯时会显示出一种权利的气氛。这经常会被例外这个可怕的词拟人化。描绘典型的 CEO。他或她可能急切需要做某件事，因此他们要求行动。当然，他们可能感觉不需要仔细查看适当的网络安全协议来要求向试图交付关键部分的战略供应商进行大额付款。当那封邮件到了财务主管或 CFO 的手里时，每个人都会集中注意力，最后发现那个请求来自于一个想模仿 CEO 的电子邮件账户的黑客。

再次，高管需要在网络安全好习惯培训课程制度化的过程中支持 CSO 和人力资源总监——他们也需要参与其中。如果高管想要在宣传网络安全好习惯重要性的过程中被认真对待，就必须成为领导。在我的作品“不再有魔杖”中，主要角色不是 CSO，而是拥护和推动变革的企业高管。业务领导被看成是网络安全好习惯形成的代理人而不只是坐在后面为 CSO 指引方向尤其重要。没有人想让 CEO 成为网络安全的围观管理者，但是在这方面放弃领导角色的 CEO 是董事会成员的大号红色警示灯。

结论

亚里士多德曾经说过：“我们反复做的事情造就了我们。因此，优秀不是一种行为，而是一种习惯”。今天，他不是成为一位时薪 1000 美元的管理顾问也会成为 CSO。

领导者必须大踏步实现整个组织的网络安全好习惯制度化；如果这个习惯没有成为企业

文化的一部分，员工在办公室里、在路上或在家里都不会实际执行这个习惯。

因此，不断投资于前沿技术、复杂分析和创新性网络安全工具。确保你的SOC配备合适的人员，你的业务单位已嵌入安全专业人员，你的CSO就像熟知僵尸网络和钓鱼式攻击那样熟知存货周转和差异化竞争优势。

但是还要记住落实本章前面所讲的步骤。

不要被动反应。

相信你的直觉。

依靠团体。

放慢速度。

让计划成为习惯。

然后，请给我打电话分享你的经历。我们可以就这方面写本书。

38

社交工程攻击：我们都是目标

Yorck O.A. Reuber——AXA IT 北欧地区基础设施服务主管兼首席技术官

在今天的环境中，专业攻击者知道如何通过采用社交工程和挑出公司内的受害者来规避你的安全技术。事实上，真人目标已超越机器成为网络罪犯的首要目标。正像 IDG 旗下杂志《CSO》中提到的，“现在黑客的目标是血液，不是硅谷”[1]。

你的员工可能难以保护。对手会利用人的情绪和准备状态取得发动针对性强且通常可信的攻击所需的信息。流程和技术本身不能解决这个问题。提高认识和警觉性有助于保护你的员工和组织。更重要的是，它能帮助你建立网络安全文化。

网络攻击电话及其他攻击模式

社交工程攻击的目标不需要是管理人员或参与保密项目的研究部门成员。罪犯更多时候会以事先暗中监视的随便哪个员工为目标，确保攻击以尽可能令人信服的方式实施。他们采用社交媒体来发现部门与个人之间有关项目、名称和相关性以及同事之间友谊方面的详细情况。一旦取得基准信息，接近员工、表现合法以及获取公司信息或访问公司网络都是很容易的事。例如，下面是他们采用的一些方法：

网络攻击电话：通过接线总机打过来的电话看起来就像是内部电话一样。电话中会提到迫切需要提供支持：我们的同事“X 女士没给我急需用来向董事 Y 报告的数据。她现在正在休假，但我如果不把这些数据马上传过去一定会被炒鱿鱼的。请帮帮我吧……我不能失去工作。”财务、公司或个人信息往往就是因为想要帮助打电话的人做工作被泄露出去。

公司网络访问：一名员工从一个似乎在同一家公司工作的人那里收到一封电子邮件。电子邮件的签名正确，内容与收件人的日常事务相符。打开恶意软件感染的附件或点击恶意链接的防御阈值很低。在 95%的案件中，这种点击都会导致成功感染恶意软件。这是一次高度复杂的战役的切入点，它给进攻者访问在几个月之后才可能泄露的公司网络开了后门。

CEO 欺诈：网络罪犯假装总经理、CEO、CFO 或其他高级员工。电子邮件可能这么写：“来了一位神秘的公司接管人，高级管理层只信任你。将会有进一步信息从Y银行（被感染）的X银行职员（假装者）发送给你。”后续的电子邮件将包含诈骗组织控制的银行账户信息和要支付的金额。

无论方法如何，一贯的主题是网络罪犯会利用社交工程让他们的行为尽可能看起来合法。除非员工提高认识始终保持警惕，否则这些攻击会被当做来自同事或经理的正常通信。

通过培训挫败社交工程

通过社交工程进行的网络攻击只不过是通过实际调查实现的旧式信息获取。很多攻击者和社交工程师企图利用人们想帮助他人的心理。攻击者取得成功是因为他们的攻击行为看起来绝对令人相信。有一些小提示可以帮助攻击者前进，例如：

- 同事X正在休假。
- 这个由部门A完成。
- 是的，我们的CFO通常很没耐心。
- 不是，我们使用供应商Z的防病毒软件。

每个提到的名字，每个日常业务关系，都能帮助攻击者准备下次访问，以后的攻击就会更有效或以更适合的联系人为目标。

教育你的员工和自己，一定要始终保持警惕，不要在电话里向陌生人透露任何事。经理人员比较倾向于低估这种类型的攻击，因为他们认为自己从来都不太可能泄露什么。这可是个非常危险的错误。

提高员工对可疑电话和电子邮件的认识非常关键。应教育员工仔细查找的一些触发器包括：

- 第一眼看起来正常的URL或电子邮件地址中的细微错误或不同。有时发送者的名字对了，但你仔细看地址就会发现稍微有点不一样。
- 大多数攻击都集中于让你点击邮件里的某个东西。如果你被要求通过链接提供个人或公司信息，或者如果你被指向的实际地址看起来不合法，那么首先要打电话确认它是否合法。
- 虽然很多电子邮件和电话都伪装的很巧妙，但你需要查找语言错误，因为对手可能用的不是母语。
- 使用公司的图片或形象让电子邮件看起来是真实的。
- 在邮件中使用能让你采取行动的语言。

如果有任何疑问，最好是打电话确认是否真实，即使邮件看起来确实来自公司内部也一样。IT安全团队应不断教育和告知员工和同事。可以通过员工会议或通过检查密码质量的自动渗透测试进行教育和通知。

自编网络钓鱼邮件尤其有效。这些邮件由你的网络安全团队创作，用来提高员工对潜在网络钓鱼邮件的认识。你可以利用各种激励措施误导接收者点击被感染的链接——不同的人对不同的刺激做出反应。你可以试图激发情绪化的反应或提供平板电脑或智能手机作为奖励。点击后打电话解释如何在未来避免犯错不仅能降低员工再次犯相同错误的风险，而且可以鼓励人们以后主动报告类似的情况。这种针对性教育比通用培训和让所有员工在无菌环境中接受相同的教条有效得多。

IT部门能在首次点击之后甚至之前直接识别的每一封电子邮件都能降低钓鱼式攻击得逞的几率。攻击路径还是未知的，IT团队就能阻挡对恶意网络地址的访问，防止恶意软件执行，重置可能受到钓鱼式攻击的密码。

要想让这些测试和培训起作用，不指责的文化非常关键。员工必须了解以后如何报告可疑情况。你需要一种监控方法，这样对于已经点击了被感染链接但不报告的人，你可以和他们合作，确保他们以后一定会报告。

部署不同的活动并定期重复这些活动是成功的关键。但是，不要太过火，否则会适得其反。如果检查密码质量的工具太旧或配置不好，那么它不仅代价高，而且会让员工感到沮丧，然后员工又开始把密码写下来了。在这种情况下，公司需要花很多钱，同时又降低了安全水平。通过一次成本低得多的员工活动，公司取得的效果可能好得多。以实际例子激励员工的活动有助于提高网络安全挑战意识。

它还有助于尽早识别员工和同事的行为变化。异常情况可以来自未知地址的登录或之前无效坐席的访问数据。现代化保护工具和流程可以通过识别异常情况和自动警示IT和安全人员主动关闭安全缺口以及限制有效攻击的损害范围提供帮助。

通过这种流程观察关键数据比围绕数据中心建立更强的壁垒更有意义。如今，对公司网络的攻击难以防范；立即留意恶意操纵和数据损失以便予以限制至关重要。

提出关键问题

为了解组织在社交工程方面的薄弱环节以及最有效的培训类型，IT 团队可以向管理者和员工（包括高管和董事会成员）提出具体的问题。要问的问题包括：

- 具有一般安全意识的个人比例是多少？
- 你部门人员之间在网络安全方面的共识是什么？这种共识在整个公司有何不同？
- 组织的安全专家了解多少，或者 IT 和安全团队是否与业务人员讲不同的语言？
- 数据安全措施对工作造成了哪些障碍？
- 安全状况是否令人关心？已引起什么样的过度反应？
- 谁是内部社交工程或法律专家，他们如何保持自我更新？

这些问题的答案因业务单位的不同而不同。处理医疗数据的受监管公司的管理人员对网络安全的认识可能高于不受监管公司的人。但现实是，每个公司都是脆弱的，每个组织都有需要保护的数据。

可能造成的损害不可想象。组织必须有风险意识。为降低风险，预防过度反应很重要，因为过度反应会使你们与客户的互动复杂化并削弱员工的工作能力。

除了向员工提出问题之外，组织还可以在高管向网络安全领导提出具体问题时获益。这些问题可帮助确定他们的意图和要通过网络安全投资实现的目标：

- 你对这项投资的意图是什么？换句话说，你要保护什么？
- 这么做的业务影响是什么？
- 不这么做的业务影响是什么？
- 延迟投资的风险是什么？我们能否推迟六个月，或者能否加快？
- 我们有已经到位的任何类似措施吗？为什么这还不够充分？

提高每位员工的意识

高级管理人员需要愿意承担网络攻击的后果，并确保对所有员工进行适当和均衡的沟通。这里有我想督促所有管理人员在部门内部和整个组织看看的一些基本要点。

员工必须认识到，信息（例如“谁在哪里与谁一起工作”）会令行业间谍和向他们提供背景信息的人十分感兴趣。在私人生活中也一样，盗贼被 Facebook 告知长假期间房子什么时候空着以及房子位于哪里。这个例子可以轻松转移到工作中。最后一次公司聚会的照片包含关于哪位员工知道哪位同事以及他们的名字的信息。这些信息可能足以让攻击者利用个人信息发出网络钓鱼邮件，导致致命的点击。

很明显，你不能阻止员工使用社交媒体，但是你可以要求他们不要发布与工作相关的信息，例如职位、项目名称等。现在，网络上的每条评论都能操纵与雇主有关的公共舆论并提供对手可用来对IT或其他部门发动攻击的重要信息。

结论：我们都联合起来

组织内各个级别的每位员工都必须清醒地认识到他或她个人对公司的数据安全和形象都有责任。只有不断参与沟通才能树立安全意识和培育网络安全文化。只有让员工意识到风险和后果，才能防止粗心大意和提高识别力。只有通过不断保持警惕，组织才能确保安全风险得到识别或报告（更重要）。

内部安全专家及其他领导有效联合起来创建正确的文化，这也非常重要。通过与其他公司的同事共享信息，你的IT和安全团队可以知道在内部问哪些问题。领导可以从其他人的失败和成功经验中学习。在打击网络罪犯的斗争中，所有企业都必须联合起来。

---

[1] "Top 5 cybersecurity facts, figures and statistics for 2018," CSO from IDG, Jan. 23, 2018

39

寻找拥有最佳董事会级证书的网络领导者

Matt Aiello——美国海德思哲国际咨询公司合伙人
Gavin Colman——英国海德思哲国际咨询公司合伙人
Max Randria——澳大利亚海德思哲国际咨询公司负责人

一家位于纽约、拥有全球专营权的在线游戏公司的创立者（一位亿万富翁）曾感到深深忧虑。他的公司已开发多款市场领先的启发性游戏，吸引了数百万精通技术的客户。但是很多热心客户对技术太精通了：他们发现并利用了多种规避付费的方法，并且还免费玩游戏。

公司董事会知道他们面临生死攸关的时刻，这时需要既拥有技术能力又具有商业头脑的世界级首席信息安全官。意识到关键的业务问题之后，董事会一开始把目标对准某位高价CISO，但最后发现在招聘和面试过程中，候选人不具有在最高战略层面解决网络安全问题所需的技能组合。

不得已，董事会提出寻找另一种CISO，找一个能解决战略问题确保应用安全的人。他被聘用了，不仅因为他具有最佳的全面组合技能，而且因为他具有应对最高级别风险的能力。在他的领导下，业务收入流失停止了，危机得以避免。

这个真实世界场景表明了寻找和聘用对的CISO比以往更加重要的原因，同时还彰显了这个过程对经验丰富的董事会成员和最高层管理人员也具有挑战性的原因。这是因为没有一个可以识别完美CISO候选人的通用剧本。

实际上，并没有完美的CISO候选人这回事。董事会应该寻找的（以及他们在寻找下一任CISO时应该要求的）是一位对这个组织完全合适的候选人。毕竟，没有任何两个组织是一样的；每个组织都有不同的经济、运营和信誉风险，网络安全战略必须考虑这些独特的情况。这意味着一个对于A组织来说完美的候选人的素质、经验、技能和态度可能完全不适合B组织。

董事会还要记住另一个重要考虑因素。不管你找谁担任下一任CISO，或者你的新网络主管采用哪种报告结构，CISO的存在都是为了服务于组织最高梯队的需求。

CISO很重要，但有关网络安全问题的最终决策者还是董事会和CEO。如果CISO不能做好自己的工作保护组织、组织的数据和组织的竞争地位，那么最后受责备的还是董事会。

这意味着，在确定雇佣谁、如何设置他的角色和职能、到哪里去招聘、要做哪些适当的折中以便取得最好的候选人时，董事会需要比以往任何时候都勤勉谨慎。

维护声誉和品牌

由于网络攻击变得越来越肆无忌惮，破坏性越来越强，董事会成员不得不承担起确保企业声誉得到保护的责任。几个知名品牌已经成为攻击目标并受到了攻击，这增加了组织内每个人的风险，往往还重新塑造了董事会看待CISO的方式。CISO很早就习惯了争夺开场时间讨论威胁问题，但现在他们被设置在董事会和委员会会议的中心位置。

这对于精通业务的CISO来说是一个重要的进步，他们现在被视为可信的顾问，负责保护公司的“防护屏”，而不是针对可能使企业的珍宝遭受网络盗贼侵害的技术漏洞发出警报的恐怖消息发布者。

CISO现在不像以前那样需要说服高管们要重视他/她，而是有一群固有的比以前更急切的听众，后者想听到关于网络风险的事，更重要的是针对风险要怎么做。这意味着董事会成员需要在招聘CISO时要求候选人具有行政人格，不能只是一个满嘴技术词汇起不了什么作用只会令人感到困惑的人。虽然CISO必须要有必备的技术能力，但是与在董事会拥有重要地位的人相比，识别甚至“购买”具备技术能力的CISO要容易得多。

在提升那些能“说明白”但在危机爆发时无力应对的人的职位时，董事会成员应该能意识到风险。董事会必须坚信，他们任命的CISO不仅操作上过关，而且已经落实了董事会批准的程序来应对重大攻击。这位CISO还必须能够与CEO和其他最高层管理者协同工作，确保已就所有可能发生的事向后者进行汇报。最重要的是，CISO需要让同事和董事会完全相信他们的技术、财务、监管和业务基础已完全得到保护，而且在危机发生时保持冷静、可靠和自信。

当数据泄露事件让企业面对客户的系统停机一个小时的时候，组织的品牌声誉是上升还是下降，取决于CISO是否能够让组织做好准备恰当、迅速地应对。

当CISO精英供不应求时

大多数网络领导者都在试图建立由安全专业人员组成的稳健团队来处理多种威胁；但是建立这些团队需要向更大更远的范围寻找最好、最卓越的人才——从寻找CISO开始。填补CISO职位的精英专业人才的数量相对很少很有限，他们定期在某个国家甚至国际上穿行。我们公司最近得出一个填补CISO职位空缺的最优候选人名单，但最后发现由于总被竞争对手挖墙脚，我们的名单不断缩小。

随着网络领导的角色不断成熟，识别和招聘下一任CISO的过程变得更加复杂。但是可以从通过行业和地理过滤器来筛选潜在候选人的过程中得到一些教训。在硅谷和其他技术中心，数字原住民组织雇佣安全专业人员负责保护组织免受最无情最复杂的攻击。在纽约和其他金融中心的金融服务公司，安全专业人员必须自我提升来抵御不断扩大的攻击向量。

在华盛顿特区，政府机构处于顶级网络人才争夺大战的前沿，大量行业专业知识在这场战火中铸就。这些机构是找到顶级网络人才（虽然一般在C级以下）的理想场所。

大型欧洲企业经历了恶意行为人（包括流氓国家）的复杂、长期的网络攻击，后者正在部署大量资源攻击合法目标以勒索钱财和数据。私营企业越来越依靠协作性网络社区，其中包括 NATO、NCSC-NL 和 GCHQ 等欧洲政府机构，这些网络社区与愿意站出来帮助受害者的企业共享网络警报。这种课外网络活动应由董事会讨论和批准。

其他地区网络人才的数量和深度也在增加 – 虽然还是不能满足不断增加的需求。例如，澳大利亚以安全行业人才出口国而著称。在澳大利亚，过去两年，所有行业所有级别的 CISO 职位都大量增加。以色列是安全人才的另一个很好来源。以色列在网络安全方面具有重要地位，有高增长的初创企业和硅谷主要技术公司外包的重大产品开发。

为了吸引理想的 CISO，董事会正越来越多地考虑与 CISO 之间采用哪种类型的报告结构，以确保网络安全获得适当的优先地位和关注，确保 CISO 获得资源、责任和问责的正确组合。

这种报告结构正受到欢迎，这取决于组织的规模和范围。依靠技术交易的技术公司、金融服务机构和面对消费者的企业（例如零售、酒店、航空和医疗）日益需要董事会级网络领导者。能源、油气和大型制造业等大型基础设施提供商正在快速赶超。

报告结构可能不总是组织对网络安全给予的优先地位的完美体现。但当理想 CISO 候选人被告知可以直接接触董事会并对后者负责时，这就有很多可说的了。

不要等待完美

法国哲学家伏尔泰因说过类似“完美是美好的敌人”的话而经常被人称道。他肯定预测到了董事会当前在寻找所谓“完美 CISO”时遇到的困境。

如上所述，没有完美的 CISO 候选人，因此董事会和高管不应该等待完美人选。但是，他们也不能雇佣未达到最优标准的人，因为付出的代价将大大超过因降低标准用人而获得的效益。鉴于网络安全威胁、漏洞和风险变化如此迅速，一个“很不错”的候选人很难有大把的时间逐渐成长承担起 CISO 的职责。如果必须要达成妥协，那就重点关注与最高级别的风险相关的技能组合。评估你的运营和技术环境，雇佣适合这个环境的 CISO，也要以开放的态度围绕这个人重建这个角色。

现在起领导作用的 CISO 都具有综合的领导素质，包括可信度、董事会级演讲技巧和强大的商业头脑，未来 CISO 将需要更多通过影响力而不是权威性来领导。董事会要寻找的人必须机敏、关注风险、学习能力强，将安全视为战略优势和市场差异要素。

董事会还看重高尚的个人诚信和道德品质。要知道 CISO 的动力并不总是来自薪金有多少，而是来自组织的使命和更高追求。网络领导者对保护企业、数据、客户和整个组织生态系统免受恶意入侵往往具有近乎精神上的决心。这样就在为完成这个使命努力奋斗的人之间建立起强大的协作关系。

另一个重点是需要董事会在寻找 CISO 的道路上长远考虑的。随着网络变化速度加快以及威胁快速变换，董事会雇佣的 CISO 不应只满足今天的需求，尤其是要考虑到企业未来三年的需求，这一点是必要的。例如，最好是“超标准招聘”并支付高于合理水平的薪金以吸引最适合未来需求的候选人。记住：你的网络安全要求以后一定会变。

结论

如果问 10 位董事会成员他们认为除 CEO 之外公司里哪个人的角色对公司的成功最关

键，你可能会听到10个不同的答案。销售、财务、运营、工程、IT、市场营销，这些都对组织的长期健康与成功至关重要，总管这些及其他职能的最高层管理者需要有最卓越的表现。

现在，网络安全必须放在企业组织的同一顶点即董事会层面来考虑。董事会针对下一任CISO 的决策将对是否市场领先或品牌严重受损，盈利或亏损以及是否赢得客户信任有很大影响。这是一个决策过程，必须在董事会层面严肃对待。

组织的长期健康和活力取决于此。

流程

40

如何管理数据泄露

Lisa J. Sotto——Hunton Andrews Kurth LLP 合伙人

每个组织都很容易受到网络攻击。但是意识到企业易受攻击并不等于准备好管理攻击事件。数据泄露事件的数量每年都呈爆发式增长。根据威瑞森最近发布的数据泄露报告，2017 年在 65 个国家发生了 2,216 起数据泄露事件。所有数据泄露事件中四分之三以上都是为了图财。[1]

管理数据泄露是件大事，因为受到网络攻击后，组织很快就要承受重压。根据事件的大小和范围，解决事实可以占用管理层的全部时间和精力长达几个月。更糟糕的是，如果一开始不采取适当步骤确保适当的调查、报告、通知和沟通，很可能使组织暴露于更大的风险（财务、法律和信誉风险）之下。

为应对数据泄露做好准备的最好方式之一是充分了解应对入侵的流程。从过去这些年形成的最佳实践中可以学到很多经验教训，能够让组织成功解决全球数据泄露。

事件和动员

为了解数据泄露的原委，考虑下面时间轴中的每一步是很重要的。无论处于哪个行业，每个经历网络事件的组织一般都会经历这个时间轴中出现的那些阶段。

对攻击的响应在攻击被识别之后立即开始。组织必须快速动员适当的资源实现协同响应。

企业可以通过大量渠道了解网络安全事件的情况。例如，信息安全部门可能发现公司系统中的异常情况，发出有关系统入侵的信号。或者，在暗网上识别出链接到公司的数据的执法官员可能会与公司联系。或者，公司的客户服务中心可能会突然接到大量客户电话，提示已发生欺诈。在企业发现自己的系统存在问题之前，媒体也在积极识别网络事件并通知企业。虽然组织有很多不同的途径可以识别问题，但关键是立即响应并开始落实正确的计划。

一旦意识到问题，首席信息安全官及其团队一般会同公司的法律顾问带头处理这个问题。经常会借助外部顾问的力量保持公司的法律地位，包括尽最大可能保护调查的特权。如果泄露事件似乎很重大，法律顾问可能建议组

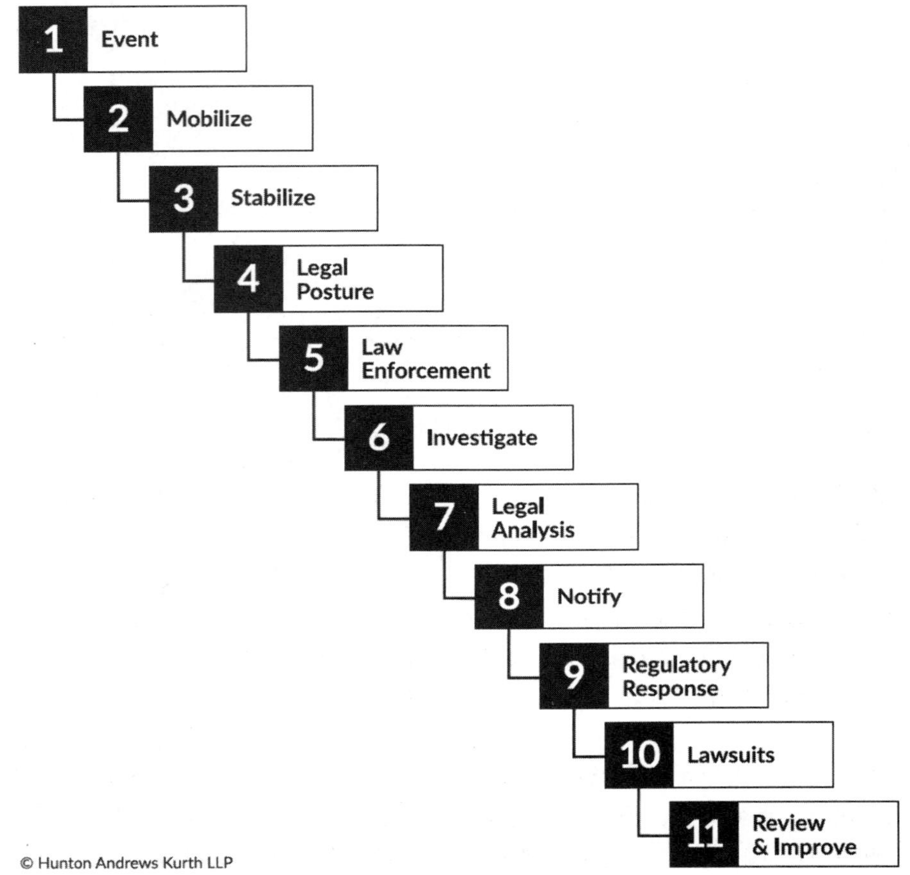

织实施法律保全，要求保留相关记录。法律顾问还可能提出泄露事件可能构成证券法之下必须进行披露的重大事件。最后，法律顾问可能建议通知相关承保人。

法律顾问将和组织一起确定是否聘用外部司法鉴定调查员。对于重大泄露事件，可能会引入几个不同的调查团队，每个团队都具有不同领域的专业知识。例如，某些外部专家在查找和跟踪攻击者足迹方面具备深厚的技术知识。其他人可能擅长收集情报和确定威胁发起者的属性。其他一些人，例如持证 PCI 司法鉴定调查员，可能只关注数据泄露事件的支付卡问题。

除了聘用司法鉴定专家之外，在知道事件发生和调查的早期阶段联系执法机关也是适当的。根据具体情况，公司可能选择联系联邦或当地执法部门。

处理一件事的人应限制在有必要知道这件事的人的范围内，这一点很重要。不让泄露事件的响应圈子扩大有助于防止泄密和炒作。

通知

随着司法鉴定调查的进行，相关的法律分析也同时进行。这个阶段要问的问题包括：涉及到的数据是什么类型？受影响的信息是否被视为个人数据？如果是，哪些数据元素已受到影响？数据受到影响的个人的司法管辖区是哪里？多少人的数据面临风险？攻击发生的时间段是什么？入侵者是否依然在系统中？在这个阶段需要回答大量的问题。

关于泄露事件的通知，如果是在美国，可能有必要分析美国50个州（以及有泄露事件通知要求的其他法律管辖区，例如关岛、波多黎各、美属维金群岛和华盛顿特区）各自的法律。在欧洲，随着《通用数据保护条例》的颁布，公司必须在得知泄露事件发生后 72 小时内向政府机关通知个人数据泄露情况。

鉴于某些有关泄露事件通知的法律有苛刻的时间要求，企业往往不得不在司法鉴定调查还在进行时就发布通知。这种情况难就难在司法鉴定调查的结果往往随着调查的进行不断变化；企业最好避免根据直觉来限定问题的范围。在了解和评估泄露事件的性质和范围之前就要开始进行司法鉴定调查。

在早期阶段，法律顾问一般开始起草相关文件，文件可以是提交给监管部门的通知的形式；对受影响的人发出的信函或电子邮件；发送给其他利害关系人的通知，例如业务伙伴、企业客户、服务提供商、媒体、员工及相关政府单位（监管机构除外）。

可能需要考虑很多方面和处理很多的利害关系。制定沟通策略是有挑战性的，外部 PR 专家可以提供急需的帮助。除了压力之外，当事实不清楚时，这种策略往往必须在很短的时间内制定完成。上文提到过，在欧盟，要求企业在 72 小时内通知相关政府机关。在某些行业，例如能源行业，通知监管部门的时间可能限制在一小时之内。

知道事件的报道可能不受公司控制也很重要。社交媒体在当今的信息环境中扮演着重要角色。数据泄露的消息会像病毒一样迅速传播，受影响的公司甚至没有机会协调沟通策略。第三方公关公司可以帮助受影响的公司管理消息和制定正确的公关框架。

通知通常应该直接发送给受影响的个人。或者，如果受影响的公司没有相关个人的联系信息，或向受影响人群邮寄通知的成本将导致超过法律规定金额的费用，则可采用“替代”通知。这样可以让受影响的组织向公众提供有关数据泄露的信息。替代通知规则要求受影响的企业在网站上贴出与数据泄露事件有关的信息，通告全国的媒体（一般通过发布新闻来完成），并向相关个人发出电子邮件（如果电子邮件地址已知的话）。

及时发出通知非常必要。为便于邮寄，企业经常需要联系外部邮售商店。此外，也常常需要第三方呼叫中心的服务来协助处理发出数据泄露通知之后的大量电话。可以利用训练有素的客户服务代理人，特别是平时处理数据泄露问题的专业呼叫中心的客服人员，这样也是有帮助的。

持续在线

一旦事件被公布，受影响的公司必定会立即收到大量询问——从联邦监管机构到州检察长再到外国数据保护机构都会询问。公司将收到大量有关数据泄露事件以及公司总体安全状态的问题。业务领导们应该想到要有几个月的时间甚至几年的时间必须与监管机构进行信息交流和对话。

至于数据泄露之后监管部门的活动，大多数政府的询问只会导致调查，而不是执法。如果调查导致执法行动，某些监管机关（例如州检察长和某些海外数据保护机构）将会处以罚款。其他监管部门（例如美国联邦贸易委员会，简称“FTC”）只有有限的罚款权，因此常常会要求衡平法救济。在涉及 FTC 的行动中，与数据泄露相关的执法通常导致同意令形式的和解。FTC 可以就违反同意令的行为处以严厉的经济处罚。

除了监管活动之外，严重的数据泄露事件之后可能伴随法律诉讼。法律诉讼可能由受影响的个人、发卡银行、股东及其他受到泄露事件直接或间接影响的单位或个人提起。因数据泄露导致的法律诉讼可能需要好几年才能解决。除了身陷诉讼和监管行动，组织可能需要在事件发生后的很长时间里应对事件各个方面的问题。

做好准备

除了要了解处理数据泄露时涉及的流程之外，组织还可以采取一些步骤，以便在遭受入侵和进入响应模式之前准备更充分。虽然某些网络攻击不可避免也不容易预防，但做好准备迅速识别入侵者和应对附带后果在当今险恶的网络环境下至关重要。

一项关键的准备是事先与网络安全专家建立关系。准备充分的公司知道在发生泄露事件后雇佣哪家司法鉴定公司、法律顾问、公关公司、呼叫中心、信贷监控机构和邮售商店。比如，可以在公司的事件响应计划中列出这些提供事件响应服务的机构。

购买网络安全保险也是一个关键的网络安全就绪步骤。组织的网络保险公司可以在帮助集合事件响应团队的过程中发挥重要作用。网络保险公司往往有重要的管理泄露事件的经验；受到损害的企业可以利用这些经验来帮助加快和协调事件响应。

其他关键的网络准备步骤包括保持最先进的事件响应计划。这个计划一般是一个动态的文件，应定期修订以反映快速变化的威胁情况。在经历攻击之前与相关执法部门建立关系也是很重要的。事先了解当地网络执法团队，在事件发生前就开始建立合作关系。

很多组织进行桌面练习来实践其事件响应计划，确保事件响应团队成员了解在发生网络攻击时每个人的角色和职责。桌面练习有助于建立制度化的肌肉记忆，且有助于简化企业的事件响应，减轻与实际事件有关的损害。虽然网络事件不可避免，但通过桌面练习来实践这种事件的管理可以减少与真实事件相关的低效现象和组织压力。

结论

网络攻击的威胁继续增加。无论是网络黑客罪犯还是黑客活动家，网络入侵者往往都精通技术，资金雄厚，高度组织化。由于网络攻击者可能造成严重破坏，因此所有企业无论处于哪个行业都有责任采取适当措施防范网络攻击。

在当今险象丛生的网络环境中，组织需要意识到，因数据泄露导致审查强度加大会对企业的运营、财务状况和声誉产生深刻的影响。组织如何应对数据泄露往往是比泄露事件本身更大的考验。通过了解应对数据泄露要做什么，企业领导可以做好更充分的准备以提供必要的领导和指引，成功带领组织通过网络攻击的考验。

---

[1] “2018 Data Breach Investigations Report,” Verizon, March 2018

41

事件响应：如何应对网络攻击

Andreas Rohr 博士——德国网络安全治理有限公司（DCSO）首席技术官

网络被渗透成为新常态。企业在哪个行业经营或企规模大小都无所谓：专业攻击者在每个组织中寻找以后可以在黑市上变成经济优势或现金的数据。有一段时间，这个问题（从罪犯的角度看）不是组织*能否*被成功攻击的问题；只不过是*什么时候*的问题。

虽然承认这种新的现实情况令人不快，但这是必要的。在承认完全保护在经济上不可行之后，业务、IT 和安全方面的领导可以专注于手头的真正任务——将数据泄露的机会和影响降到最低并回到工作日程上来。

当然，即使在成功攻击是日常业务一部分的环境下，组织没有防火墙、病毒扫描器、ID 和访问管理等安全机制也过不去。这些要素通常能够挡住以非针对性方式操作的攻击者；采用水罐理论（水多次喷淋中的其中一次肯定会击中目标），这些攻击者大范围搜寻有漏洞的基础设施。

相比之下，如果有针对性强的方法，专业人员一般可以破解这些防御安全机制。大多数情况下，他们的方法是选择目标组织的一位或多位员工，通过社交工程让他们不知不觉变成防火墙也挡不住的数据泄露的同谋。另一种常用的机制是，采用未与公司网络连接的附属机构或供应商所在地的安全性差一些的进入点。

让攻击者满足所想

在这种情况下，攻击者最初有一个目标：尽量保持不被发现，以便盗取公司的秘密。如果数据盗贼损害了你的网络，管理人员应花时间反映这种情况。他们不应该凭直觉让受影响的系统下线并删除甚至处置掉这些系统以尽量减少损失。

现代，狡猾的攻击者设置了几个后门，以便自己可以再次访问网络。在当今复杂的 IT 基础设施中（往往分布在多个国家），设置各种隐藏的访问路径是很容易的事。因此，如果公司删除了罪犯的一部分工具包或足迹，我们就不能除掉数据盗贼的整个武器库。

由于人们以为可以放松警惕了，因此这会让公司陷入更危险的境地。但那种放松最多就是自欺欺人。以下面这种方式想想这件事：如果你发现家里的卧室里来了一位不速之客（因为他的手电筒出卖了他），你的下意识反应是赶走他。但是这么做的话，你可能忽视了躲在黑暗厨房里的共犯。

等待还有另一个好处，可以让你的团队通过观察对方的行为或使用的工具了解可能存在的其他后门。另外，通过收集信息，你的团队可以深度了解入侵者的动机是什么，甚至可以发现他们的身份。

暗中规划对策

你自然不能让入侵行为在公司管理层的眼皮子低下进行到数据盗贼可以清空公司财宝的地步。如果罪犯开始对数据库、设计图、保密合同或整个客户群动手，你必须破坏掉攻击者的进攻能力并立即切断连接。

但是关闭系统或连接还不够。为了避免一旦恢复连接后数据被再次拷贝，应把数据完全从被入侵的网络中清除出去并创建一个过渡结构。

几乎所有攻击者都有耐心等到公司关闭部分网络，因此只关闭不重建是不够的。只要入侵者仅仅是以横向运动的方式潜入网络，网络安全专家就可以跟踪他们的行动，更快地识别他们的进入点和使用的工具。

在一个扩大的组织中，这种发现和跟踪过程大约需要八周到六个月的时间。应该承认，这样长的等待期令人难以忍受。因此，如果发生了泄露事件，公司管理层需要在攻击发生前统一意见做出响应。如果你在得知发生了入侵开始讨论时，宝贵的时间正在失去——特别是由于危机情况下的巨大压力，讨论的结果很可能是有问题的。

谁来关掉水龙头，什么时候关？

需要明确的是，如果发现有攻击行为，公司里谁被允许做什么。哪个委员会或哪位员工被授权决定切断连接？由谁向外界（包括律师、监管机构、证券交易监管机构、客户和新闻媒体）发布什么信息？

当入侵实际发生时，第一次就聚在一起把这些彻底解决没有什么好处。准备就绪也意味着对于“拔下插头”制定尽量详细的方案，即确定哪些数据在任何情况下都可以让盗贼转出公司，确定受影响系统的关闭如何实施。

大多数情况下，你会找来一位外部事件响应服务提供商来处理与网络检查和攻击者检测有关的事宜。公司应该在早期与这种服务提供商签订合同绑定服务，不应该在损害已经发生后才急急忙忙地找到他们。

同时，服务提供商还有责任保护客户免受过于好奇的员工的误用。因此，签订保密条款是必要的。

为了实现对系统、网络和外部服务提供商实施的服务的检查，这些权利需要事先在外包安排之下以合同的方式牢固锁定。

确定职责，让所有利害关系人参与进来

有必要决定危机发生时由谁进行决策，因为无论准备工作多充分，还是会发生意想不到的情况。在较大的公司，做决策的人一般是CIO，除非CISO直接向董事会报告。在这种情况下，CISO就有优先决策权，因为CISO的专业领域与涉及的技术问题直接相关。如果这两个职位都不存在，那么鉴于决策的重要性，唯一可能的选择就是CEO或执行董事。

在所有情况下，运行IT系统的安全人员和专家都要作为一个单位行动。在和平时期，基于信任的合作至关重要。如果没有合作，危机发生后就会有太多、太费时间的讨论和地盘之争，完全背离组织的实际目标。

你还需要确定被授权监控环境的危机管理者或服务提供商如何获得组织内需要不同管理权限的各个领域（网络基础设施和 SAP、数据库等应用）的访问权。具体领域由外部合作伙伴运营也是可能的。所有各方有必要事先明确在发生危机的情况下授予哪些权利。

危机团队授权

在危机发生前，组织应有一个落实到位的专门委员会，该委员会有定义清晰的决策路径并在危机发生后立即会面。委员会主席（可能是 CIO 或 CISO）必须被授权制定决策，甚至是对抗委员会成员投票的决策。

危机委员会应由各企业职能（法律、IT、IT 安全/集团安全、财务、人力资源、市场等）的代表组成。危机委员会应定期开会，会议时间最长 15 分钟，将讨论的事项委托各部门实施。决策不能与公司的最高管理层讨论，而是仅在委员会内部讨论。

相反，组织不应花费太多的时间设计各种危机场景为应对危机做准备。无论有多少员工参加这些规划活动，他们还是会对攻击者显示的创造力和采用的做法感到惊讶。因此，列出 5 到 10 个似乎最可信的危机场景（威胁建模）并全部演示一遍就够了。员工可以在实地演习中排练其中的某些场景。鉴于某些触发信息，对获得可见性等响应能力进行规划更为重要。

应对危机情形的步骤

为危机情形做准备包括定义必要的步骤并对其进行记录，以便在面临数据损失威胁时不会损失可贵的时间。确实，每次危机都会涉及一些不一样的东西，每个组织都会带来不一样的条件。虽然如此，你还是可以事先制定一项可行的计划。这里有一些重要的考虑事项，但如果你从没经历过网络安全危机，这些事情可能看起来就不会那么显而易见：

1. 绝不要关闭电脑；一定要通过创建（实时）可见性来监控攻击者。
2. 不要浪费时间试图详细说明根本原因或指出是谁的错。这会削弱你应对危机的能力，因为可能受影响的人不会对当时的情况持开放态度，他们不会合作。同样，指出是谁的错也没有意义。最终要由审核团队负责在后续活动中回答这个问题。
3. 最高管理层应在一开始就和专门的危机委员会坐下来，允许团队开展工作。这包括向委员会提供所有必要资源。这就像听起来一样简单：给他们两间合适的房间，餐饮预算，不要让他们填写恼人的表格；涉及太多组织详情的任务应由其他人来处理。
4. 委员会主席及其各自授权必须事先在整个组织内认定。
5. 不仅是需要在危机时倒班工作的 IT 安全专家；运行应用的 IT 人员也需要确保全天候随时可以联系到。攻击者往往喜欢在受害者的正常工作时间以外侵入网络。如果监控传感器被触发，可能需要专家把后果降到最小。
6. 即使这对于最高管理层来说很困难，在得知网络已被入侵后的前两个星期内，本来应该正常进行的报告需要降低优先级。也许委员会成员每天可以有 10 分钟的时间向管理层汇报最新进展情况。攻击响应过程中决定成败的最重要因素之一是管理层什么时候要个人报告，报告需要大量的时间和努力。虽然这是一个可以理解的应激反应，但这会严重分散真正重要的工作的注意力。

7. 一旦度过了前两个星期，中央控制机构会协调所有进一步的措施，尤其是取得必要的资源，因为在大多数情况下，没有针对这种情况的预算。受托履行这个职责的员工应具有丰富的经验，知道怎样和最高管理层讨论预算以及怎样向相关部门发出说明。这样一般就不需要外部顾问了。
8. 另一个关键的问题是：谁来为所需的软件或外部专家付费？显然，通常会用到的招标过程要放到一边，否则组织就不能在危机发生时及时采取行动。可以事先签好或按最佳案例场景签好授权书（即使为了预算的分配）。或者签订相应的框架协议，以便在必要时获得可能的支持。
9. 应提供一个安全的沟通平台便于和涉及到的每个相关人员（专门委员会、专家部门、最高管理层、外部顾问和审核员）沟通。本来用于发邮件或即时通讯的系统一般应视为已受损，因此不应再作为交换保密信息的渠道。适当的安排包括互联网数据室和电子邮件 SaaS 平台，它们具有独立于公司基础设施的双因素认证。

结论

现在必须承认，抵御网络攻击的完全保护已经变得不经济、不现实了。我们不能把全部网络安全预算都花到预防上，应该把一部分钱投入到识别成功攻击（检测）和事后措施（响应能力）的机制上去。

记住技术只是解决方案的一部分也很重要。人们会因为你将网络攻击的损害降到最低而认为你成功了，因此要确保你的预算可以用来提高他们的认识。如果不知道罪犯进行的社交工程活动是什么样子，员工可能很快就会成为下次攻击的受害者。

在攻击面前，公司内的标准流程和原本习惯性的风险管理方法遇到了限制。发现网络罪犯在作案后还让他继续下去可能听着像是疯话也违反直觉，但这往往是将损害降到最低的重要方式。

在完全保护并不现实的情况下，我们必须花费时间并投入一定资金确保在攻击发生后可以迅速、适当地响应。在这种情况下，做好准备能起到事半功倍的效果。

42

不要等出现数据泄露才制定沟通策略

Robert Boyce——埃森哲公司埃森哲安全保障常务董事
Justin Harvey——埃森哲公司埃森哲安全保障常务董事

谈到网络安全事件，有两个类型的组织：已经被泄露数据的公司和不知道已经被泄露数据的公司。

因此，让我们假定不可避免的情况：你的组织已经被泄露数据。不知道有多少数据已被盗取，记录被盗用，被盗信息可能现在已经到了维基百科的页面上，客户的个人身份信息在互联网上出现。现在必须制定你的沟通策略。哦，等等。太晚了。

不幸的是，不论你采取多少明智的步骤强化网络防御系统（加固网络、采用复杂的工具和服务保护数据）重要的是针对数据泄露做好预案，尤其是要考虑到数据泄露的发生更为频繁，意图越来越险恶，影响越来越大。

同样重要的是，数据泄露不是只发生一次的事件。数据盗用得逞后会引起更多次企图盗用的行为，因此每个组织最好是假定自己会遭受一次又一次的入侵，要在数据泄露发生时有一个落实到位的详细、可行且反复排练过的沟通计划。

泄露事件沟通的基本原则

泄露事件沟通不仅仅是向客户发送信件、与媒体谈话或聘请律师。这是一个对信息进行收集和审查并与所有相关内外部受众共享信息的综合系统。它还旨在确保组织能够在发生数据泄露后恢复运营，无论数据损失或财务和品牌损害情况如何。

在与许多客户的商务交往中，我们已经看到相当大比例的数据泄露。我们看到了明智、严谨、精心计划并严格执行的沟通策略。但不幸的是，我们还看到某些组织在这方面的工作令人遗憾，松散、执行不到位。在评估成功与失败时，我们可以就两个方面提出可行的建议：泄露事件沟通计划的要素和需要避免的雷区。

请原谅我的老生常谈，但我们都知道“希望不是策略”。因此，在制定新的泄露事件沟通计划或更新现有计划时，我们建议最好从几个最近的方面开始：

1. 保持冷静。发现可能有破坏性数据泄露之后的前几个小时很关键，如果你过于激动、害怕或表现出不应有的大胆和激进，则可能会破坏组织为减轻内外部损害而善意作出的努力。保持冷静、有序开展工作将增强员工、客户、业务伙伴、供应商、舆论塑造者和监管人员的信心。它还有助于最大程度减少草率发布不完整或不准确信息的可能性，避免造成更大的损害。

2. **做好准备。**高管或董事会不花时间和精力编制有关数据泄露发生之前、期间和之后采取的步骤就是对其受托责任的严重背弃。在本书前面的章节里，Exabeam 首席安全战略官 Stephen Moore 列出了一些关于网络安全准备的忠告，包括关于在遭受数据泄露之前怎样写泄露通知书的点子。

3. **事先让所有关键人员参与进去。**当数据泄露发生时，每个人都必须知道自己的角色——这要求招聘正确的人，以协助计划制定、参与事件响应和分配适当的角色和职责。组织中的每个职能小组都必须参与，而且还必须确定和聘请适当的外部资源——律师、司法鉴定分析人员、危机管理公关公司等。等数据泄露发生之后才开始制定沟通计划就太晚了。如果漏掉了泄露事件沟通团队的一个关键人物，就会有忽略计划中所有关键要素的风险。

泄露事件沟通计划的关键要素

每个泄露事件沟通计划的核心都是事件发生之前、期间和之后该做什么。做好准备是泄漏事件沟通策略的一个关键要素，但是你应该落实到位的具体步骤是什么呢？

分配角色和职责。一旦让所有关键职能小组的所有关键人员都参与进来，则需要决定哪个人做什么。这时，不要因为担心“委员会蠕变”而增加太多的人。某些人和职能部门可参与总体沟通规划，其他人可专注于联系客户。一些人可集中处理企业治理、风险及合规事务，少数人可以参与计划制定和部署的每个环节。关键是让每个人的角色具体化，以便在数据泄露发生后，在危急关头，什么人在什么时间做什么不会模糊不清。

以更大的视角看待你的沟通目标。组织（特别是具有全球知名品牌的大型组织）自然都把媒体放在数据泄露事件后沟通名单的首要位置。显然，消费者、企业和行业媒体很重要，但他们都远远不是你唯一需要沟通的个人和集体。监管部门也很想知道你的努力情况、泄露事件的范围以及你打算如何止损。如果你是上市公司，证券分析师会问你问题，同时还要回答媒体提出的与对股票价格或竞争地位的潜在影响有关的问题。不要忘了执法部门，他们可能把你的数据泄露事件看成有组织数字犯罪团伙的一部分或者他们正在调查的一起网络犯罪的另一个数据点。

确定和聘用有经验的第三方。危机沟通公司、外部法律顾问、投资者关系公司和网络安全顾问都能提供不同专业领域的宝贵意见。毋庸置疑的是，他们最近都曾参与过其他公司类似事件的处理，因此能够分享基于实际视角的建议。

对你的计划进行压力测试。好了，你已经把上面列出的事做完了。你已经得到一个综合计划，每个人都知道自己的角色。现在做什么？就坐在这里等着吗？难道军人要坐等他们的国家被攻击吗？警察要坐等犯罪率上升吗？当然不行。他们都在实践、实践、不断实践。他们在自己所能管理的最接近真实世界的场景中演练——因此，你也应该这样做。对你的计划进行压力测试是数据泄露发生前你的组织能做的最重要的事情之一。这可能涉及像桌面演练这样简单的事，假设数据泄露事件将要发生，每个人谈论自己要做什么。或者可以更真实一些，例如全面模拟，参与者不会被告知这是演习，可以做除通知执法部门之外的任何事。

确定如何沟通。根据数据泄露的类型和严重性，正常的沟通媒体（电子邮件、互联网甚至电话）可能都无法使用，因为都已经被破坏或变得不再安全。制定一个利用带外通信甚至进行面对面讨论的计划。认真对待你写出来的东西。我们肯定不提倡做任何违法或不适当的事，但是书面沟通在数据泄露事件解决后的法律发现中可能是必要的，了解这一点至关重要。

及时通知董事会。你的计划的任何方面不一定都需要董事会同意，但是由于一些（如果不是大多数）董事会成员曾经在之前的组织中处理过类似情况，因此这是一个获得建议的好机会。听听他们的经验和建议，以便制定一个更有效的数据泄露沟通计划。

联系执法部门。根据数据泄露的性质和执法部门的专业知识，这一步可能比较棘手。不断上升的网络犯罪发生率已经促使执法部门将数字犯罪与抢劫、袭击等真实世界的犯罪同样对待，这并不出人意料。例如，当地治安部门不会像美国联邦调查局或国际刑警组织那样对数据泄露有那么大的能力——或甚至那么大的兴趣。虽然对于在数据泄露发生时组织是否需要主动联系当地执法部门，各种思想流派的意见不统一，但是把建立与执法部门的关系当做事前规划的一部分是个明智的做法。这样的话，当你预感数据泄露事件可能牵出更大的事情时，你在线的另一端就有一个熟悉的声音。

需要避免的潜在雷区

虽然你的计划不太可能预料到数据泄露之前和之后每个可能的曲折反转，但还是有一些在制定和实施泄露事件沟通方案时应当预料到并计划好避免的问题。

尽量不要过度沟通。这个建议可能与高管们在日常业务角色中的习惯做法相悖，但是我们看到了很多在数据泄露事件发生后组织说太多说太早的例子。假设A公司发生了数据泄露，10万个账户的数据受损；他们发布了一项声明报出这个数字，但只过了两天就发现50万个账户的数据已受损。虽然公司可能需要定期、及时地让监管部门进行通知，但最好是不要让头条里显示的数据泄露数量每天都在上涨。

不要忽视对沟通计划进行测试。我们之前已经深度讨论过这个问题，但是你可能会犯的最大错误之一就是制定一个综合的计划后就丢到一边，直到不可避免的泄露发生。定期更新的计划很重要；毕竟，人员不断流动，企业流程不断变化，监管要求不断发展。不要以为去年制定的计划到了明年还能用。

管理和控制员工对社交媒体的使用。你的员工可能会在Facebook、LinkedIn或推特上贴出他们“帮助”减轻数据泄露损害的最新情况，这种事想想就令人吃惊。不幸的是，我们不止一次看到这种事发生。很多时候，员工只是想成为企业面向客户和访客的亲善大使。为了避免任何潜在问题，应确保员工知道与数据泄露有关的所有社交媒体沟通必须经过指定职能小组的授权。

在有关管理数据泄露的章节，Hunter & Williams合伙人Lisa Sotto提供了有关正确使用社交媒体作为泄露事件协调沟通策略有机组成部分的重要建议。她的要点掷地有声：“数据泄露的消息会像病毒一样迅速传播，受影响的公司甚至没有机会协调沟通策略。”

承担行政责任。还记得 1982 年泰诺林篡改丑闻发生后强生公司的行动吗？公司的 CEO 走到前台中央，承担起责任，甚至建议公众不要服用泰诺林；他的领导为组织赢得了重建消费者信心急需的公信力和余地。[1] 而相比之下，在墨西哥湾灾难性的漏油事件和火灾发生后英国石油公司高管发表了不明智的评论，他抱怨称“我想要回我的生活。”[2]

不要成为警世故事

我们总是需要强调高管同事们之间就数据泄露沟通计划进行诚恳、开放、坦白的对话至关重要。就像很多作者在本书中强调的一样，网络安全是领导能力测试，不是技术问题。它需要业务主管和董事会的充分关注和努力，需要他们参与综合、可行的数据泄露沟通计划的制定，因为这个计划太重要、太复杂，不能留给个人来解决。

网络安全不是静态的；你的技术解决方案一直在不断发展以适应威胁和漏洞不断变化的性质。泄露事件沟通计划在每个方面都必须像你的技术基础设施那样灵活、动态和现代化。如果不是，解决它，并且要快。说组织的生存能力取决于它并不夸张。数据泄露后，沟通计划的周密、定期测试和严格执行将使行业领袖与那些在泄露事件发生后成为警世故事的人区别开来。

1 “How Poisoned Tylenol Became a Crisis-Management Teaching Model,” Time, September 2014

2 “BP CEO Apologizes For ‘Thoughtless’ Oil Spill Comment,” Reuters, June 2010

43

让网络保险成为降低风险和提高弹性的战略工具

Robert Parisi——Marsh Technology 总经理和美国网络产品主管

如果你像变戏法一样找到了 200 万美元闲钱可以花在网络安全上，你会做什么？

如果你的 CISO 被问及这个问题，他们的反应将是直接的、果断的。“我们将扩大总部的安全运维中心（SOC）以及核心国际机构中的安全运维中心。之后，我们将安装下一代端点保护，对数据中心启动计量生物学访问控制，强化关键基础设施，扩充威胁情报订阅服务。”

这些投入以及类似的技术投资都是明智的。但是它把安全看作需要解决的问题而不是需要管理的风险。管理任何运营风险都需要更加细致入微。所以让我们从一个不同的角度来看待它。

现在，如果你的首席财务官和首席风险官被告知在定制网络保险单上花费的 200 万美元可以去掉账簿中 1 亿美元的风险同时又能提高组织的运营弹性，你认为怎么样呢？换句话说，你不仅会在发生代价高昂的数据泄露时在财务方面受到保护，而且还能确保组织在一段时间内经受住业务运营中断造成的财务影响。

这不是假设的场景。越来越多的组织正面临着自己的技术不起作用的严酷现实，在需要供应商时却找不到供应商，或者组织将被攻击（如果未曾发生）就是在未来发生，可能在财务、运营、法律、监管和信誉方面造成严重后果。当然，拥有正确的技术工具、服务和协议并落实到位对加强网络安全应对不断增加的威胁是必要的。但冰冷、残酷的现实是，加入技术投入不能阻止问题的产生。这可能让它整体变慢，甚至可能把某些具体的威胁降解为无关的事物。但这不足以让你的业务在遭遇供应链熔断、数据泄露、恶意软件活动、勒索软件勒索或分布式拒绝服务攻击之后继续运行。网络风险不只是可以被驱散的问题。这些都是需要管理的运营风险，所付出的注意和勤勉不能少于可能导致破产的传统风险。

网络风险现在已经超越其他更为传统的风险成为业务领导和董事会成员的头号噩梦。这种风险的演变已经超越了侵犯隐私和失去信用卡的阶段。现代商业实体现在非常依赖技术，自己的技术和他人的技术，董事会的最大关切是组织是否真正具有网络弹性以及是否能够应对现有各种威胁的挑战。

不久以前，最高管理层主要担心的事是如何确保不间断运营，这与自然灾害、政治风险有关，特别是跨国综合性大企业。那些事当然依旧是需要重点考虑的，但它们现在不再是所面临的最可能或最严重的破坏了。业务连续性研究院评估塑造业务连续性的因素及其对组织的影响，最近得出结论称，计划外的技术和通信中断现在已经超过自然灾害和政治风险，成为破坏地方、全国性甚至是全球供应链的最大因素。当组织位于受洪水、飓风、龙卷风打击的地区时，如果再受到勒索软件这样的攻击，就像 2017 年 NotPetya 恶意软件攻击那样，那么所造成的影响可能更大。不仅如此，勒索软件攻击非常难以预测和预防，因为在攻击发生前很难知道它的源头。想象一下，如果飓风可以选择在可能造成最大损害的地方登陆会怎么样。现在你应该已经知道为什么网络风险比天气更可怕了。但是企业利用作为主要风险缓解工具的技术、协议和程序来管理各种风险。在全部风险范围的某个点上，这些风险工具已被证明不再有效。就在那个点上，针对残余风险，保险开始起作用。你需要一份与你的风险情况相称并整合到总体风险管理框架的网络保险单。就像技术是应对每种威胁或攻击的武器，网络保险是完善的风险管理原则的替代选择。

网络保险是弹性的保证

我们都知道传统的保险模型。一个事件发生了，对个人、社区或组织造成了财务影响。保险机构根据保单条款、保障范围等向受影响的被保险人支付一笔钱。

但是传统的财产及意外保险留下了一个真空，因为它的保障范围并不随着客户不断变化的风险状况而变化。这是网络保险发挥关键作用的地方。网络保险预测运营和财务恢复需求并为此承担责任。在数字时代经营企业，相关的硬性和软性成本巨大。即使是非常小的企业也严重依赖（未来甚至会更加依赖）技术的完整性和可用性来支撑其日常经营。

正是由于缺乏弹性，更甚于安全、合规和法律诉讼威胁，才使组织在网络风险面前越来越不堪一击。因此必须把网络保险视为风险管理综合策略的一部分。

识别和确认威胁并采取行动

好消息是网络保险越来越被看作是与传统治理、风险管理和合规功能相提并论的整体性风险管理方法的一部分。有趣的是，Marsh 与微软联合进行的调查表明，网络保险“占有”率（某个特定行业中的组织购买单一网络保险的比例）最近两年有强劲增长的趋势。[2]

在几乎每个主要行业，过去三年每年的占有率都在提高，制造业、教育和旅游接待/博彩业增长最快。而医疗保健依然是占有率最高的行业。但是这个好消息有个限制条件。事实上，大多数组织尚未转向专门的网络保险——只有三分之一的组织购买了专门的网络保险。

你首先要做什么?

当然，第一步是承认风险以及需要弥补即使伟大的技术和非常具有敬业和创新精神的 CISO 都不能完全弥补的风险缺口。在这种情况下，否定它不是有效的策略。

就如何、在哪里以及什么时候利用网络保险减轻风险制定明智的战略决策始于某些关键的学习和行动：

网络风险必须成为董事会正常运营风险讨论的一部分。这是业务风险，简单平常。太多时候，高管和董事会在面对网络风险时沦为某种网络神秘主义的受害者，他们感觉无可奈何是因为他们不确信自己懂技术。但是最终，这要着眼于网络事件的潜在影响，从那里反向推导所有防御和响应措施（包括网络保险）如何减轻损害。这不仅是指“如何阻止围绕我们行业的分布式拒绝服务攻击？”，而且还要涉及“如果我们的全球供应链被切断，企业的财务和经营方面会有什么样的影响？”

让别人帮你评估组织风险。网络保险依然是相当年轻的一门生意，因此缺乏与汽车、设备等固定资产估价有关的保险精算数据。但是很多有用的评估工具可以用来从防火墙的内部和外部评估风险。网络风险建模公司运行非侵入式扫描和刮擦，并敲击你的虚拟大门看看端口是否已打开。他们可以给你敏感性度量指标来估计攻击漏洞，不会对日常业务运营造成破坏。把它看成是虚拟世界的电视摄像机，它要看看信息从哪里流进流出并帮助你确定那意味着什么。例如，如果你了解到有大量的数据从某个端口流向哈萨克斯坦，而你和该国的任何人都没有业务往来，这是提示哪里不对劲的相当好的线索。

花时间了解网络保险在保险范围、保费和服务方面的相关趋势，比较你的组织与其他组织。审视你的同行群体（无论你怎样定义他们）有助于把你的假设代入语境中并就如何与你的经纪人合作创建定制解决方案制定决策。但是这种分析不应该仅限于你的同行们正在购买的网络保险。上面提及的某些评估工具可以对你和同行们进行威胁漏洞标杆测试。

彻底、持续评估组织的风险资产价值。一定要在确定这些资产时展开你的想象力。你是否有大量员工、客户、潜在客户和贸易伙伴的可识别个人身份的信息？你是否有交易算法？你的知识资产有哪些？一定要定期重新评估这些资产的价值，特别是在发生并购或引进新产品、新服务等公司“事件”时更要重新评估。此外，NotPetya 让我们清晰地看到，实体资产也有受网络威胁侵害的风险，几百上千万美元的智能电话、平板电脑、个人电脑和服务器都有可能遭受恶意软件攻击而“瘫痪”。了解风险资产的价值和网络事件的潜在财务影响是确定正确的保险水平的关键步骤。

诚实对待你的网络风险痛觉阈值。高管和董事会需要在评估愿意接受多大的网络风险以及希望保险的保障范围多大时达成一致。一个组织可能决定把承担 2500 万美元的损失当做自己的痛觉阈值，希望超过这个数额的损失由保险介入承担，而其他组织可能不愿意等着发生数字灾难后通过保险接受救济。不管怎样，等着灾难降临不是下定决心的好办法，现在就要进行讨论并定期审议。

一定要确保所有关键人员都在现场讨论网络保险问题并做出关键决策。当然，保险决策传统上是 CFO 的事情，但是明智的 CFO、CRO 和合规专员现在都把 CISO 也叫过来加入讨论，以便更好地确定当前和未来的网络风险源头并共同评估该风险对企业运营的影响。在这件事上，CEO 要做的不仅是当讨论正在进行时往屋子里探探头，而是要真正参与讨论。董事会成员也一样。在本书的另一章里，Kroll 的 Paul Jackson 谈到了在网络风险方面加强董事会层面的企业治理水平。如果看到任何遭受过令人痛苦、尴尬的网络攻击的组织的董事，问问他们在网络风险方面是否希望自己曾经问过关于保险单保什么和不保什么的问题。

结论

本书的读者是否真的相信其组织未来几年利用技术除了飞黄腾达还会做其他事吗？当然不是。因此应该理智地认为，既然坏分子并没闲着，你的网络风险将会扩大和加深。

网络风险不是你可以靠速成技术解决的问题。你需要有一个明智、清醒、负责的网络风险消减计划，它融合了技术、流程和网络保险。当然，按投资回报率来评估网络风险是明智和必要的。但是，在确定网络保险在企业风险消减和管理策略中起什么作用时，一定要考虑网络事件对业务弹性的全部影响。

---

[1] “NotPetya tops list of worst ransomware attacks,” ComputerWeekly.com, October 31, 2017

[2] Marsh Microsoft Global Cyber Risk Perception Survey, 2018

你的网络保险应保障什么

如果说传统保险是阳，网络保险就是与之对应的阴。传统保险帮助企业转移与实体危害有关的风险，而网络保险对抗因技术不断发展而产生的非实体危害的风险。网络保险诞生于网络泡沫时期，经过多年的发展保障范围不断扩大，现在涵盖各种责任和直接损失，其核心承诺是企业的所有技术风险都可以投保。

责任

责任保险的核心是针对企业对第三方造成的损害提供保障。对于网络保险，损害由被保险人的计算机安全故障或数据或隐私泄露造成，包括不当收集或未经授权访问保密数据（个人或商业数据）。如果被保险人被指控造成以上损害，保险将提供对索赔的抗辩并就被保险人依法应赔偿的损害进行赔偿。

监管

鉴于隐私和数据泄露方面的法规（包括最近上线的《通用数据保护条例》）很多，被保险人在面对民事原告之前很可能需要面对监管部门或法律规定的义务。网络保险提供法律顾问协助回答监管部门的询问和确定法律规定的任何义务的范围。保险还可以覆盖被保险人应缴纳的罚款和罚金。

这里的基本原则是避免走错任何一步，否则你犯的错会在后来的任何民事诉讼中回过头来咬你一口。

直接损失

网络保险赔偿被保险人的数据资产的损失或损害，以及由于非因物理事件导致的计算机安全故障或任何技术故障产生的收入损失和额外开支。如果被保险人的经营所依赖的企业（例如技术基础设施供应商和被保险人的供应链）的安全或技术故障导致收入损失，则这种收入损失是可以保障的。这方面的保障最近发展最为迅速，某些保险公司现在可以针对使被保险人遭受冲击的网络事件发生后随之而来的自愿关闭或信誉受损造成的收入损失提供保障。此外，保险公司已经增加了涉及以实物损失赔偿弥补“实物”损失的保障。

事件响应费用

网络保险是独特的，它几乎从事件被发现或怀疑时就开始帮助被保险人。组织在调查数据泄露或故障的原因和性质、履行各种监管义务（例如泄露事件通知）和应对有关公司信誉的流言蜚语的过程中要产生很多现金支付费用。网络保险市场在这方面形成了两种方法。第一种方法，也是更为传统的方法，是赔偿已产生的费用，保险公司还提供接触专家服务提供商的途径。第二种方法更受小公司的欢迎，也就是让专家组介入为被保险人处理泄露事件，保险公司指定专家服务提供商。

其他

此外，如果被保险人是勒索威胁的受害者，被威胁将产生本来应该受保障的损失或责任，则网络保险对被保险人进行赔偿。网络保险还擅长填补传统保险由于落后于或不能跟上经济的风险预测不断发展的脚步而产生的空白。最近的两个例子涉及保障范围的延伸，一个是针对公司使用物联网技术引起的责任，一个是针对与区块链技术相关的风险。最后，由于损失变得更细致入微，物理损害具有潜伏在因果关系链中的某些网络方面的表现，网络保险已明显顺应向传统保险看齐，从而确保被保险人可以在最大程度上挽回损失。

技术

44

应当如何利用网络安全技术来改善业务结果

Naveen Zutshi——Palo Alto Networks 高级副总裁兼首席信息官

本书通篇都有智者对于网络安全的精彩建议，永恒的主题是：网络安全是业务问题，不是技术问题。

这当然没错。但不是全部。

不会再有任何人争论说网络安全必须由高管和董事会成员会同 CISO、CIO 和安全运维团队在业务环境中站在战略的高度解决。但说起网络安全，技术确实非常重要。

正确的网络安全技术可以预防大量攻击，快速检测漏洞，减少网络安全风险，以及实现数字转型等战略性业务举措的安全性。如果妥善完成，这些业务结果不会妨碍交付速度就能实现。当然，这并不是说把投资浪费在另一个单点产品上或者雇佣平庸的安全运维人员手动监控网络中的异常数据移动。安全威胁是动态的，移动迅速，采用传统手工方法是非常难以检测的。因为有一个越来越机器化的对手，手动、高度分散、基于单点产品的网络安全方法注定会失败。

因此，我们需要采用一种不同的方法——一种综合看待安全架构的方法，利用新技术设想让我们的组织更安全，甚至就像我们利用技术寻找新业务机会。虽然我不会让你看充斥容器化、微分割、无服务器计算或服务开通等术语的章节，但我认为企业领导还是应该知道，正在进行的某些关键技术转型可以帮助我们创建一个更灵活、可扩展和现代化的网络安全层，这一点很重要。

而且如果不进行某些重要的技术转型，我们将会：

- 浪费钱。
- 转向依靠急需的人力来执行手动任务。
- 不能赶上新增安全风险极快的脚步。

如果不采用新的网络安全技术模式，我们将使组织处于危险之中，使我们的品牌遭受不可挽回的损害并使客户不再相信我们有能力保护他们。

我来解释一下原因以及具体情况。

安全地提供速度和灵活性

在数字世界，企业想获得成功必须要有速度

和灵活性——实际上超过以往任何时候。每个组织都想而且也需要更快、更灵活地发现并利用新的业务机会。就像我们在过去几十年里学到的那样，要实现这个目标，技术起关键作用。

但是长期以来，技术都需要大的投入来实现业务收益。超级计算机、大应用、大数据中心、大量员工监控和管理网络。这些大资本支出投资和大量 IT/安全劳动力往往被视为企业的差异性竞争优势。不幸的是，这种旧的“大技术大量劳动力”模式已经成了船锚，正在压垮我们的组织和限制我们取得速度和灵活性的能力。

幸运的是，云计算、软件即服务和随时随地连接等新的解决方案正在改变着技术模式，更快、更廉价地释放突破能力，技术足迹更小。此外，基于软件的自动化废弃了传统解决问题的方法，而且正在大大减少对大型安全运维中心（SOC）的需求。

但任何新技术的采用都伴随着风险——特别是网络安全风险。以云技术为例，它改变了我们工作的方式，而且我们现在刚开始触及皮毛。在本书的前面，微软的 Ann Johnson 让大家注意这样一个事实，即云计算已迅速从有用的工具演变成必要的工具，而且现在正在进入发展的转型阶段，将大大加快变化速度并增加我们的业务机会。

而且，正像她说的那样，它还会增加我们的网络安全风险。对于公有云来说，如果认为由于你使用的是其他人的基础设施你就不需要保证它是安全的，这里就存在风险。这是一个错误而且可能危险的想法。公有云需要一个共享安全模式。这通常意味着客户负责操作系统上的安全，包括所有客户数据和 IP，而公有云提供商负责基本硬件和基础设施的安全。

此外，在使用公有云时，访问控制 API 密钥很容易在几分钟内被发现并用来危害大量的计算资源，因为黑客们早就开始使用自动工具寻找系统中的漏洞。之后黑客们可以利用它达到从挖掘比特币到更为邪恶的盗取知识资产或客户/员工数据等各种目的。

像公有云一样，当今的其他新兴技术，例如软件即服务、大数据、机器学习和连接度越来越高的物联网装置，都是双刃剑。高效益伴随着高风险。这反过来给 IT 和安全专业人员带来巨大的压力，他们不仅要行动迅速敏捷，而且还要提供关键的安全保护措施。这并不容易。但这是可以做到的。

摒弃新奇工具综合征

在和这些技术打交道的过程中，重要挑战之一就是它们的实施速度有多快，它们的成长速度有多快。赶上创新的脚步正在变得几乎不可能。公有云功能开发是个典型例子：AWS 在 2018 年 2 月的季度发布中发布了 497 个功能。[1]这只是一个云提供商。

某些安全和 IT 专业人员会犯我所称的“新奇工具综合征”，生怕错过（FOMO）所有被开发出来的新工具/新功能。不幸的是，有一个肮脏的小秘密，重大网络攻击事件的发生都是因为网络卫生状况差造成的。旧的安全架构是纸上谈兵，并不能预防攻击，另外多孔访问控制、安全控制措施实施不力等都会导致攻击面范围大，任何新奇的工具都解决不了。首先关注基本的拦截和阻断，例如补丁管理、访问控制、服务账户轮转、证书管理、网络分割及其他，而“不酷”是必须的。强大、有序的安全流程（注重解决问题获得正确的安全结果）与基于软件的自动化安全方法相结合，能够实现更强大的安全态势，使企业更好地满足目前和未来的网络安全要求。

欢迎来到软件定义的安全时代

对安全采取基于软件的自动化方法符合当今科技领域的重要趋势，即转向“软件定义”模型。软件定义通常体现为算法或应用编程界面。我们现在称作“软件经济”的东西以及传统行业正在被基于软件的方法瓦解。

印刷、出租车运营、旅游接待、实体零售和能源等曾被认为无法接触的行业正在被软件经济瓦解。基于硅片的传统安全方法也正受到攻击。拥有软件方法能满足我们两个最喜欢的要求：速度和灵活性。软件定义的解决方案可以更快地部署，让组织有能力以更灵活的方式实施新的业务解决方案。它还有其他重要的优点，例如减少对资本支出的依赖性，以及不需要大量技术人员的“轻型”管理配置。

当今的网络安全解决方案也正在快速加入软件定义的游戏。得益于以收集的大量数据为基础的强大、适应性强的机器学习工具的开发，网络安全防御正越来越多地被软件以及自动化、集成和云优化等概念所塑造。对于软件定义安全的设计和实施，要知道自动化、可扩展、云交付的安全软件现在可以让问题几乎实时得到发现和弥补。随着零日攻击发生率继续增加，“实时”现在具有了全新的含义和业务影响。此外，基于机器学习的解决方案对基于规则的软件构成补充，进一步缩短了零日攻击的检测周期，并能防止零日攻击对关键基础设施造成重大破坏。机器打败机器的未来主义愿景可能过几年会实现，但现在还是愈加建议采用纯软件定义的安全方法。

软件定义的安全能通过自动化安全测试将安全嵌入软件生命周期，因此开发周期可迭代且迅速。此外，软件定义的安全能够让员工在根除漏洞和减少风险的过程中发挥更积极的作用。我们的 SOC 团队可以进行渗透测试找到问题所在防止其发作，并设置“蜜罐”诱捕威胁，让它在萌芽期就被除掉。

这是一种全新的网络安全模式——主动、自动、可预测，而不是被动、手动和以“最佳估计”为依据。

软件定义安全的另一方面是购买能够强化集成（每项集成都能改善总体安全态势）的安全平台，这种平台能随企业规模的扩大而扩展，在云端实施和现场实施具有一致性，而且自动进行实施、持续升级和策略管理。

通过采用软件定义的安全平台原则（将在灵活的企业平台上实施，而不是针对个体威胁的单点解决方案），组织可以紧随新环境的开发（比如为了测试新业务服务或针对客户行为或供应链中断进行建模假设）扩展安全防御。

它的速度和灵活性我们之前已经讨论过。它让软件定义的安全成为一个业务问题而不是技术问题。但这才是真正酷的技术。

业务领导如何向 CISO 谈论技术

如果把业务主管向技术领导谈起技术问题的情景想象成我们去看医生时的情景就比较容易理解。如果我们在健身房锻炼时感到肩膀一阵剧痛，我们不想听骨科医生给我们讲肩周肌群的详细构成情况，我们想知道如何停止疼痛并保持我们活跃的生活方式。

业务领导显然不需要知道（他们中大多数人肯定也不想知道）组织的网络防御措施的技术基础是什么。他们想知道 CISO 是否已针对已知和未知风险采取正确的防御措施，是否有适当资金确保成功，是否已根据风险/回报系数校正网络安全以获取新的业务机会。

当业务主管向 CISO 或 CIO 谈起网络安全技术时，他们对正在使用哪些工具的担心不应超过他们对这些工具为何以及如何实现更好的安全结果的担心。毕竟，业务领导了解风险，他们都知道正确的网络安全技术能够在减少风险的同时安全地实现战略目标。

他们现在还知道，你的安全流程越手动化，越难以防止新威胁向量对业务造成冲击并增加成本和复杂性。

因此，业务领导与 CISO 的对话（无论是会议室讨论还是走廊里的即兴交谈）都应当集中于技术风险和技术流程等问题，而不是试图学习数位、字节等技术语言。

例如，业务主管和董事会成员应当问与下列问题类似的问题：

- 针对尚未对我们的业务造成冲击的威胁，你认为你有落实到位的正确的安全架构吗？
- 你的安全团队是嵌入业务和技术单位中，还是坐在象牙塔里监控着事件记录？
- 对于我们的核心业务资产，你如何量化风险？遭受非法入侵后停机一小时的财务影响是什么？
- 如何尽可能缩小攻击面减少损害点？
- 从网络安全的角度看，你最关心我们的哪项业务服务或产品（我们的权杖），对此正在做什么？
- 当我们通过收购或市场扩张扩大我们的企业足迹时，我们是否不需要在资本支出和人员方面投入巨资就能扩展现有安全基础设施？
- 采用最新的成套网络安全技术的最佳方式是什么——爬，走，还是跑？每种方式的得失是什么？
- 我们当前的安全技术是否足以保护我们免于云服务提供商或其他第三方的潜在问题？

结论

就像我在本章前面部分提到的，组织面临一个重要挑战：如何以安全和始终安全的方式达到速度和灵活性的目标。我们都知道技术已成为实现速度和灵活性的关键催化剂，技术能保证坚如磐石的网络安全。

但是我们能够利用技术同时实现所有目标吗？我们能否拥有数字蛋糕并享用它呢？

我认为我们必须做到。而且，幸运的是，我确信我们能做到。实际上，这种情况已经在世界上的许多企业中发生。这些企业的业务领导和 CISO 已采用软件定义、平台驱动的，具有速度、灵活性、自动化和分析优势的模型更新了网络安全技术方法。

传统的网络安全方法（遇到问题，买技术，堵缺口，然后重复）已不再有效。传统的网络安全方法不随威胁和漏洞扩展而扩展，而且随后的“安全扩张”代价高、效率低且会留下很多缺口。

通过围绕基于软件的平台重新设想网络安全，组织可以比以往更快前进也更安全，其中的平台易于部署并以云为动力，易于扩展，维护简单，并且完美融入核心业务流程。

当他们达到那种状态，他们甚至可以克服新奇事物综合征。

---

1 “AWS Released 497 New Services And Features Last Quarter,” AWS News, April 5, 2018

45

利用区块链的力量

Antanas Guoga——欧洲议会议员

区块链技术具有改变世界的潜力。它可以成为在选举、金融交易、供应链管理和医疗保健数据共享中建立新型信任关系的基础。政治和政府机构可以利用它赋予公民权利。它可以是，也许应该是，Mark McLaughlin 在本书开头部分讨论的网络安全登月计划的关键部分。

Santander InnoVentures 的一份报告预测，到 2022 年，区块链技术每年将为银行节省高达 200 亿美元的基础设施成本。[1] Capgemini 说过，区块链技术能让消费者每年节省 160 亿美元的银行保险费用。[2] 零售区块链市场预计 2023 年达到 23 亿美元以上，年复合增长率达 96.4%。[3] 在 2018 年前五个月，区块链企业的投资额接近 13 亿美元，已经超过了去年全年的投资额。[4]

显然，区块链的潜力正在使它成为我们这个时代最热议的技术之一。关于区块链的潜力我们有一件事要说：我们正在接近这项令人振奋的技术的开发新阶段。现在我们应该让它进入我们的生活——让它把今天的数字经济塑造成明天的加密经济，确保区块链可以作为一种至关重要的工具建立对超越加密数字货币的应用和环境的信任。

了解区块链技术

大部分人知道区块链是比特币背后的技术。但是，如果你让他们说出区块链的确切定义，他们很难明确回答。承蒙《纽约时报》帮助，这里有一个简单的解释：

考虑基础技术的一个最容易、最基本的方法是考虑一种保留曾经与它互动的每个人的总览表的技术。这有点过于简单化，但是如果你曾经用过谷歌文档并允许他人共享文件以便他们可以进行修改，程序会为这个文件的所有修改和所有修改文件的人列一个表。区块链就是做这件事的，但是以一种更安全的方式来做，让每个接触文件的人都可信，每个人取得所有修改内容的拷贝，因此从来不需要问这个过程中发生了什么。没有文件的多个拷贝和不同的版本——只有一个受信任的文档，你可以记录它发生的每件事。[5]

区块链可作为分布式分类账技术，如果运

用得当，它可以对网络安全产生深刻影响，因为在它的核心有一个不变、透明的安全数据库。比特币提供了一个有关潜力的完美例子：在形成后的 9 年里，比特币已成功击退了所有网络安全攻击——任何其他在线/数字实体都达不到。想象一下，其他行业在交易中如何从这种程度的信任和安全中受益。

区块链的商业潜力

虽然区块链的首个历史使用案例是虚拟货币的去中介化交换，但是分布式分类账技术可应用于所有工业和公共部门活动。多种交易可以在区块链中记录，各种使用案例可以实施。例如，它可以用来做下面这些事：

- 在**金融业**用于转账、点对点借贷和证券转让。
- 由**保险公司**用于合同的自动执行。
- 由**政府**用于公民的身份证管理、税务报告、开发援助管理、电子投票和监管合规。
- 在**医疗保健领域**用于跟踪病人的健康记录和访问识别事项。
- **媒体和知识产权公司**可利用它直接向音乐、视频及其他内容的作者支付版税。
- **制药公司**可利用它验证药品供应链。
- **零售企业**可利用它验证真实性和来源证明以及轻松管理原产地供应链。

下面这个示意图来自 crowdfundinsider.com，展示了当前区块链技术的各种使用案例。

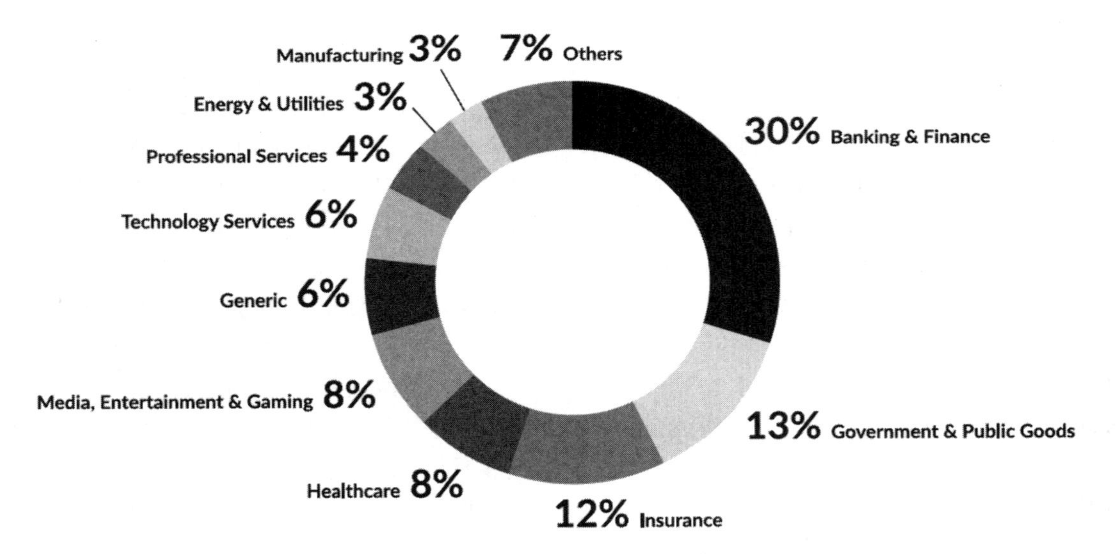

Note: This figure is based on a list of 132 use cases, grouped into industry segments, that have been frequently mentioned in public discussions, reports and press releases.

Figure 1: Breakdown of use cases of DTL (Real Estate applications fall under Others)

银行和金融业率先采用区块链技术并不奇怪。在银行业，分布式分类账非常有用，因为它能让企业、个人和交易走入正轨并承担责任。区块链能够向金融机构提供之前无法得到的安全感。

今日区块链

人们经常把区块链与互联网初期相比较，那时大多数人都不能充分了解它的潜力或者对此感到困惑。业务模式不清晰，监管框架受到领跑者的质疑，技术性制约阻碍向上发展。那些互联网开拓者和创建互联网长期生态系统的人成了最大的赢家。这个例子也可以用在现在的区块链上。

当今区块链的最大问题是扩展和成本。为了更好地启用区块链，我们需要继续改进技术。区块链不是一段代码，它是分布式应用（如智能合约）的基础设施和生态系统。只要它得到妥善创建和审核且正常发挥作用，就能取得成功。这包括分布式信息和通信技术基础设施的开发和正确实施（最重要），从而真正确保企业保持合规并能意识到即将来临的安全问题。

那些负面的东西先不说，现在有一股区块链淘金热，因为它有非常大的潜力解决当今最紧迫的网络安全挑战，创造出一种基于信任的交易模式，提供无与伦比的安全性对抗网络攻击。

勇往直前

我相信区块链技术除了比特币和加密数字货币之外还大有可为。除了本身的几个主要特征——高效、透明、安全以及更重要的社会性之外，他的民主性应该受到重视。

区块链可以让人们不需要中间商就能控制数据，不用花费服务成本。区块链还可以是安全、透明的电子投票解决方案，因此减少了篡改选票或政治迫害的风险。我相信这是公众对政府和选举系统的信任得以恢复的方法。

我们现在正开始观察全球范围内的组织如何计划在创新性使用案例中部署区块链技术。

- 在澳大利亚，澳洲证券交易所正考虑用分布式分类账代替其结算系统来提高消息交付与信息访问的效率和安全性。该交易所的常务董事兼 CEO 说采用区块链技术可以为交易所节省 230 亿澳元。该交易所计划到 2020 年将这项技术在整个系统铺开。[6]
- 在加拿大，加拿大国家研究学会正在通过其工业研究援助项目采用区块链技术发布拨款和捐献数据。政府已发现了一个问题，即每年发放的研究津贴超过 3 亿加元。但是，难以确保每项津贴都签合同，无法审核已发放津贴总额和向公众提供相关信息。在启动区块链解决方案后第一周就收到了超过一百万以上要求提供信息的请求，截至发稿时，5000 亿元以上的公共开支已披露。
- 在荷兰，许多现场项目已上线，例如在区块链上登记托儿所看护儿童服务；分配和监控“Kindpakket”（为低收入家庭儿童提供的社会福利）的使用；以及在区块链上试行电子投票，同时并行实施线下纸质投票。
- 在我的祖国立陶宛，立陶宛银行为响应对信息和采用新技术的需求发起了 LB 链倡议。它将充当一个安全的技术沙盒环境，国内外公司可以利用它在监管及技术平台/服务中开发和测试基于区块链的解决方案。立陶宛银行已确立这个战略方向，加快对金融科技有利的监督管理生态系统的开发，同时继续促进金融领域的创新，努力成为全球金融科技领先机构。

以上只是很少的几个例子。简单的互联网搜索就能让你发现更多可以考虑的潜在使用案例，而这种创新技术将继续铺开并影响整个世界。

倡导欧洲领先

我之前一直，而且以后继续强烈倡议欧洲在区块链发展中发挥领导作用。截至发稿时，欧洲这个领域的初创公司超过了 300 多家，随着我们的生态系统不断成长，这个数字将会继续增加。它对欧洲的潜在利益巨大。通过与欧盟委员会及其他监管机构合作，我们可以：

- 支持欧洲工业，抓住经济机会创造更多就业机会和增长。
- 完善政府、公司和组织的业务流程。
- 形成基于直接点对点交易的去中介化的模式，不再需要中央平台。

为取得这些收益，欧盟委员会已经采取重要行动，包括：

- 积极参与国际标准化活动，例如区块链和分布式分类账技术 ISO 技术委员会 307。
- 各种 H2020 研究创新项目已得到资金，电子政务、电子保健、交通运输、能源和金融等各种领域的项目都将继续得到资助。到目前为止，欧盟已承诺拨款 5600 万欧元用于区块链相关项目，2018 和 2019 年的承诺拨款可能达到 3.4 亿欧元。
- 概念验证和试点项目已在监管合规、税务及海关报告、能源和身份管理等领域启动。

此外，2018 年上半年，欧盟委员会已经：

- 推出了欧盟区块链观测站论坛以反映相关区块链倡议，共享经验，以及在欧盟积累和发展有关区块链的专业知识。
- 公布了金融科技计划，该计划旨在帮助金融行业利用区块链及其他 IT 应用等科技进步成果以及加强网络安全。
- 开始评估欧盟对区块链基础设施的需求以及该设施的收益。**可行性研究将为一个开放、创新、可信、透明的符合欧盟法律的数据和交易环境的到来设置正确的条件。**
- 继续与标准制定组织（ISO、ITU-T，可能还有 IETF 和 IEEE）接洽。
- 继续支持不同地区的研究创新项目。
- 支持其他欧盟项目：EFTG、区块链社会公益奖、PoC TAXUD（税务和海关）。
- 支持各成员国的倡议，加强整个欧盟的基础。

2018 年 5 月 16 日，一项区块链决议在欧洲议会的工业、研究与能源委员会通过。我们希望到本书出版时它能在整个议会通过。区块链技术决议的通过需要开放的思维、积极进取的心态和有利于创新的法规。文件着眼于区块链技术的实施，不仅要在金融科技领域实施，而且要在能源、医疗保健、教育、创意产业和公共部门等各个领域实施。这项决议已经摆明了欧洲议会的态度，显示出欧盟想做强区块链技术的决心，因此最需要法律确定性来保证基于区块链的项目和投资。

2018 年欧洲议会组织了各种有关区块链应用的活动。这项技术有日益被承认和理解的良好趋势。欧洲议会将要讨论的一份最新文件是题为“区块链：一项前瞻性贸易政策”的倡议报告。截至发稿时，国际贸易委员会正在进行与这份报告有关的工作。该倡议报告提出要详细调查贸易协议如何促进分布式分类账技术的使用以及区块链如何支持和理顺海关协议。海关协议中应用区块链的关键优势是可以减少欺诈性交易。因此，安全数据库的使用可以给国际贸易协议的范围和安全性带来革命性的变化。此外，该报告将评估欧盟在国际贸易协议中是否有可能利用DLT与贸易伙伴制定安全的“智能协议”。

即使考虑到以上进行中的活动，我依然认为重要的是让这个行业自己成长并看看在哪里带上我们。我不是技术专家，与我共事的政治家们也不是技术专家。我们不知道技术到底会走向哪里。但是我们所有人都应当保持开放和清醒——我们确定无疑应当教育人们认识区块链、网络安全及相关话题。

另外，我们应当继续资助这类项目，因为奉献比获利更重要。对于创造和使用这项技术的青年才俊们，我们不应打扰他们，应该让他们继续在这个行业里前进。应该继续提高认识，应该为这项技术提供各种机会促进其发展壮大。

结论

区块链技术在解决真实世界的问题和创造新型组织结构方面有无限的潜力，它能改变传统集中式结构的经济和权力动态。技术将赋予人们的数据以自由，因而促进日常活动中各种新形式的民主集体行为、安全、信任和透明。这种潜力和实施能走多远取决于我们和我们运用技术的能力。

---

1 “Santander: Blockchain Tech Can Save Bands $20 Billion a Year,” Coindesk, June 16, 2015

2 “How Blockchain is Changing Finance," Harvard Business Review, March 1, 2017

3 “Blockchain in Retail Market Worth 2339.0 Million USD by 2023,” MarketsandMarkets, June 2018

4 “With at least $1.3 billion invested globally in 2018, VC funding for blockchain blows past 2017 totals,” TechCrunch, May 20, 2018

5 “Dealbook: Demistifying the Blockchain,” The New York Times, June 27, 2018

6 “ASX Head Says New DLT System Could Save Billions,” Coindesk, August 16, 2018

7 Blockchain Conference: “Blockchain - Game Changer of the 4thIndustrial Revolution” at the European Parliamenthttps://www.youtube.com/watch?v=F7X9AS4AR9w&t=786s Intercontinental

8 “The Bank of Lithuania to launch blockchain sandbox platform-service”https://www.lb.lt/en/news/the-bank-of-lithuania-to-launch-blockchain-sandbox-platform-service

46

说到影子 IT，你不知道的东西和没有为之做好准备的东西将会伤害你

Alice Cooper——法国巴黎银行全球衍生品交易处理 IT 主管

在快节奏的动态业务环境下，组织比以往更加依赖 IT 团队作为其发展、创新和竞争优势的来源。那些不断升级的要求带来一个巧妙的供需平衡法：如何提供每个人（从业务用户直至老板办公室）所需的 IT 服务和资源。

很多业务用户由于感到 IT 部门不能及时、经济地以新系统、应用和服务满足他们的业务需求而变得沮丧和不耐烦。但严酷的事实是，在 IT 预算增长缓慢（有时候根本没增长）不足以满足不断飙涨和越来越复杂的用户需求情况下，每个人都强烈要求 IT 组织提供更多支持和合作。

或许更重要的事实是，很多行业的 IT 招聘停滞不前，尽管他们不断需要更多的程序员、应用开发人员、系统分析员、数据工程师、帮助台技术人员，是的，还需要更多的安全专业人员。因此，由于必要性是发明之母，业务用户就想出了一个简单的解决方案："我们自己来做。"

影子 IT 为何以及如何扎根

这种广为人知的"影子 IT"趋势在各种规模、行业和地区的企业中越来越普遍。某些组织心照不宣地支持这个做法，而有些组织并不知道它的存在也不感觉烦恼。不管怎样，影子 IT 都有严重的网络安全影响。

影子 IT 到底是什么呢？全球 IT 咨询与调查公司 Gartner 简明扼要地定义如下：

"影子 IT 是指 IT 组织拥有或控制之外的 IT 设备、软件或服务。" [1]

就在不久前，影子 IT 组织的概念还有些荒谬。IT 是建立在往往有些神秘的深入技术知识和昂贵的计算基础设施之上的复杂学科。但这个概念已大大改变。今天的工作者（不仅是出生时似乎就被绑定到众多 Wi-Fi 设备的千禧一代人）更擅长技术，也更愿意写程序，设置无线网络，部署虚拟机，以及为短期项目落实数字沙盒。

之后出现了云。价格经济、易于获取的云服务帮助业务用户通过简单的信用卡交易推出自己的系统和购买 IT 服务，都不需要传统 IT 组织的通知、审查、批准和控制。

因此，影子 IT 不只成为影响 IT 服务开发和部署的一个重要因素，而且经常逃过 IT 和业务主管的目光。一项调查显示，72%的公司不知道其组织的影子 IT 的范围，但他们想知道。[2] 另一项调查指出了这种脱节的一个关键原因：CIO 通常严重低估了其组织内运行的云服务的数量。低估到什么程度？超过 14 比 1。[3]

对于许多业务主管和董事会成员来说，影子 IT 运动似乎像是以下问题的一个明智甚至必要的变通解决办法：需求（需要更多的 IT 服务和解决方案）与供应（实现目标所需 IT 资源的供应）之间不断增长的差距。一开始，从业务团队那里听到这种抱怨的业务领导往往会在针对这些问题寻找经济实惠的解决方案过程中为他们的创造力和创新喝彩。当然，这种“偏爱行动”的倾向受到业务领导的广泛支持甚至鼓励。

CIO、CISO 及其他技术主管一直在竭力满足对 IT 服务和工具不断增长的需求，以帮助组织解决战略问题：从识别新的竞争威胁和降低全球供应链成本到挖掘大量新数据制定更明智、更快的决策。他们希望利用技术获取业务收益，帮助组织取得成功，他们希望和业务同事协作完成此事。

但是，在追求数据转型的过程中曾经绕过 IT 瓶颈的貌似创新的方法现在已经成了一个问题，一个大问题。

影子 IT 对网络安全的影响

影子 IT 在很多方面和出于很多原因都大大增加了组织的网络安全威胁。而这一般都是在不知不觉中完成的，当然没有任何恶意。但影响确实不好。

影子 IT 如今为何这么普遍、这么成问题的原因包括：

- “自带设备”政策（正式及其他）大量增加，在防火墙的错误一侧带来大量无管理、无保护（或保护不足）的设备。
- 缺乏对入站/出站数据流量的可见性和控制，这往往导致数据完整性受损和广泛的数据丢失。
- 物联网日益普及，既体现在往往具有安全缺陷的新型设备上，也体现在“流氓”项目上（虽然激动人心且充满商业潜力，但会像小偷一样泄露敏感信息）。
- 劳动力越来越具有移动性/虚拟性，员工以及客户、供应商和合作伙伴经常通过容易遭受黑客攻击的开放网络访问敏感信息。

正像本章前面提到的，影子 IT 经常潜伏在企业 IT 的雷达之下，因此被屏蔽无法让业务主管和董事会成员看到，但后者最终却要为所有网络安全问题承担责任。

那么问题有多糟糕呢？我来举个例子让你充分发挥想象力。一项调查指出，80%的 IT 专业人员说他们的最终用户绕过他们设置未经批准的云服务。[4] 你想知道真正恐怖的是什么吗？那些数据已经五年了，云服务刚刚诞生就被提取了。可以想象现在和未来这个问题有多普遍。问题是：对此应该怎么做呢？

解决影子 IT 的网络安全挑战

幸运的是，组织可以并且应当采取一些常识性的措施最小化影子 IT 对网络安全的潜在负面影响。虽然我认为组织不应采取严厉措施打击技术上精明的员工的主动性和独立性，但有一些合理的协作性方法可以在富于进取的业务用户与负责保护组织数据与 IT 资产的安全和 IT 专业人员之间建立更强大的伙伴关系。

当然，这也意味着业务领导和董事会必须（A）承认问题已存在并有可能造成破坏性影响，和（B）带领大家针对问题找到明智的答案。否定不是解决方案。

但首先，要牢记一个重要的事实：最终用户本身（主要是你的员工）在让你的组织陷入风险方面不可思议的幼稚。他们没有把这些点连接起来，尽管这是一个日益出现在新闻中和经常被别人谈论的话题。即便如今的劳动者精通技术（特别是新一代员工）但他们对于在打开任何方向的网关时会发生什么一无所知。这就像把自己家的钥匙给了坏人一样。

那么，解决这个问题的最佳方法是什么？教育？审核？处罚？是的。

在我的组织中，我们进行强制性的网络安全培训。这种培训已经延伸到影子 IT 这样的话题，因此每个人都知道什么时候安全状况恶化以及会有什么影响。对于员工中的“素人开发人员”和正在试运行应用的人，向他们解释会发生什么。

我知道每个员工都会抱怨每天的工作已经很忙了却还要加上培训，但这些培训课程的时间不长。你可以分发一些阅读资料，员工可以在自由支配的时间看，但是必须要进行这方面的正式培训，特别是要对加入组织的新员工进行正式培训。测试也是确保用户完全熟悉各项政策和目标的好方法。

有时候，处罚是必要的，例如可以关闭流氓应用或某些云服务的访问权限。聪明的员工可能知道如何绕过访问控制或身份验证，但是他们知道什么行为可能导致组织陷入贿赂或勒索威胁吗？他们能够意识到可能导致的信誉损害吗？

虽然我们不想扼杀创新或阻挠以创造性的方式解决问题，但组织应表明零容忍的态度。业务单位可能表现出主动精神或独自做一些激动人心的事情，但是如果他们带来了安全风险，坏处可比好处要多得多。不管是对影子 IT 还是可能产生的灾难性影响，组织都不能太天真，否则将无力承受后果。

这应当成为每个组织风险容限的一部分：我们愿意让员工发挥到什么程度来完成工作？

当然，这带来了另一个问题：业务单位需要什么 IT 服务和支持与 IT 组织能提供什么之间的失衡加剧。这可能会引起一些非常具有挑战性，然而又很重要的关于预算、人力、外部承包商的使用以及如何评估机遇与风险的讨论。

但是我们都必须了解和承认，只有解决影子 IT 的根源才能解决这个问题。

结论

虽然很多组织讨厌影子 IT，但我认为高管们不应该发布驱逐影子 IT 的命令。我知道大多数组织（如果他们能与其团队推心置腹对话的话）都可以着重强调一些例子，讲讲在 IT 组织以外工作的有事业心的员工如何因为行动灵活迅速抓住机遇而做了一些带来竞争优势的事情。

这依然不意味着你可以允许或无视鲁莽行为。你不确定一种行为是不是鲁莽的，除非你知道发生了什么以及风险回报比例是多大。如果你还没受到这个问题的困扰，那么你要么就是没注意到，要么就是运气好。但是我敢肯定，你的运气不会保护你免于遭受数据泄露、服务中断、违规或法律诉讼。

就像当今业务环境中的很多事情一样，这需要业务用户、IT、安全和业务领导之间真正地妥协。一旦组织中有人我行我素启动自己的IT解决方案或服务，如果不讨论相关的影响就会引起很多麻烦。

确实，说说话的成本很低，但网络安全问题的成本可不低。

[1] Gartner IT Glossary, Shadow IT https://www.gartner.com/it-glossary/shadow

[2] "Cloud Adoption Practices and Priorities," Cloud Security Alliance, 2015

[3] "CIOs Vastly Underestimate Extent of Shadow IT," CIOmagazine, 2015

[4] "Security, Privacy, and the Shadowy Risks of Bypassing IT," Spiceworks, 2016

47

借助安全提高生产力

Siân John，商业经济学硕士——微软首席安全顾问

移动办公改变了组织开展业务的方式，从全球供应链的开发实验室和工厂直至最终用户。移动办公及其促进手段（云计算、物联网和 IT 消费化）多次掀起创新浪潮，催生了新的产品和服务、更有能力的劳动力队伍、精简的全球供应链、以及积极参与的客户群。

但这些以及其他以移动为中心的进展也带来了其他影响：大大扩展了网络安全威胁向量，而且某些情况下打开了威胁到我们对灵活性、效率和生产率追求的漏洞。这是向更数字化、更移动化世界靠拢的普遍副作用；如果我们想实现自己的抱负，只需要去了解和管理这种风险。

到现在为止，你应该已经看出我谈论的是“移动办公”而不是更普遍的术语“移动性”。这是因为我认为移动性已经变得与设备同义，在远离办公室等传统固定环境的情况下完成工作大大超越了移动设备的意义。

例如，我们在工作中可利用的许多灵活性、自由和平衡主要是由云而不是小型、轻型设备推动的。我确信，本章的很多读者都是平板电脑的早期用户，因为平板电脑能让你外出时把笔记本留在家里同时又能处理公务。多亏了云，你才可以访问公司的电子邮件、搜索企业数据库或编写演示文稿或文档。

因此，与设备在移动办公整体过程中同样重要的是，我们必须把这个趋势视为设备、应用、工作流和服务的生态系统。

不幸的是，移动办公同时也带来了一系列新的安全威胁，但这些威胁很多组织还没有遇到过，更不用说克服。如果最高层管理者或董事会成员得知机场、体育馆或当地咖啡馆里的 Wi-Fi 网络经常成为网络犯罪的目标，他们不会感到惊讶。

除非我们从一开始就把安全功能整合到产品、服务和工作流中，否则将无法实现大部分基本业务目标。相反，如果我们从一开始就注重安全性，并把有效的安全措施嵌入一切产品和服务，我们就能解锁和释放前所未有的一波生产力。

澄清一下我的意思。

- 安全不是 IT 问题。安全是业务问题，

需要业务主管、IT 及安全专业人员、董事会成员以及最终用户的支持和领导。

- 在设计时将安全嵌入产品、服务和工作流的财务成本远低于其长期经济效益和发生问题后进行补救的代价。
- 本机安全能够增加所有用户的信心，从而提高生产力和实现经济效益。

我们需要确保无愧于自己对管理这些问题的期望。

安全的移动办公能为生产力做什么

要理解和相信，如果没有安全（特别是从产品开发或业务流程创造开始时就整合的安全性），移动办公就不会有生产力。

在移动办公成为被认可的标准之前，员工以他们能做到的方式完成自己的工作。但他们要在个人设备上使用个人电子邮件，而电子邮件不具有工作账户所具有的同等安全水平。他们可以访问通过电子邮件账户或通过个人订阅的公有云服务发送的敏感信息，例如通过 Gmail 查看病例或搜索知识产权图纸下载到个人 Dropbox 账户。

随时随地工作以及在家里和在路上访问数据和应用对工作者的生产力十分关键。我们现在深深植根于非传统工时时代，希望兼顾工作与个人发展，全球经济的现实情况摆在眼前，我们需要很多所谓的知识工人对一个初步的想法或一个思想的火花即刻做出反应，这些都是这个时代的驱动因素。

为此，我们必须在我们的设备、应用和业务流程中嵌入本机安全。如果组织不从一开始就采取措施解决安全问题，监管部门就会来敲我们的门。新的《全球数据保护条例》要求，在保护和管理个人信息方面，我们必须以自动化方式做好我们一直应该做的事。

说到安全移动办公，GDPR 及其他数据保护机构无非是增加了什么都不做的代价——在我看来，这是件好事。

为什么移动办公没有正确的安全性，你就不能实现数字化转型

我还没听过业务主管们说过哪个比“数字化转型”用的更多的术语。现在，每个业务领导和董事会成员都接受了用技术推进业务目标的理念，特别是应该让那些聪明、富有创造力的员工离开技术能轻易完成的机械重复的工作，重新给他们安排任务。

为推进数字化转型的目标，组织应专注于三个领域：

- 多利用云平台加快 IT 服务的交付以实现业务目标。
- 围绕移动平台建立自定义个性化计算促进更大程度的员工参与。
- 通过移动办公这一模式转移提高生产力。

为做到以上三点，组织必须承认，传统安全控制和程序的构建并没有预期到数字化转型及其所有组件。

太多的组织依然固守强大物理边界的理念，该理念认为应该促进通过物理网络的路由回路而不是将周边延伸到云。组织将云作为移动办公的信条，通过安全地利用云服务提供商的投资、知识和实验能力来优化安全风险管理。

如果事先预测和整合安全问题而不是等出现安全问题再采取措施，那么数字化转型在工作到位的情况下更容易实现。必须记住组织只有在客户真正信任数字化转型时才会拥抱数字化转型。因此，网络安全办公室应被视为任何数字化转型团队不可或缺的组成部分；太多时候它都被遗忘在流程的末尾。

促使安全专业人员思考移动办公结果而不是安全结果

当安全被整合到产品、服务或业务流程以支持移动办公时，一切都要从考虑安全如何影响业务结果开始。虽然我们正在快速远离陈旧的事后“加固”安全方法，但太多时候它还是会发生。

这是一个至关重要的角色，无论对业务领导（CISO 一般向其报告）和董事会成员都是如此，他们自然希望使员工全身心投入工作。一切都始于分析业务风险，但做这件事不是业务团队的唯一任务，它必须包括安全专业人员。

业务领导需要考虑下列步骤（安全团队一定可以帮助完成）：

- **评估你的行业和组织可能面临的风险。**大量可能的威胁将被知晓。但是，要让安全团队从网络威胁情报共享组织（例如英国网络信息共享伙伴和 TruSTAR）获得额外的知识，这需要管理层的支持，以及与执法机关合作。
- **了解已识别的威胁如何影响预期业务结果。**这些可能包括灵活的工作安排、数据分析、全球协作、生产力、员工赋能等。必须支持安全团队了解业务如何经营以及业务单位如何受到网络风险的影响，不仅要从技术的角度还要从用户或运营的角度。
- **确定如何解决所面临的风险，同时仍然实现业务目标。**一定要从人、流程和技术的角度来确定，而且要清晰明确，这样所有业务领域都可以了解他们需要做哪些不同的工作以及为什么。
- **确定你的安全程序需要哪种数字化转型以便在你改变方法时组织得到保护。**如果这方面的建议是购买更多安全产品，一定要问这些产品会对你的员工造成什么影响。是否能让他们更轻松地凭直觉遵守程序？是否经过用户检验？是否有可以快速部署且易于维护的云解决方案，而不是传统软件旷日持久的路径？
- **自问如何随时了解最新的风险和威胁并确保及时做出响应。**确保之前的四个步骤是连续的闭环，确保决策的制定始终是为了保持安全与风险管理以及生产力。

改善移动用户的安全体验——不损害你的防御

在移动办公时代，要在密不透风的安全与工作者灵活性和参与度之间达到巧妙的平衡比以往任何时候都难。用户将寻找阻力最小的道路和捷径来绕过他们认为累赘、讨厌的侵入式身份认证和访问管理程序。他们不会在与同事共享时退缩。

董事会成员和高管可以问以下问题来了解怎样做才能在组织内达到严密安全与移动办公之间的正确平衡：

- **用户访问应用、服务和数据有多容易？**你应当会发现，通过使用户访问变得简单、直观，可以改善安全形势。很可能你的 CISO 已经部署了多因素身份认证（MFA）来降低身份盗用风险和确保数据的适当访问。一个关键的变化可能是消除作为可选身份认证方法的密码。虽然密码可以在某些 MFA 协议中继续使用，但是看看其他方法，例如生物计量学或使用 Apple FaceID 和 Windows Hello 等机制的单点登录。

- **我们落实了哪些合理的控制措施来检测不常见和异常高的数据运动？**这种模式可能提示用户正在安全控制措施以外工作。它影响哪种数据？会增加我们的风险吗？是否有提示用户正绕过安全控制移动数据或访问应用的模式？我们已采取哪些行动来减少影响？
- **如何在保护信息的同时实现合作？**考虑到第三方关系在日常业务活动中的广泛使用，这尤其重要——为了确保只有适当的人能够访问敏感数据。
- **我们能否检测和响应整个企业生态系统中的威胁？**为了提高运营效率和生产力，同时不带来不可接受的风险，设备、身份、云服务、数据及其他一起都必须要保护。
- **我们需要看到什么样的安全结果？**是否需要调整现有的控制措施来促进生产力和实现移动办公，同时保持我们的风险管理水平？
- **云服务提供商的风险管理和安全程序怎么样？**由于云服务的采用持续上升，组织需要确保云服务提供商已落实适当的风险保障措施和强大的控制措施来保护身份、信息和整个组织的数字世界。

最后，问问你的安全团队：你们是否充分考虑了云服务和移动办公对公司风险和威胁管理模式的影响？确保安全团队已测试移动设备和云服务可用性的控制措施，询问他们是否已采取一切必要步骤在不影响生产力的情况下实现这些环境所需的可见性和控制。

简而言之，良好的安全性和积极的用户体验并不是相互排斥的，除非你让它们相互排斥。不要这样做。

结论

谈到移动办公的优点，我们只知道皮毛，整合的本机安全是这个趋势为何只会加速的一个重要原因。随着我们越来越多地采用云上通信服务，用户将从一开始就假定安全。这将使移动办公成为整体工作经验的一个自然延伸。

在安全阻碍生产力时（常常以频繁登录、重复身份验证和改变次数太多的笨拙密码的形式体现），我们必须积极、快速地继续超越旧的模式。采用正确的安全实践和移动办公解决方案，可以不必锁定和引导流量，不会导致不可接受的潜在危险和部署问题。

实际上，内置安全将使用户（员工、客户和数字生态系统的所有参与者）在使用移动办公技术时更自信。虽然这对于我们的工作者来说非常好，但受益最大的无疑是我们的企业。

结论

48

如今如何改变我们的网络安全方法

Nir Zuk——Palo Alto Networks 创始人和首席技术官

《遨游数字时代——全球 IT 高管网络安全秘籍》的主要目的之一，就是希望加深技术与非技术高管对网络安全的理解。作为包括 Palo Alto Networks 在内的几家网络安全技术公司的创立者，我有幸得以跨越两个世界，携技术人员的背景直面打造成功企业和创立动态企业文化所涉及的各种挑战。

谈到网络安全，我从技术和业务两方面看待网络安全世界。在观察大多数组织目前采用的网络安全方法时，不管从哪个角度，我都看到挑战和机遇并存。基本挑战是我们的网络安全方法太被动，部署的机制往往反应太慢、效率太低。

对手的创新速度加快了，我们却落后了，虽然能解决个体威胁，但不能创建一个可持续的平台，迅速、高效地吸收创新。对手每周都在创新，而我们部署一项新的被动响应即使不需要几年也需要几个月的时间。很多时候我们都保持着用人力来对抗机器的想法，但我们早就应该把思维转换为以机器对抗机器的模式。如果我们现在不解决这些挑战，随着对手通过利用自动化、机器学习和人工智能等先进技术不断加码，情况只会越来越糟。

这是个坏消息。好消息是我们可以解决它。我们可以把网络安全植入我们的技术、产品、服务和企业文化。我们可以让网络安全成为业务的促进因素。我们可以创建一种网络创新模式，朝着本书开始时我的朋友和同事 Mark McLaughlin 阐述的“网络安全登月”挑战踏上漫漫征途。

我们可以解决，我们一定会解决。下面讲如何解决。

挑战 1：低效率消费

至今为止，网络安全的工作方式始终是恶性循环，总是让对手领先一步：网络罪犯迅速创新并采用新机制造成更大的破坏和得到更多的钱。之后网络公司（通常由创新性初创企业领导）开发解决方案阻止那些特定的攻击机制。这些新解决方案通常要用几个月的时间进行评估和部署，当最后完成部署，就会进一步增加网络安全的复杂性。

随着这种循环的不断进行，我们的防御机制变得越发笨重低效。企业现在一般都有几十个甚至几百个不同的网络安全解决方案，它们不一定起协同作用，而是各有各的作用。组织正在进行投入来支持和维护这些解决方案，另外它们的升级和替换也会增加额外的费用。

挑战 2：人与机器

我们现在不但以低效的方式消耗网络安全创新；而且我们继续以错误的思维对待网络安全。在当今时代，我们有自动化、机器语言和人工智能，如果这场战争是人与机器斗，那么机器几乎每次都会占上风。我们不能把人带到这场战争里还想赢。

机器比人的扩张速度快得多。无论人有什么能力（每个人无论能对付五个还是 50 个还是 500 个安全事件）只要对手一自动化就会轻松超过那个数，因为它会投入更多的计算资源到那里。

从对手的角度讲，成功是计算、效率、自动化以及金钱的函数。作为防御者，如果你依靠人来打这场战役，那么你的人力必须扩张。因此，每次对手增加更多计算力量，你可能就需要增加你的团队规模。当然，对手之后就会投入更多的钱买更多的计算力。

无论是从逻辑上还是财务上都不可能赶上对手。在对手那边，由于计算资源很容易获取，因此对手力量呈几何级数增长。他们不但可以到公有云上获取计算资源，还可以从受害者那里盗取计算资源，夺取我们的最终用户机器、服务器或他们可以廉价秘密使用的任何其他东西。

现在我们让安全运维中心（SOC）的人，在机器的帮助下对抗机器。我们必须要改变这种模式，让机器去对抗机器，让人来帮助机器。当机器无能为力时，才可以用人。

机会：消费创新的更好方法

解决这些挑战的技术现在就可以使用。现在大概有 2000 到 3000 个网络安全供应商，与流行的思维相反的是，我们不需要合并。合并不利于创新。实际上，我要说我们需要更多的供应商和更多的创新。

我们所需要的是消费创新的更好方法。而且我们需要你作为业务主管来命令它。现在就行动！ 如果你的 CISO 或安全团队想要购买一个将在几个月或一年内部署的网络安全解决方案，你必须要对他们的基本前提提出质疑。这里是 CEO、CIO 和董事会成员应当要求的几点：

1. 任何新的网络安全解决方案都必须在一天内（最好少于一天内）全面部署到整个基础设施。
2. 任何新网络安全解决方案都不能有雇佣更多人的要求。
3. 整个网络安全团队必须展现出部署创新的更高速度。坏人行动迅速，我们必须要和他们一样迅速。

首先，CISO 和安全团队可能会感到手忙脚乱，因为这些要求完全不符合他们这么多年来的做事方式。这个没问题，因为旧的习惯已经被打破了。网络安全专业人员需要走到供应商那里提出相同的要求：给我们提供一种方法应对这个挑战，让我们以快速、高效、开放、综合的方式部署网络安全创新。

通过软件即服务实现的网络安全创新

构成消费网络安全创新的更好方法是什么呢？在当今世界，软件即服务（SaaS）是消费 IT 资源和创新的最有效方式。我们已看到软件即服务模式适用于以下许多业务职能：客户关系管理（CRM）；销售队伍管理；人力资源；企业资源规划；电子邮件；文件共享；即时通讯。

所有这些活动都已经转到软件即服务模式或正在快速朝那个方向移动。这是因为软件即服务可以让创新被快速、轻易地消费。因此，之前与解决我们的网络安全方法挑战有关的问题的答案与对网络安全的答案一样，因为这是针对所有这些业务活动：我们将网络安全转至软件即服务模式。

大多数软件即服务解决方案，为了消费它们，你只需要一个网络浏览器，对创新的访问及时直接。网络安全需要容易消费。但是由于必须把技术部署在基础设施内部，因此网络安全与大多数其他业务活动相比有一个不同的挑战。从基础设施获得信息并据此采取行动的唯一方法是成为基础设施的一部分。这需要数据中心、公有云甚至最终用户设备。因此，不管部署哪些 SaaS 网络安全解决方案，都必须在每个位置同时部署。

网络安全即平台

那个挑战的答案实际上非常简单：网络安全即平台。看看一些最成功的 IT 平台：Apple、Windows、Salesforce.com、Facebook，它们都有提供和消费创新的简单方法，即采用一个开放的平台，任何人只要有好的点子就可以进入这个平台出售点子。有了这个平台，几乎瞬间就能交付价值和创新。

> 只有当使用平台的每个人的经济价值超过创造这个平台的公司的价值时，这个平台才能称之为平台。
>
> ——比尔·盖茨

由于对手资金更多、更老练，也更擅长利用自动化、机器学习和 IT，因此我们必须修复安全方法中的基本瑕疵，我们必须现在就做。我们必须能够消费网络安全，而消费方式必须能够让我们快速部署创新和用机器对抗机器。

网络安全必须成为你所消费的一套服务，而不是你在网络、端点和数据中心部署的一套技术。当我们继续在遨游数字时代的旅程中前进时，平台就是从这里达到那里的途径，永久改变消费网络安全服务和创新的模式。它是网络安全的未来。而且，就像 Pablo Emilio Tamez Lopez 本部分开始时所讲的那样：未来就是现在。

展望未来

我会避免讲述网络安全 SaaS 平台模式如何工作的技术细节。网络安全专业人员应该能够向你解释细节。我将这么说：带着紧迫感想想这件事。你的对手不会去等待，所以你也等不起。

现在我们已经到了本书的末尾了，如果你已经读了整本书或大部分内容甚至之前的某些章节，一定会得出结论认为网络安全是我们这个时代最典型的问题之一，它不但关系到业务，而且关系到整个世界。正像 Mark McLaughlin 在开篇那章所写：

无论来自商界还是工业界，学术界还是政府，作为肩负重托的领导，我们都有责任保护我们在这个数字化时代的生活方式。如果我们的工作做得好，就可以让世界变得更美好。

你在前线，你可以采取行动：在组织中设定基调，推动你的团队部署 SaaS 网络安全模式，创建培训和教育课程，参与政府官员的监管活动，或倡导网络安全登月。

有很多工作要做。现在正是采取行动的时刻。从某个角度看，似乎数字时代要永远陪伴我们了。从另一个角度看，似乎它又是全新的。对于我们所有人来说，我们依然有时间也有机会帮助建立一个更美好的世界。让旅程继续吧。